计算流体力学基础与多相流模拟应用

Fundamentals of Computational Fluid Dynamics and Application of Multiphase Flow Simulation

陈彩霞　夏梓洪　著

本书获华东理工大学研究生教育基金资助

科学出版社

北京

内 容 简 介

本书包含多相流模拟从理论到实践的广泛基础知识。第 1 章深入浅出地介绍计算流体力学基础；第 2 章阐述多相流基本原理及其煤化工应用；第 3 章介绍比较成熟的多相流数值模拟方法；第 4、5 章分别介绍圆球绕流和气泡上升两个经典的多相流模拟案例，指导初学者使用 CFD 软件，分析简单的多相流问题；第 6～8 章结合能源与动力工程专业特点，介绍气液鼓泡塔两相流、气流床煤气化和射流流化床煤气化三个模拟案例，让读者了解多相流模拟技术的最新进展。

本书旨在为对计算流体力学，特别是对多相流模拟感兴趣的初学者提供一本较为系统的、方便自学的参考书，可作为能源与动力工程相关专业研究生的教材，也可作为机械、环境和化工等领域从事多相流模拟和应用的研究生和工程技术人员的参考资料。

图书在版编目（CIP）数据

计算流体力学基础与多相流模拟应用＝Fundamentals of Computational Fluid Dynamics and Application of Multiphase Flow Simulation / 陈彩霞，夏梓洪著. —北京：科学出版社，2021.4

ISBN 978-7-03-065685-8

Ⅰ. ①计…　Ⅱ. ①陈…　②夏…　Ⅲ. ①计算流体力学-研究生-教材 ②多相流-模拟方法-研究生-教材　Ⅳ. ①O35

中国版本图书馆CIP数据核字（2020）第126289号

责任编辑：刘翠娜　崔慧娴 / 责任校对：王萌萌
责任印制：吴兆东 / 封面设计：无极书装

科学出版社 出版
北京东黄城根北街 16 号
邮政编码：100717
http://www.sciencep.com
北京九州迅驰传媒文化有限公司印刷
科学出版社发行　各地新华书店经销
*
2021 年 4 月第　一　版　开本：720 × 1000　1/16
2025 年 1 月第五次印刷　印张：13 3/4
字数：280 000

定价：118.00 元

（如有印装质量问题，我社负责调换）

前　言

计算流体力学是近30年快速发展的交叉学科，它涉及流体力学、计算几何、数值方法和计算机图形学等多个学科领域。最近10年，由于计算机运算速度大幅提升，利用计算流体力学方法分析复杂多相流问题成为可能，计算多相流体力学及其工程应用迅速发展为较热门的研究领域。但是，适合研究生学习多相流模拟的教材和专著还不多见。本书旨在为对计算流体力学，特别是对多相流模拟感兴趣的初学者提供一本较为系统的、方便自学的参考书，可作为能源与动力工程相关专业研究生的教材，也可作为机械、环境和化工等领域从事多相流模拟和应用的研究生和工程技术人员的参考资料。

考虑到不同读者的需求，本书由3大部分组成：第1部分（1～3章）参考计算流体力学的国内外教材和相关领域的最新研究成果，详细论述计算流体力学基础知识、多相流基本原理及其煤化工应用以及多相流数值模拟方法。第2部分（4、5章）通过圆球绕流和气泡上升两个案例，指导初学者使用计算流体力学软件，分析简单的多相流问题。第3部分（6～8章）结合能源与动力工程专业特点，介绍气液鼓泡塔两相流、气流床煤气化和射流流化床煤气化三个模拟案例。

全书共8章，夏梓洪博士完成了第2章2.5节和2.7节、第3章3.4节和3.6节和第8章，我本人完成其他章节并统稿。书中涉及的案例，有一部分是我讲授“计算流体力学”课程的研究生课外作业，大部分是我指导的研究生学位论文的研究课题。因为我对这些问题比较熟悉，所以可节省查阅文献的时间，并有充足的时间准备其他的案例。我相信，本书针对这些模拟案例的详细解释，对初学者学习使用计算流体力学方法，分析各种多相流问题是大有帮助的。如果读者对某个模拟案例特别感兴趣，可以参考本书最后列出的相关研究论文。在此感谢华东理工大学资源与环境工程学院的徐礼嘉博士、郭晓峰博士以及姚志鹏硕士和郭俊硕士，是他们完成了本书的案例计算和结果分析报告。

2018年5月，科学出版社的刘翠娜编辑联系我，建议我写一本关于计算流体力学的专著，我们一拍即合，立即着手拟定了本书的出版计划。我要特别感谢华东理工大学研究生教育基金的资助，使本书得以出版，最终与读者见面。

陈彩霞

2020年10月20日于上海

目　录

第1章　计算流体力学基础

1.1　流体的性质

一般工程上使用的流体，指的是气体和液体，更广泛的还包括等离子体。如果从统计热力学的角度观察，流体是由离散的分子组成的介质，分子不断运动并发生相互作用，在物理学上用玻尔兹曼方程描述所有分子运动的宏观特性。但是，在正常的压力和温度条件下，可把流体作为连续介质处理。在压力梯度和剪切应力作用下，流体微团可以平动、旋转，也可以自由变形。把流体的运动简称为流动。

第一，流体作为一种物质，具备物质的基本性质，有质量并占有空间。把单位体积内流体的质量定义为流体的密度：

$$\rho = \frac{M}{V} \tag{1-1}$$

密度的单位是 kg/m^3。

流体密度是一个重要的状态量，其大小与流体的种类有关。通常，流体密度随温度和压力的变化而变化。比如，在标准大气压下，4℃的水的密度是 $1000kg/m^3$，而同样压力下，20℃时干燥空气的密度是 $1.205kg/m^3$，二者相差近千倍。

第二，流体具有黏性，这是流体的一个很重要的性质。直观地说，为了让流体微团变形，必须对流体施加一个与其变形速率相对应的作用力。想象一下，你用茶勺搅拌杯子里的蜂蜜，一定感受到需要使一点力，才能让蜂蜜和茶勺一起旋转；当杯子里的液体换成水后，为了让水旋转，你使的力会变小；如果把水倒掉，杯子里只剩下空气，这个力就小到可以忽略不计了。请注意，虽然力变小了，但并不是零，寒冷的冬天从你耳旁掠过的嗖嗖冷风，提醒你空气的黏性确实是存在的。

表征流体黏性的物理量称为黏度，也叫黏性系数。黏度的大小是可以测量的，通常，实验室使用的黏度计是根据库埃特流动的原理来实现的。在间距为 H 的两块平板之间充满要测量的流体，上面一块板以速度 U 做平行移动，移动速度不同，所需的力的大小也相应变化，当平板运动速度很小时，两层平板间的速度变化呈直线分布，将测得的力除以平板的面积 A，得到单位面积的剪切应力

$$\tau = \frac{F}{A} \tag{1-2}$$

于是有

$$\tau = \mu \frac{U}{H} \tag{1-3}$$

其中，比例常数 μ 称为动黏度，单位为 Pa·s。

一般情况下，平板间的速度分布不一定呈线性，于是将流体的剪切应力表示为与两平板间流体在垂直方向上的速度梯度成比例，即

$$\tau = \mu \frac{\mathrm{d}u}{\mathrm{d}y} \tag{1-4}$$

这就是牛顿黏性定律。

除了密度和黏性两个性质，流体还具有可压缩性。当两种流体接触时，由于分子凝聚力的作用，界面上会产生表面张力，这也是多相流的一个重要性质，将会在相关章节中进行说明。

1.2 流体动力学基本方程

描述流体在重力和外力作用下运动和变形规律的科学，在物理学上统称为流体力学。如果运动速度为零，称为流体静力学，否则，就称为流体动力学，有时也称为连续介质力学。流体质点的运动服从惯性体系下牛顿力学原理。为了方便推导流体力学方程，首先介绍连续介质力学的常用术语和向量运算的基本规则。

1.2.1 梯度、散度和旋度

定量描述三维空间内流体运动的物理量分为标量、向量(矢量)和张量。其中，向量是既有大小又有方向的物理量，比如速度和力，在直角坐标系有与 x、y 和 z 方向对应的三个分量。比如作用在微元体上的应力，就是一个张量。张量有九个分量，用矩阵表示。

梯度是一个向量，记为 ∇ (称为 Del 算子)，定义为

$$\begin{aligned}\nabla &= \left(\frac{\partial}{\partial x}, \frac{\partial}{\partial y}, \frac{\partial}{\partial z}\right) \\ &= \frac{\partial}{\partial x}\boldsymbol{i} + \frac{\partial}{\partial y}\boldsymbol{j} + \frac{\partial}{\partial z}\boldsymbol{k}\end{aligned} \tag{1-5}$$

其中，$\boldsymbol{i}$，$\boldsymbol{j}$，$\boldsymbol{k}$ 为单位向量，分别对应直角坐标系的 x，y，z 三个方向。

对于一个物理量(标量或者向量的分量) $\boldsymbol{\phi}$，它的梯度 $\nabla\boldsymbol{\phi}$ 可表示为

$$\nabla\boldsymbol{\phi} = \left(\frac{\partial}{\partial x},\frac{\partial}{\partial y},\frac{\partial}{\partial z}\right)\boldsymbol{\phi} = \left(\frac{\partial\boldsymbol{\phi}}{\partial x},\frac{\partial\boldsymbol{\phi}}{\partial y},\frac{\partial\boldsymbol{\phi}}{\partial z}\right) \tag{1-6}$$

对于一个向量 $\boldsymbol{F}(x,y,z)=(f_x,f_y,f_z)$，它的散度 $\nabla\cdot\boldsymbol{F}$ 表示为

$$\nabla\cdot\boldsymbol{F} = \left(\frac{\partial}{\partial x},\frac{\partial}{\partial y},\frac{\partial}{\partial z}\right)\cdot\begin{pmatrix} f_x \\ f_y \\ f_z \end{pmatrix} \tag{1-7}$$

或者

$$\nabla\cdot\boldsymbol{F} = \frac{\partial f_x}{\partial x}+\frac{\partial f_y}{\partial y}+\frac{\partial f_z}{\partial z} \tag{1-7$'$}$$

二者等效。

注意，向量的散度是一个标量。

对于一个向量 $\boldsymbol{F}(x,y,z)=(f_x,f_y,f_z)$，它的旋度 $\nabla\times\boldsymbol{F}$ 定义为

$$\nabla\times\boldsymbol{F} = \begin{pmatrix} \boldsymbol{i} & \boldsymbol{j} & \boldsymbol{k} \\ \dfrac{\partial}{\partial x} & \dfrac{\partial}{\partial y} & \dfrac{\partial}{\partial z} \\ f_x & f_y & f_z \end{pmatrix} \tag{1-8}$$

或者

$$\nabla\times\boldsymbol{F} = \left(\frac{\partial f_z}{\partial y}-\frac{\partial f_y}{\partial z}\right)\boldsymbol{i}+\left(\frac{\partial f_x}{\partial z}-\frac{\partial f_z}{\partial x}\right)\boldsymbol{j}+\left(\frac{\partial f_y}{\partial x}-\frac{\partial f_x}{\partial y}\right)\boldsymbol{k} \tag{1-8$'$}$$

二者等效。显然，向量的旋度仍然是向量。

推导流体力学公式时，有时会用到拉普拉斯算子。一个标量的拉普拉斯记为

$$\nabla^2\boldsymbol{\phi} = \nabla\cdot\nabla\boldsymbol{\phi} = \frac{\partial^2\boldsymbol{\phi}}{\partial x^2}+\frac{\partial^2\boldsymbol{\phi}}{\partial y^2}+\frac{\partial^2\boldsymbol{\phi}}{\partial z^2} \tag{1-9}$$

而一个矢量的拉普拉斯记为

$$\nabla^2 \boldsymbol{F} = \nabla^2 f_x \boldsymbol{i} + \nabla^2 f_y \boldsymbol{j} + \nabla^2 f_z \boldsymbol{k} = \nabla(\nabla \cdot \boldsymbol{F}) - \nabla \times (\nabla \times \boldsymbol{F}) \tag{1-10}$$

1.2.2　守恒方程

假设流体是连续介质，则意味着流体的物理性质在所考察的空间范围内是连续变化的。换句话说，连续介质的假定隐含流体的密度、温度、压力和速度在流场内连续变化。用数学方程描述流体的运动，可以采用拉格朗日方法和欧拉方法。如果观测一组特定的流体微团，这个流体微团中的每一个分子都具有同样的运动性质，可对其应用物质、能量和动量守恒定律，这个方法称为拉格朗日方法。如果换一个角度观察流体的运动，假设在流场中某处有一个固定且透明的微小盒子，测量经过这个盒子的流体质量、能量和动量如何随时间变化，这个方法称为欧拉方法。显然，用拉格朗日方法比较直观。下面就从拉格朗日方法开始，推导流体运动的守恒方程组。

如图 1.1 所示，对于流场中任意一个流体微团，用 M 代表质量、动量和能量中任何一个量，它的时间变化率可表示为

$$\frac{\mathrm{d}M}{\mathrm{d}t} = \dot{m}_{\text{in}} - \dot{m}_{\text{out}} \tag{1-11}$$

如果流入速率 $\dot{m}_{\text{in}}$ 和流出速率 $\dot{m}_{\text{out}}$ 相等，则有

$$\frac{\mathrm{d}M}{\mathrm{d}t} = 0 \tag{1-12}$$

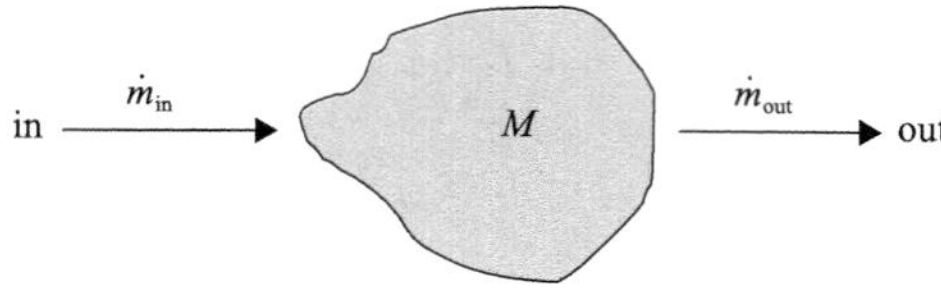

图 1.1　拉格朗日方法的流体微团与外界的关系

如果要观察流场内的其他微团，必须对每一个微团应用上述守恒定理，这对于分析流体这种容易变形的连续介质是很不方便的。但是，借助雷诺输运定理，可以把拉格朗日形式的守恒方程转化成欧拉形式的守恒方程。下面的推导步骤对于理解流体力学方程是很有帮助的。

如图 1.2 所示，对于三维惯性时空 $\boldsymbol{x} = \boldsymbol{\Phi}(\boldsymbol{c}, t)$，从初始时刻迁移到 t 时刻的速度为 $\boldsymbol{u}(\boldsymbol{x}, t)$，定义速度向量 $\boldsymbol{u}(\boldsymbol{x}, t) = \dfrac{\partial}{\partial t}\boldsymbol{\Phi}(\boldsymbol{c}, t)$。

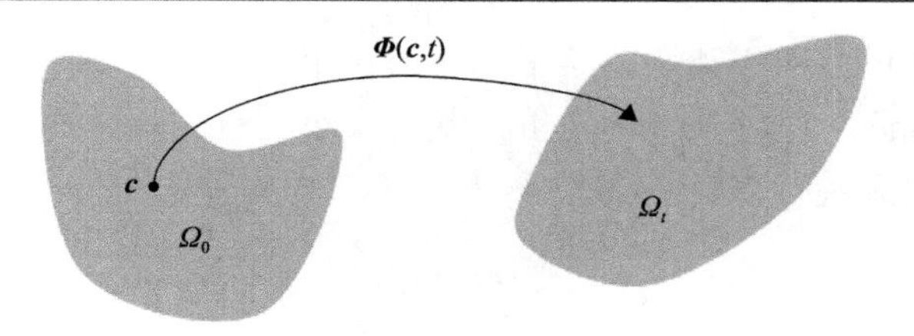

图 1.2　拉格朗日流体微团的迁移

对任何物理量 $f(\boldsymbol{x},t)$，满足雷诺输运定理：

$$\frac{\mathrm{d}}{\mathrm{d}t}\int_{\Omega_t} f(\boldsymbol{x},t)\mathrm{d}\boldsymbol{x} = \int_{\Omega_t}\left[\frac{\partial}{\partial t}f + \nabla\cdot(f\boldsymbol{u})\right](\boldsymbol{x},t)\mathrm{d}\boldsymbol{x} \tag{1-13}$$

比如，拉格朗日质量守恒：

$$m = \int_{\Omega_0}\rho(\boldsymbol{x},0)\mathrm{d}\boldsymbol{x} = \int_{\Omega_t}\rho(\boldsymbol{x},t)\mathrm{d}\boldsymbol{x} \tag{1-14}$$

用雷诺输运定理就可以写成

$$\frac{\mathrm{d}}{\mathrm{d}t}\int_{\Omega_t}\rho(\boldsymbol{x},t)\mathrm{d}\boldsymbol{x} = \int_{\Omega_t}\left[\frac{\partial}{\partial t}\rho + \nabla\cdot(\rho\boldsymbol{u})\right](\boldsymbol{x},t)\mathrm{d}\boldsymbol{x} = 0 \tag{1-15}$$

或者写成

$$\frac{\partial}{\partial t}\rho + \nabla\cdot(\rho\boldsymbol{u}) = 0 \tag{1-16}$$

式(1-16)就是欧拉形式的连续性方程。

对于不可压缩流体，流体密度不随时间变化，即

$$\frac{\partial}{\partial t}\rho = 0 \tag{1-17}$$

因此，不可压缩流体的连续性方程可简化为

$$\nabla\cdot\boldsymbol{u} = 0 \tag{1-18}$$

或者

$$\frac{\partial u_x}{\partial x} + \frac{\partial u_y}{\partial y} + \frac{\partial u_z}{\partial z} = 0 \tag{1-18$'$}$$

二者等效。

流体微团在重力和相邻微团给予的外力作用下产生流动，其快慢程度用速度表征，单位为 m/s。速度是一个向量，既有大小也有方向。通过某一截面的流量大小可以用体积流量 Q 和质量流量 $\dot{m}$ 表示，二者的关系为

$$\dot{m}=\rho Q \tag{1-19}$$

需要注意的是，尽管通过某一截面的瞬时和平均流量是可以测量的物理量，但是测量流场中每一点的瞬时和平均速度却是十分困难的。

在重力、外力和流体黏性的共同作用下，流体的运动速度会发生变化。单位时间内流体速度的变化率称为流体的加速度 $\boldsymbol{a}$，单位为 $\mathrm{m/s^2}$。

在三维坐标体系下，流体的加速度是三个方向上加速度的矢量和：

$$\boldsymbol{a}=\boldsymbol{a}_x+\boldsymbol{a}_y+\boldsymbol{a}_z \tag{1-20}$$

如果速度表示为

$$\boldsymbol{u}=\boldsymbol{u}_x+\boldsymbol{u}_y+\boldsymbol{u}_z \tag{1-21}$$

则可以用函数的全微分求得加速度：

$$\boldsymbol{a}=\frac{\partial \boldsymbol{u}}{\partial t}+\boldsymbol{u}_x\frac{\partial \boldsymbol{u}_x}{\partial x}+\boldsymbol{u}_y\frac{\partial \boldsymbol{u}_y}{\partial y}+\boldsymbol{u}_z\frac{\partial \boldsymbol{u}_z}{\partial z} \tag{1-22}$$

或者

$$\boldsymbol{a}=\frac{\mathrm{D}\boldsymbol{u}}{\mathrm{D}t} \tag{1-22$'$}$$

其中，$\frac{\mathrm{D}}{\mathrm{D}t}=\frac{\partial}{\partial t}+\boldsymbol{u}_x\frac{\partial}{\partial x}+\boldsymbol{u}_y\frac{\partial}{\partial y}+\boldsymbol{u}_z\frac{\partial}{\partial z}$ 为物质导数。

忽略其他作用力，只考虑体积力和表面力，即重力 F、压力 p 和黏性应力时，流体微团的拉格朗日动量可表示为

$$\boldsymbol{M}=\int_{\Omega_t}\rho(\boldsymbol{x},t)\boldsymbol{u}(\boldsymbol{x},t)\mathrm{d}\boldsymbol{x} \tag{1-23}$$

动量变化率等于作用在微元体上的总作用力

$$\frac{\mathrm{d}M}{\mathrm{d}t}=\{\text{体积力}+\text{表面力}\} \tag{1-24}$$

其中

$$体积力=\int_{\Omega_t}\rho(\boldsymbol{x},t)\boldsymbol{f}(\boldsymbol{x},t)\mathrm{d}\boldsymbol{x}$$

$$表面力=\int_{\partial\Omega_t}\boldsymbol{\sigma}(\boldsymbol{x},t)\boldsymbol{n}\mathrm{d}s$$

$\boldsymbol{\sigma}$ 为应力张量；$\boldsymbol{n}$ 为法向量。

对方程左右两边分别利用雷诺输运定理(1-13)和散度定理，于是有

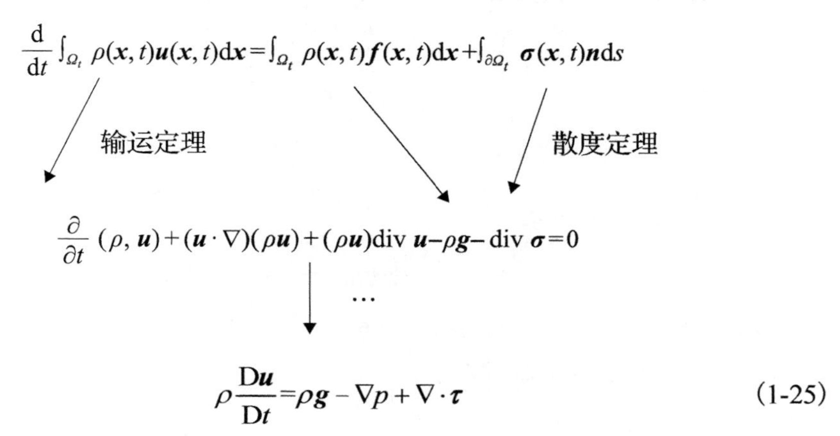

$$\rho\frac{\mathrm{D}\boldsymbol{u}}{\mathrm{D}t}=\rho\boldsymbol{g}-\nabla p+\nabla\cdot\boldsymbol{\tau} \tag{1-25}$$

对于不可压缩流体，可进一步简化为

$$\frac{\partial\boldsymbol{u}}{\partial t}+(\boldsymbol{u}\cdot\nabla)\boldsymbol{u}=-\frac{1}{\rho}\nabla p+\nu\nabla^2\boldsymbol{u}+\boldsymbol{g} \tag{1-26}$$

这就是欧拉形式的动量守恒方程。

用同样的方法，也可以推导能量守恒方程。

一般地，把欧拉形式的物质、动量和能量守恒方程统称为 Navier-Stokes(N-S)方程。借助计算机编程，用数值方法求解 N-S 方程，是计算流体力学的主要任务。

1.3　控制方程的离散方法

计算流体力学的本质，是用数值方法求解控制微分方程或积分方程在计算域内的近似解，其中一个关键的步骤就是对控制方程进行离散化。常用的离散化方法有两类：从微分形式的控制方程入手的有限差分法；从积分形式的控制方程入手的有限体积法。下面简要介绍这两种离散方法的基本原理，详细讨论可参考文献[1]。

1.3.1　有限差分法

首先，把计算域用连续的网格切分，分别用 i，j，k 表示三个坐标方向，如图 1.3 所示，其中 k 方向垂直于纸面。

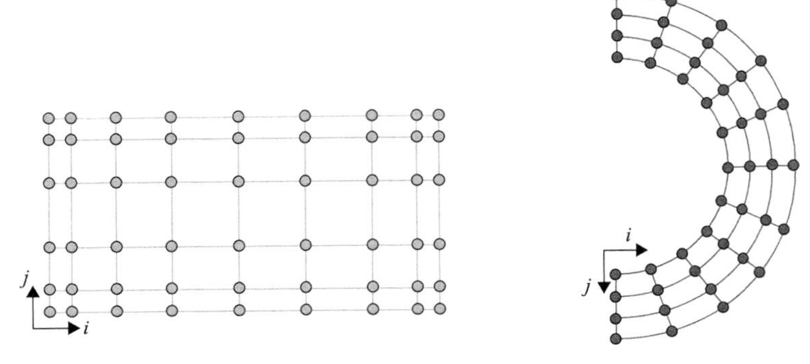

图 1.3　计算域的结构化离散网格

根据泰勒展开公式，计算域内任意一点 x 处的函数值 $\Phi(x)$ 可以根据相邻的点 x_i 处的函数值 $\Phi(x_i)$ 和 n 阶导数值计算：

$$
\begin{aligned}
\Phi(x) = \Phi(x_i) + (x - x_i)\left(\frac{\partial \Phi}{\partial x}\right)_i + \frac{(x - x_i)^2}{2!}\left(\frac{\partial^2 \Phi}{\partial x^2}\right)_i \\
+ \frac{(x - x_i)^3}{3!}\left(\frac{\partial^3 \Phi}{\partial x^3}\right)_i + \cdots + \frac{(x - x_i)^n}{n!}\left(\frac{\partial^n \Phi}{\partial x^n}\right)_i + H
\end{aligned}
\tag{1-27}
$$

其中，一阶导数又可以表示为

$$
\left(\frac{\partial \Phi}{\partial x}\right)_i = \frac{\Phi_{i+1} - \Phi_i}{x_{i+1} - x_i} - \frac{x_{i+1} - x_i}{2}\left(\frac{\partial^2 \Phi}{\partial x^2}\right)_i - \frac{(x_{i+1} - x_i)^2}{6}\left(\frac{\partial^3 \Phi}{\partial x^3}\right)_i + H \tag{1-28}
$$

上面两式中，H 为高阶无穷小。

一阶偏导数的近似计算可用三种方法。

(1) 向前差分法：

$$
\left(\frac{\partial \Phi}{\partial x}\right)_i \approx \frac{\Phi_{i+1} - \Phi_i}{x_{i+1} - x_i} \tag{1-29}
$$

(2) 向后差分法：

$$\left(\frac{\partial \Phi}{\partial x}\right)_i \approx \frac{\Phi_i - \Phi_{i-1}}{x_i - x_{i-1}} \tag{1-30}$$

(3) 中心差分法：

$$\left(\frac{\partial \Phi}{\partial x}\right)_i \approx \frac{\Phi_{i+1} - \Phi_{i-1}}{x_{i+1} - x_{i-1}} \tag{1-31}$$

其中，中心差分具有二阶精度。

对于非均匀网格，采用三点多项式近似函数计算偏导数

$$\left(\frac{\partial \Phi}{\partial x}\right)_i \approx \frac{\Phi_{i+1}(\Delta x_i)^2 - \Phi_{i-1}(\Delta x_{i+1})^2 + \Phi_i\left[(\Delta x_{i+1})^2 - (\Delta x_i)^2\right]}{\Delta x_{i+1}\Delta x_i(\Delta x_i + \Delta x_{i+1})} \tag{1-32}$$

也和中心差分一样具有二阶精度。对于二阶偏导数的差分，可以用一阶偏导数计算

$$\left(\frac{\partial^2 \Phi}{\partial x^2}\right)_i \approx \frac{\left(\frac{\partial \Phi}{\partial x}\right)_{i+1} - \left(\frac{\partial \Phi}{\partial x}\right)_i}{x_{i+1} - x_i} \tag{1-33}$$

其中，一阶偏导数自身用向后差分计算，则有

$$\left(\frac{\partial^2 \Phi}{\partial x^2}\right)_i \approx \frac{\Phi_{i+1}(x_i - x_{i-1}) + \Phi_{i-1}(x_{i+1} - x_i) - \Phi_i(x_{i+1} - x_{i-1})}{(x_{i+1} - x_i)^2(x_i - x_{i-1})} \tag{1-34}$$

对于均匀网格，二阶偏导数的差分简化为

$$\left(\frac{\partial^2 \Phi}{\partial x^2}\right)_i \approx \frac{\Phi_{i+1} - 2\Phi_i + \Phi_{i-1}}{(\Delta x)^2} \tag{1-35}$$

将上述偏导数的近似计算式代入守恒控制偏微分方程中，则每个网格节点对应一个代数方程，再将计算域内所有网格节点上的代数方程联立求解，就可以得到每一个网格节点上所求物理量的近似解。

从以上方程的离散表达式可知，除了入口、壁面和出口，网格线必须连续，不能在计算域内中断。这就要求几何域的离散应具有严格的、结构化的网格特征，这一点对某些具有复杂几何形状的计算域是难以满足的。而且，有限差分法隐含

假定所求物理量在空间的变化是连续的或可微的，这个假定对于某些复杂的流动现象，比如可压缩流场的激波和多相流等场合，也是不适合的。下面将要介绍的有限体积法就没有这个限制。

1.3.2　有限体积法

采用有限体积法对方程加以离散的步骤与有限差分法相似，也需要把计算域切分为如图 1.4 所示的相互连接的有限体积单元，但这一次要对每个单元应用积分形式的守恒方程，计算每一个控制体的体积分和面积分，使每个控制体满足控制方程。求解方程得到的是控制体中心所求物理量的离散解[2]。有限体积法可适应任意形状的网格，所以特别适合复杂几何形状的计算域。

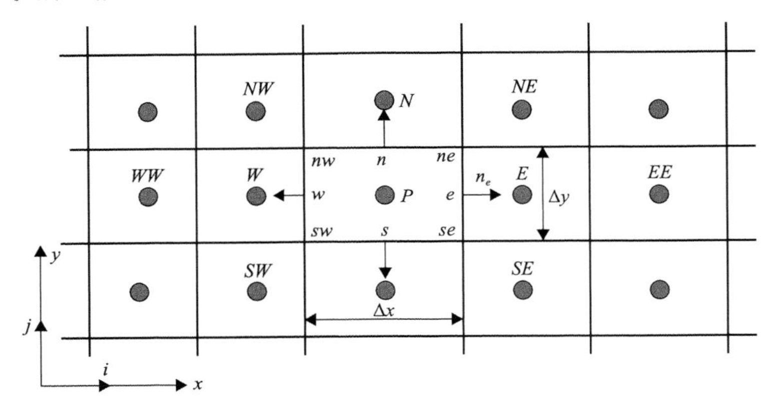

图 1.4　计算域的有限体积离散

对于一个控制体求面积分，就是所有组成包覆面的面积分之和

$$\int_S f\mathrm{d}S = \sum_k \int_{S_k} f\mathrm{d}S \tag{1-36}$$

若 $f=c$，与图 1.5 对应，组分守恒方程离散为

$$\begin{aligned}&A_e u_e c_e - A_w u_w c_w + A_n v_n c_n - A_s v_s c_s \\ &= DA_e \left.\frac{\mathrm{d}c}{\mathrm{d}x}\right|_e - DA_w \left.\frac{\mathrm{d}c}{\mathrm{d}x}\right|_w + DA_n \left.\frac{\mathrm{d}c}{\mathrm{d}y}\right|_n - DA_s \left.\frac{\mathrm{d}c}{\mathrm{d}y}\right|_s + S_p\end{aligned} \tag{1-37}$$

$$\begin{aligned}&A_e u_P c_P - A_w u_W c_W + A_n v_P c_P - A_s v_S c_S \\ &= DA_e (c_E - c_P)/\delta x_e - DA_w (c_P - c_W)/\delta x_w \\ &\quad + DA_n (c_N - c_P)/\delta y_n - DA_s (c_P - c_S)/\delta y_s + S_P\end{aligned} \tag{1-38}$$

整理得

$$
\begin{aligned}
& c_P(A_n v_P + A_e u_P + DA_w / \delta x_w + DA_n / \delta y_p + DA_e / \delta x_e + DA_s / \delta y_s) \\
= \ & c_W(A_w u_W + DA_w / \delta x_w) \\
& + c_N(DA_n / \delta y_n) \\
& + c_E(DA_e / \delta x_e) \\
& + c_S(A_s v_S + DA_s / \delta y_s) \\
& + S_P
\end{aligned}
\tag{1-38$'$}
$$

简化为

$$
\begin{aligned}
a_P c_P &= a_W c_W + a_N c_N + a_E c_E + a_S c_S + b \\
&= \sum_{nb} a_{nb} c_{nb} + b
\end{aligned}
\tag{1-39}
$$

这里，在计算面积分时需要对应物理量在每一个包覆面上的值，但(1-38)只计算和保存了各物理量在控制体中心的值，因此需要根据相邻控制体中心的值，使用插值方法估算结合面上的近似值，常用的插值方法将在 1.7 节加以介绍。

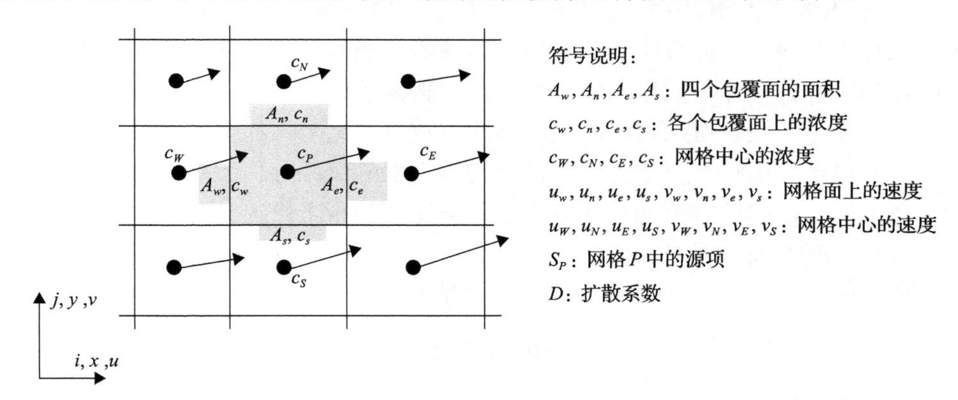

图 1.5　组分守恒方程离散

从原理上讲，采用有限差分法或有限体积法，将微分方程或积分方程离散，最终都得到线性代数方程组：

$$\boldsymbol{A\Phi} = Q \tag{1-40}$$

其中，$\boldsymbol{A}$ 为系数矩阵；$\boldsymbol{\Phi}$ 为未知数矩阵，其解为

$$\boldsymbol{\Phi} = \boldsymbol{A}^{-1} Q \tag{1-41}$$

$\boldsymbol{A}^{-1}$ 为系数矩阵 $\boldsymbol{A}$ 的逆矩阵。

给定初值和边界条件，求解上述线性代数方程组，就能够得到每个网格节点

或控制体中心的离散数值解。但是，由于下面将要介绍的N-S方程的特殊性以及湍流现象的复杂性，需要采取特别的模拟手法进行数值求解才有意义。

1.4　压力-速度场耦合求解的SIMPLE算法

1.3 节建立了与控制方程相对应的离散方程，它们是一组代数方程组(1-40)。这组方程的未知数个数是网格数量的整数倍，直接求解是很困难的。而且，由于速度场和压力场均为未知参数，迭代求解也遇到收敛困难，需要进行特殊处理。本节详细介绍工程上广泛应用的压力-速度耦合方程组的半隐式方法(SIMPLE算法)[2]。

你必须理解压力-速度耦合流场计算过程中存在的问题。观察动量方程(1-26)，它实际上由三个坐标方向的三个动量守恒方程组成，但每个方程都包含压力和三个速度分量共四个未知数，所以，需要用连续性方程(1-16)对方程组加以封闭才能求解。但是，压力梯度只出现在动量方程中，造成求解速度时压力未知，却又没有直接获得压力场的方程。

这里，SIMPLE算法可以提供一个巧妙的解决方案。SIMPLE算法基于压力修正法原理，在每一步计算中，先给出压力场的猜测值，求出猜测的速度场；再求解根据连续性方程导出的压力修正方程，对猜测的压力场和速度场进行修正。如此循环往复，直到获得压力场和速度场的收敛解。可是，如何才能通过连续性方程得到修正压力场呢？直觉上，可以把动量方程的离散方程所规定的压力与速度的关系式代入连续性方程的离散方程中，从而获得压力修正方程，即可通过压力修正方程求解得到压力修正值。

定义压力修正值 p' 为正确的压力值与猜测的压力值 p^* 之差，即有

$$p = p^* + p' \tag{1-42}$$

同样定义速度修正值 u'， v' 和 w'，则有正确速度场和猜测速度场的关系式：

$$\begin{cases} u = u^* + u' \\ v = v^* + v' \\ w = w^* + w' \end{cases} \tag{1-43}$$

将正确的压力场和速度场代入动量方程(1-39)并适当简化后，即可得到压力修正值与速度修正值的关系式：

$$a_p p' = \sum_{nb} a_{nb} p' + b' \tag{1-44}$$

其中，源项 b' 是不正确的速度场导致的“连续性”不平衡量。求解以上方程，即可得到每个网格的压力修正值。

由以上讨论可以看出，SIMPLE 算法的原理并不复杂，但在推导压力修正方程时有不同的简化处理方法，从而派生了几种 SIMPLE 改进算法，包括 SIMPLER 算法、IMPLEC 算法和 PISO 算法，其中求解瞬态问题时采用 PISO 算法具有明显的优势[3]，在相关章节还会相应介绍。

1.5　湍流与湍流模型

什么是湍流？从流体力学教材上了解到，黏性流体运动有层流和湍流两种不同的运动状态。著名的雷诺实验表明，可以用雷诺数(Re)大小判断流体的运动状态。Re 定义为流体的惯性力与黏性力的比值，即

$$Re = \frac{\rho L U}{\mu} \tag{1-45}$$

式中，L 为特征尺寸。在不同的流动条件下，特征尺寸是不同的。当 Re 小于某个临界值时，流动状态是层流，而当 Re 大于临界值时，流动为湍流。当管内流动的临界雷诺数约为 2300 时，掠过平板的外流的临界雷诺数为 5×10^5，圆柱或圆球的绕流的临界雷诺数为 20000。

我们意识到判断流体流动状态是层流还是湍流是一回事，解释什么是湍流却是另外一回事。概括地说，湍流是一个流动现象，它具备以下几个特征[4]：①湍流是流体不规则的随机运动；②能够快速扩散；③只发生在高雷诺数条件下；④总是包含流体的旋转运动；⑤湍流是耗散的，如果不输入外部能量，湍动能最终会因为黏性耗散而不断衰减。湍流的这些特征决定了湍流现象的复杂性。但是，即使是在最小的湍流尺度上，湍流始终还是连续介质的流动。这一特性决定了湍流仍然服从连续介质的运动定律，这意味着前面推导的连续性方程和动量守恒方程仍然适用于湍流。因此，从理论上讲，用计算流体力学方法分析和研究湍流也是完全可行的。

大量研究发现，湍流是由许多不同尺度的旋涡组成的，可以从时间、大小和脉动速度三个方面来刻画湍流涡的尺度。湍流流场中最大的涡尺度是由宏观流场的几何结构决定的，宏观流场是产生湍动能的根本原因，而最小的涡就是由于黏性耗散最后消失的脉动。原理上，湍动能就是由大到小逐级传递，直到最终被黏性耗散转变成流体分子的内能。最小的涡尺度也称 Kolmogorov 尺度 $\eta(\tau)$，它与流场的宏观尺度 $L(T)$ 的关系为[4]

$$L / \eta \sim (Re)^{3/4} \tag{1-46}$$

$$T / \tau \sim (Re)^{1/2} \tag{1-47}$$

如果用数值方法直接求解 N-S 方程，意味着求解流场内所有尺度的流动，对三维非定常流动，所需计算网格数量与 Re 关系为

$$L/\eta \sim (Re)^{11/4} \tag{1-48}$$

对于高雷诺数的充分发展湍流，意味着庞大的网格数量。因此，以目前的计算机运算能力直接模拟高雷诺数湍流几乎是不可能的。

问题是，不用这么多计算网格就一定不行吗？用大一些的网格计算可能引起多大误差呢？能不能采用某种方法考虑这些因素对流场的影响呢？为了解决这些问题，我们提出了湍流模型。以下重点介绍雷诺平均模型，或称 RANS 模拟，它是工程上应用最广泛的湍流模型。对湍流模拟或其他模型感兴趣的读者，可参见文献[4]。

前面已经提到，湍流首先是流体不规则的随机运动，其随机性决定了任何流体微团的运动都是随时间变化的，假定湍流流场中的任意一点矢量或者标量 ϕ 由时间平均值 $\overline{\phi}$ 和湍流脉动值 $\phi'(t)$ 组成，表示为

$$\phi = \overline{\phi} + \phi'(t) \tag{1-49}$$

若将 $\phi = u$ 代入不可压缩 N-S 方程，则得到著名的雷诺平均 N-S 方程

$$\frac{\partial(\rho\overline{u}_i)}{\partial t} + \frac{\partial}{\partial x_j}(\rho\overline{u}_i\overline{u}_j + \rho\overline{u_i'u_j'}) = -\frac{\partial\overline{p}}{\partial x_i} + \frac{\partial}{\partial x_j}\left[\mu\left(\frac{\partial\overline{u}_i}{\partial x_j} + \frac{\partial\overline{u}_j}{\partial x_i}\right)\right] \tag{1-50}$$

与原始方程(1-26)比较，方程(1-50)中出现一个未知项 $\rho\overline{u_i'u_j'}$，称为雷诺应力。

已知牛顿的应力与应变率关系

$$\tau_{ij} = \mu\, e_{ij} = \mu\left(\frac{\partial u_i}{\partial x_j} + \frac{\partial u_j}{\partial x_i}\right) \tag{1-51}$$

如果仿照上式，大胆地把雷诺应力也定义为平均流场的应变率的比例函数

$$\tau_{ij} = -\rho\overline{u_i'u_j'} = \mu_{\mathrm{t}}\left(\frac{\partial\overline{u}_i}{\partial x_j} + \frac{\partial\overline{u}_j}{\partial x_i}\right) \tag{1-52}$$

其中，μ_{t} 为湍流黏度，它是方程(1-52)中唯一的未知量。类似地，也可以定义湍流动黏度为

$$\nu_{\mathrm{t}} = \frac{\mu_{\mathrm{t}}}{\rho} \tag{1-53}$$

这样，湍流模型就变成了湍流黏度模型，也称涡黏度模型。最早的涡黏度模型是由普朗特根据量纲分析提出的，可将湍流动黏度表示成湍流特征速度和湍流特征长度的乘积

$$\nu_{\mathrm{t}}(\mathrm{m}^2/\mathrm{s}) \propto \vartheta(\mathrm{m}/\mathrm{s})\ell(\mathrm{m}) \tag{1-54}$$

普朗特进一步假设湍流特征速度可以表示成平均流场应变率的比例函数

$$\vartheta \propto \ell\left|\frac{\partial \overline{u}}{\partial y}\right| \tag{1-55}$$

因此，湍流动黏度表示成湍流特征长度与平均流场应变率的乘积

$$\nu_{\mathrm{t}} = \ell_{\mathrm{m}}^2\left|\frac{\partial \overline{u}}{\partial y}\right| \tag{1-56}$$

其中，湍流特征长度或者混合长度 ℓ_{m}^2 是唯一需要模拟的参数。在某些简单的流场中，混合长度可以通过实验测量。但是在大多数情况下，测量湍流混合长度是很困难的，因此，混合长度模型只在一些较特殊的场合使用，而下面介绍的基于湍动能和湍动能耗散率的守恒推导的 k-ε 模型，被证明是一个最实用的湍流涡黏度模型[4]。

k-ε 模型将湍流黏度表示为

$$\mu_{\mathrm{t}} = C_\mu\frac{k^2}{\varepsilon},\quad C_\mu = 0.09 \tag{1-57}$$

进一步，k 和 ε 分别由守恒方程求解

$$\frac{\partial(\rho k)}{\partial t} + \nabla\cdot(\rho k\overline{u}) = \nabla\cdot\left(\frac{\mu_{\mathrm{t}}}{\sigma_k}\nabla k\right) + 2\mu_{\mathrm{t}}E_{ij}\cdot E_{ij} - \rho\varepsilon \tag{1-58}$$

$$\frac{\partial(\rho\varepsilon)}{\partial t} + \nabla\cdot(\rho\varepsilon\overline{u}) = \nabla\cdot\left(\frac{\mu_{\mathrm{t}}}{\sigma_\varepsilon}\nabla\varepsilon\right) + C_{1\varepsilon}\frac{\varepsilon}{k}2\mu_{\mathrm{t}}E_{ij}\cdot E_{ij} - C_{2\varepsilon}\rho\frac{\varepsilon^2}{k} \tag{1-59}$$

其中，E_{ij} 为平均流场的应变率；$\sigma_k = 1.0$，$\sigma_\varepsilon = 1.3$，$C_{1\varepsilon} = 1.44$，$C_{2\varepsilon} = 1.92$，称为标准 k-ε 模型系数。

更一般地，将雷诺应力表示成

$$\begin{cases} -\rho\overline{u_i'u_j'} = \mu_{\mathrm{t}}\left(\dfrac{\partial\overline{u}_i}{\partial x_j} + \dfrac{\partial\overline{u}_j}{\partial x_i}\right) - \dfrac{2}{3}\rho k\delta_{ij} = 2\mu_{\mathrm{t}}E_{ij} - \dfrac{2}{3}\rho k\delta_{ij} \\ \delta_{ij} = 1,\quad i = j;\quad \delta_{ij} = 0,\quad i \neq j \end{cases} \tag{1-60}$$

除了标准 k-ε 模型，针对强旋流和圆形射流等特殊情况，有一些改进的 k-ε 模型，比如 RNG k-ε 模型适合模拟强旋流，可实现 k-ε 模型则是专门针对模拟圆形射流开发的，它们的模拟精度和适用范围各不相同，可参考前人的模拟研究报告选择使用。

上述雷诺平均 N-S 方程(1-50)，连同湍动能和湍动能耗散率的守恒方程(1-57)～(1-60)一起，用数值方法求解后，即可得到湍流流场的近似解。

为了便于计算机编程运算，通常把物质、动量和能量守恒的偏微分方程写成统一形式

$$\frac{\partial(\rho\Phi)}{\partial t}+\frac{\partial}{\partial x_i}\left(\rho U_i\Phi-\Gamma_\Phi\frac{\partial\Phi}{\partial x_i}\right)=q_\Phi \tag{1-61}$$

其中，$\Phi=\{1,U_j,T\}$ 分别代表物质、速度和温度。方程(1-61)左边第一项称为时间变化，第二项称为对流和扩散通量，方程右边的项称为源项。

如果把守恒方程应用到某一个有限控制体，上述方程左右两边分别以控制体为边界求积分。注意，体积分和面积分等效，即 $\int_V\frac{\partial}{\partial x_i}\Phi\mathrm{d}V=\int_S\Phi\cdot n_i\mathrm{d}S$，可得到积分形式的控制方程

$$\int_V\frac{\partial(\rho\Phi)}{\partial t}\mathrm{d}V+\int_S\left(\rho U_i\Phi-\Gamma\frac{\partial\Phi}{\partial x_i}\right)\cdot n_i\mathrm{d}S=\int_V q_\Phi\mathrm{d}V \tag{1-62}$$

这种积分形式的守恒方程在计算流体力学领域内的应用更加普遍。

1.6 初值和边界条件

求解 N-S 方程(1-62)的有限体积法及对应的计算机程序已经相当成熟，采用任何一个计算流体力学(CFD)商业软件都可以完成。但是，针对任何有待求解的问题，都必须定义初始条件和边界条件。用户必须理解所要求解的问题，并根据特定的问题设定边值条件。对于非稳态流场，还必须给定计算域内所有网格上的初始条件。

常见的边界条件包括：入口、出口、壁面、压力边界、对称边界、周期性边界。

每一个 CFD 软件用户都要理解一件事，即任何求解器都只能提供内部网格的物理量的离散近似解。如图 1.6 所示，对每一个网格应用守恒方程后，每个网格的进口物理量值等于相邻网格的出口值，将所有网格的守恒方程联立后，可以求

解各个网格的中心的物理量值，但前提是边界上的物理量必须设定为已知。

$$\int_V \frac{\partial(\rho\Phi)}{\partial t}\mathrm{d}V + \int_S \left(\rho U_i \Phi - \Gamma \frac{\partial \Phi}{\partial x_i}\right)\cdot n_i \mathrm{d}S = \int_V q_\Phi \mathrm{d}V \tag{1-63}$$

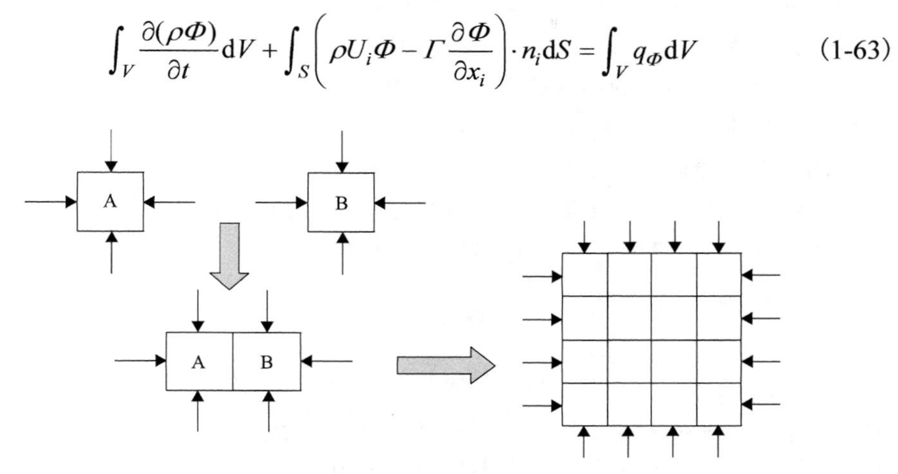

图 1.6 有限体积与计算域的关系

流场的入口边界种类很多，对于单组分、等温和不可压缩流体，最简单的入口流动条件是定义流体流速大小和方向。对于多组分流体，可以给定温度、总质量流率及各组分的质量分率，由计算软件内部换算得到计算所需入口边界流体密度和流速大小。由于流速是矢量，还必须提供入口几何位置及其坐标体系表达方法，特别是法向方向。

对于湍流流场模拟问题，给定合理的湍流边界条件也很重要。使用已知的入口的湍动能和耗散率是最理想的情况，否则，可以使用湍流强度和湍流特征尺寸。根据入口流速的大小，湍流强度取值范围为 1%～6%，多数情况下湍流特征尺寸取入口水力直径。

对于单一出口的简单不可压缩流动，因为流体连续性的关系，流体出口速度和方向可由程序自动计算。但是，对于非稳态的复杂流动情况，如果出口存在回流的可能，还需要给定回流物质的温度和成分组成，具体取值往往需要一些经验。有些软件提供 Outflow 的选项，但在使用时一定要十分谨慎。当使用压力进口时，不能用 Outflow 作为出口，在密度变化的非定常流及出口有回流存在的情况下，也不能用 Outflow 作为出口边界条件。

使用压力-速度耦合算法求解非稳态流场时，速度场和压力场并不能同时获得，压力场变化引起连续性失衡，从而使速度场偏离收敛值，最终导致出口流量大幅波动的可能性是存在的，这样的模拟结果是方法误差的集合，可能与收敛数值解相差甚远，也可能与实际物理现象完全不符。因此，对于多个出口的复杂流动情况，出口边界尽可能参考已知的参数或基于实验测量结果设定。

壁面是常见的边界条件，一般设定无滑移速度边界，即紧靠壁面的第一个网格的速度与壁面速度一致，如果是固定壁面，则意味着与壁面平行和垂直方向的速度均设为零。

除了图 1.7 所示的边界条件，有时还可以使用对称边界和周期性边界。对于圆柱形内流流场，使用轴对称边界可以把三维计算简化为二维问题，但对于非稳态流动，由于湍流的三维特性，一般不推荐使用二维轴对称计算。对于反复出现的几何边界，比如周期性排列的换热器列管，有时也可以使用周期性边界。例如，流动在 x 方向呈周期性，入口和出口速度相同：

$$u_{0,j}=u_{i\text{-max-1},j}\,,\quad u_{i\text{-max},j}=u_{1,j}$$

$$v_{0,j}=v_{i\text{-max-1},j}\,,\quad v_{i\text{-max},j}=v_{1,j}$$

但需要指出，即使宏观流场具有周期性，湍流参数的周期性也无法得到保证，除非计算资源确实受到限制，一般不推荐使用周期性边界条件。

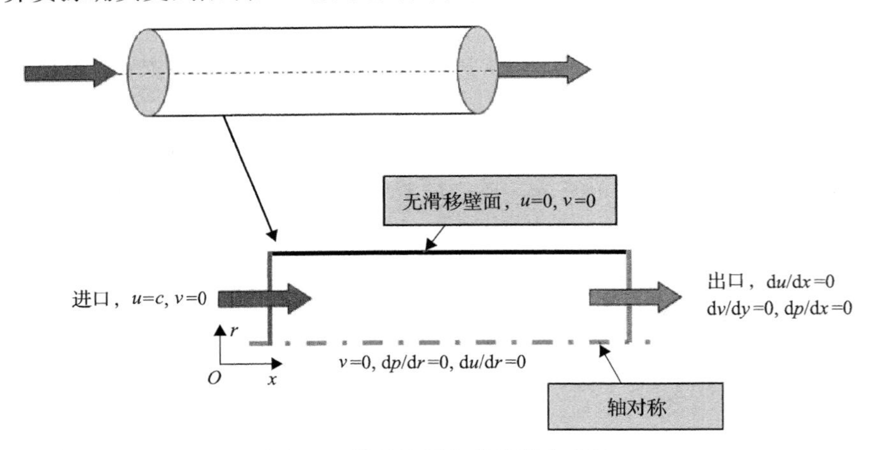

图 1.7　常见边界条件的设定方法

1.7　插值、迭代与数值算法基础

用 CFD 方法求解流动问题，就其本质而言是用数值方法求解 N-S 方程，得到离散近似解。在偏微分方程的离散、积分和微分的近似，以及最后得到的代数方程的求解过程中，反复使用了数值插值法、数值微分和数值积分法，以及代数方程组的迭代求解方法。这里简单地介绍一些数值算法的基础知识。如果需要开发计算程序和 CFD 软件，这些基础知识是远远不够的，需要参考数学专业的相关书籍。

常用的有如图 1.8～图 1.12 所示的五种近似计算方法[2]。

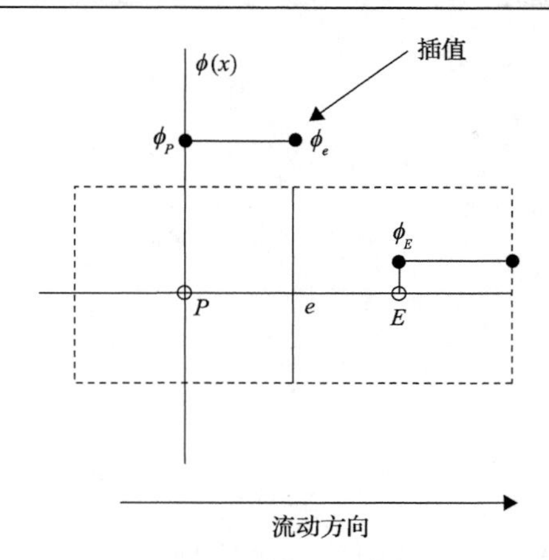

图 1.8　一阶迎风格式

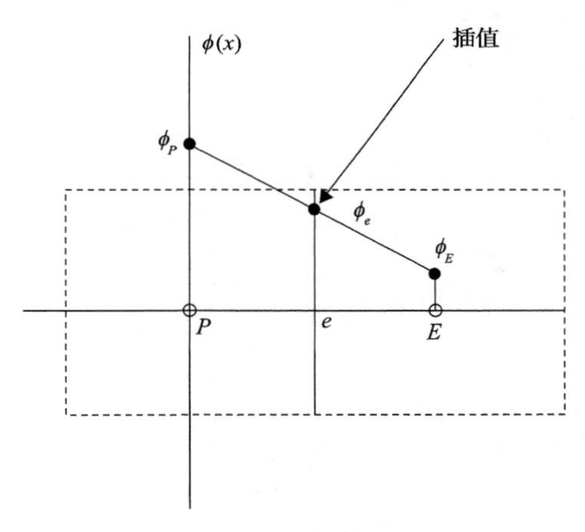

图 1.9　中心差分格式

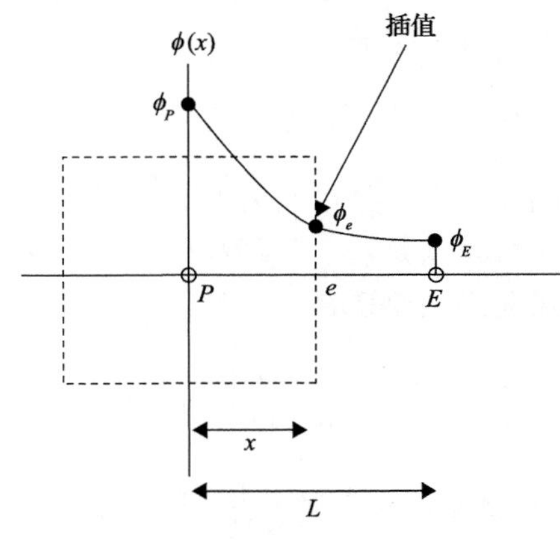

图 1.10　幂律格式

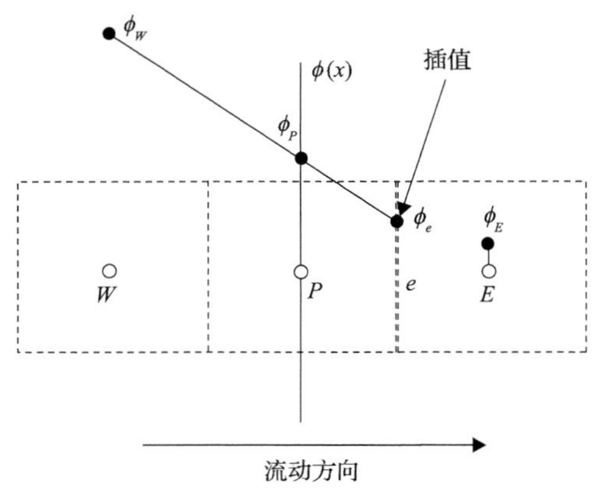

图 1.11　二阶迎风格式

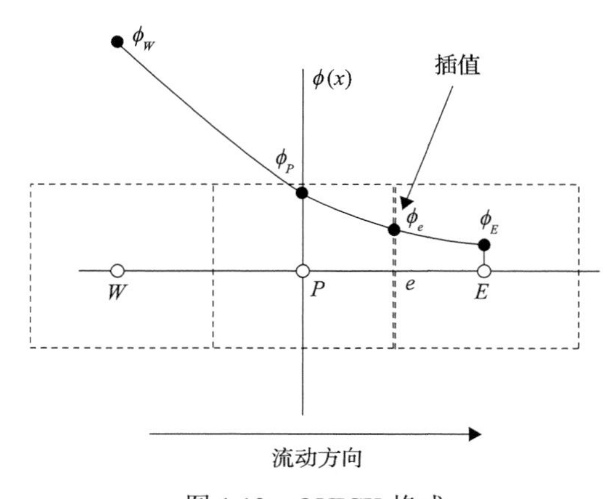

图 1.12　QUICK 格式

上述五种计算格式中，一阶迎风最为简单，取来流方向控制体中心的值直接赋值给予连接控制体 P 和 E 的结合面 e：

$$\phi_e = \phi_P \tag{1-64}$$

一阶迎风格式带来的计算误差是显而易见的，它完全忽略了物理量从 P 到 E 可能存在的变化。中心差分格式是对一阶迎风格式的直接改进，但是可能会带来计算不稳定，尤其是以对流为主要迁移方式时，定义贝克来数

$$Pe = \frac{\rho u L}{D} \tag{1-65}$$

只有在 Pe 等于 1 的情况下，两个中心点之间的物理量变化才是线性的，远大于 1 和远小于 1 则总是呈幂律分布，所以，当 Pe 大于 2 时，不建议使用中心差分格式，可使用幂律格式。

$$\phi_e = \phi_P - \frac{(1-0.1Pe)^5}{Pe}(\phi_E - \phi_P) \quad (1\text{-}66)$$

如果 Pe 大于 10，应切换到一阶迎风格式，也可以用二阶迎风格式或 QUICK 格式。如果在迭代计算中观察到解的不稳定性，则建议开始时使用一阶迎风，待稳定后切换到二阶迎风格式，以便进一步提高精度。QUICK 格式虽然精度最高，但容易引起波动，使用过程中需要加倍留意解收敛性。

此外，用有限体积法求解对流扩散问题时，往往产生数值误差，或称伪扩散。下面用一个例子解释伪扩散的来源和克服伪扩散的方法[5]。

如图 1.13 所示，模拟冷热两股流体沿对角线方向，分别从底边和左边进入，冷流体温度 0℃，热流体温度 100℃，如果假设扩散系数为零，冷流体流经下三角，热流体流经上三角，对角线上温度应出现从 0℃到 100℃的突变。

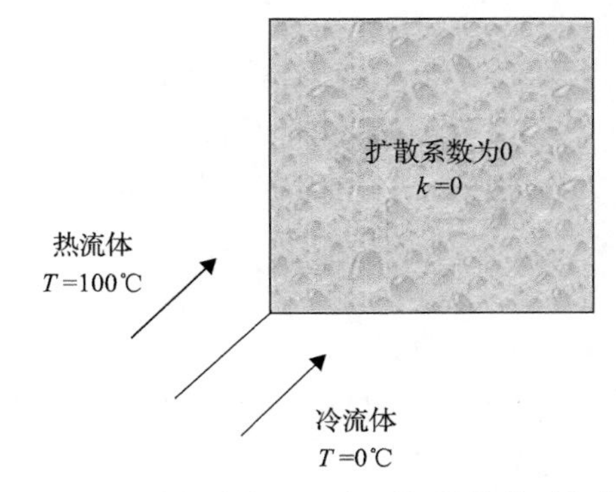

图 1.13　沿对角线自下而上两股流体的对流扩散

图 1.14 中比较了两组计算网格，分别采用一阶迎风和二阶迎风格式的模拟计算结果。当网格解像度不高时，使用二阶迎风格式并不能消除伪扩散，只有同时提高计算网格密度和使用二阶迎风格式，才能减少伪扩散。

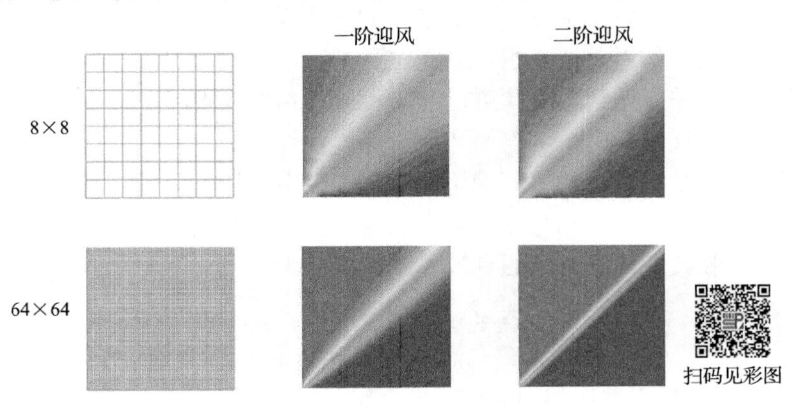

图 1.14　伪扩散与网格的依存性

上述伪扩散产生的原因主要有两个：一是对流项采用一阶格式产生的截断误差，二是网格线的方向与流动的方向呈倾斜夹角引起的误差传播。在计算从左下角到右上角的对角线上的冷热流体交界的相邻控制体结合面的温度时，本应该取与对角线垂直的上三角和下三角的温度进行插值，但因为网格线的方向，不得不用左右和上下的温度值进行插值，产生误差后又向下游传递，导致误差放大。因此，使用与流动方向一致的网格线可以有效地抑制伪扩散。但是，对于变化梯度大和复杂的流动，往往不能使网格方向与流动方向总是保持一致，因此，使用较高计算网格密度，并且配合使用高阶插值计算格式，从源头上减少截断误差，才是根本的解决方法。

1.8 迭代求解的收敛性与稳定性

无论是从偏微分方程入手，得到各网格节点的差分方程，还是把积分形式的方程应用到各个控制体单元，得到对应的代数方程，最终结果都是每个网格上未知物理量的线性或者非线性代数方程组。可用下式表示：

$$A\Phi = Q \tag{1-67}$$

其中，A 为系数矩阵；Φ 为未知物理量。对于单纯的流动问题，对应的代数方程组的系数矩阵和未知数具有对角占优的稀疏矩阵的特征，也即只有靠近对角线上的元素非零，远离对角线的元素都是零，求解三对角矩阵的 TDMA（thomas algorithm 或 tridiagonal matrix algorithm）算法特别适合这个问题。但是，通常求解问题的网格数太过庞大，而且在求解流场的同时，还要耦合求解温度场和反应产物的浓度场，造成方程数量（未知数个数）很多，反应源项也有可能是未知参数的非线性函数，这样的情况就不宜直接求解代数方程组，而是采取所谓的迭代求解方法。另外，由于计算机资源限制，离散格式的截断误差本身就很大，即使精确求解线性系统，数值解的误差还是很大，在这种情况下，主要目的是观察解的相对大小和变化趋势，采用迭代求解就可以满足相应的精度要求。

采用迭代求解时，一定要考虑解的收敛性和稳定性。任何情况下，不收敛的解都是没有物理意义的，不稳定的解也是没有应用价值的。就微分方程的性质而言，稳态不可压缩流动与反应耦合的偏微分方程组属于椭圆形，低松弛迭代法是能够保证收敛性和稳定性的有效方法，表示为

$$\phi_P^{\text{new, used}} = \phi_P^{\text{old}} + U(\phi_P^{\text{new, predicted}} - \phi_P^{\text{old}}) \tag{1-68}$$

其中 $U<1$，称为低松弛因子。

假设 Φ 为方程组 $A\Phi = Q$ 的精确解，它与第 n 次迭代得到的近似解矩阵 Φ^n 的差为 $\varepsilon^n = \Phi - \Phi^n$，称为迭代误差，且满足

$$A\varepsilon^n = \rho^n \tag{1-69}$$

或

$$A\Phi^n = Q - \rho^n \tag{1-70}$$

其中，ρ^n 为残差。

很显然，残差越小，迭代误差就越小，因此，可在迭代计算中观察残差的变化，并且用残差大小判断解的收敛性。

一般地，流场中某一点 P 用无量纲正规化相对残差[5]

$$R_{P,\,\text{scaled}} = \frac{\left|a_P\phi_P - \sum_{nb} a_{nb}\phi_{nb} - b\right|}{\left|a_P\phi_P\right|} \tag{1-71}$$

而全流场的残差为

$$R^{\phi} = \frac{\sum\limits_{\text{all cells}} \left|a_P\phi_P - \sum_{nb} a_{nb}\phi_{nb} - b\right|}{\sum\limits_{\text{all cells}} \left|a_P\phi_P\right|} \tag{1-72}$$

通常要求无量纲正规化残差值为 1×10^{-3}～1×10^{-4}，或者更低，才认定收敛并停止迭代计算。

对于初学者而言，判断计算结果已经收敛并不是一件很容易的事情，必须牢记几个基本原则，避免因为经验不足而被计算结果误导。

(1) 残差在迭代过程中持续下降，特别是在最终阶段没有发生波动。

(2) 观察流场中某点的物理量的变化情况，随迭代次数增加，各个物理量均不再变化。

(3) 流场边界和进出口的物质、能量基本守恒，误差小于 5%。

随着计算流体力学软件应用的普及，初学者不需要掌握太多的流体力学和数值方法基础知识，简单地点击鼠标就能借助软件完成模拟计算，但是，在把计算结果提交给上级或总结成论文发表之前，一定要事先确认得到的是收敛解。如果不能确认，不妨简单地把计算网格变细或变粗一倍，用同样的边界条件再计算一次，观察解的变化情况，如果有变化，必须继续细化计算网格，还可用计算网格收敛指数(grid convergence index)了解由网格引起的误差大小。

1.9　计算机网格生成

计算流体力学的任务是，借助计算机程序求解守恒方程在一组网格节点上的离散解。因此，求解任何问题都必须事先准备计算网格，定义边界条件和初始条件。原则上，只要切分计算域的体网格，分别定义某些面网格为进口、出口和壁面边界。但切分网格是一个很复杂的技术活，需要反复练习方能掌握要领。以下几个原则可帮助初学者迅速入门[5]。

(1) 初学者可选择简单的网格生成软件，比如从 Gambit 开始学习，用点、线、面生成简单的二维矩形或三维轴对称圆管等封闭几何形状，对进口、出口、壁面等一一指定有意义的名称，除了点或线，任何时候都不建议使用缺省命名。

(2) 定义每条边的网格数(每个网格的尺寸)，保证生成四边形的面网格或六面体的体网格，再选择合适的面网格或体网格切割算法，自动生成结构性网格。有些软件缺省为三角形或四面体网格，或称非结构性网格，不建议初学者使用非结构性网格。

(3) 检查网格数量和质量，再定义流体域网格，进、出口网格和壁面网格。网格的数量会影响计算时间，初学者一般不要切太多的网格，1 万个网格比较合理，以 10 万为上限。这样的计算案例在一般的台式计算机或笔记本计算机上只需要数分钟或数小时就能完成。网格的质量会影响解的精确性，靠近壁面或者有分离的复杂流域，需要使用较细的网格，这在后面相关的章节还会做介绍。

(4) 一般初学者操作还不熟练，容易出错，因此，建议每次开始时新建文件名，勤于保存文件，以免因手忙脚乱造成运行出错或数据丢失。

(5) 建议使用软件自带的案例和配套的操作手册提供的步骤自我训练，切不可指望看一本书就能掌握网格切分的要点。

第 2 章　多相流基本原理及其煤化工应用

在介绍多相流的基本原理之前，首先要定义什么是多相流。从字面上理解，多相流是指包含两个或多个相态的流体流动。比如锅炉受热面管内水和水蒸气混合物的流动、流化床内气固两相流，都是典型的多相流，也是本书讨论的主要对象。再比如输油管道内油水混合物，虽然油和水都是液态，但二者之间由于表面张力的作用有明显的分界面，也属于多相流。因此，多相流既可包含多个相态的混合物，也可包含同一相态的多个组分的混合物，只要两种组分的混合尺度远大于组成物质的分子尺度，任何混合物的流动都可以归于多相流的范畴。

多相流还可分为分散流和分离流两种形态。如果多相混合物在宏观尺度上表现为均匀分布，比如上面提到的气泡分散在液体流场、固体颗粒分散在气体流场的情况，就属于分散流。此时，把连续的载体称为连续相，把分散的颗粒或气泡称为离散相。如果两股不同相态的流体之间有连续的分界面，比如河水与其上面的空气的流动就属于分离流。本书主要讨论分散流。

2.1　颗粒、气泡和液滴的特性与表征方法

为了便于分析，要对离散相的特性进行定量的表征。可以把固体颗粒、气泡和液滴统称为颗粒。如果是形状规则的球形颗粒，用直径和密度两个参数就足以表征颗粒的特性。但是，在大多数工程问题中，颗粒形状往往都是不规则的，有时还会变形(如液滴和气泡)、发生破碎(如液滴喷雾)或聚并现象，这就需要采用更多的参数表征颗粒的特性。常用的几何参数[6]有：

(1) 体积 V;

(2) 表面积 A;

(3) 垂直投影面积 A_p;

(4) 垂直投影周长 P_p。

对于不规则颗粒，通常还采用“球形等效”方法定义颗粒的尺寸。因此，可以用三种形式定义颗粒直径

$$d_v = \sqrt[3]{\frac{6V}{\pi}} \tag{2-1}$$

$$d_A = \sqrt{\frac{4A_p}{\pi}} \tag{2-2}$$

$$d_{\mathrm{p}}=\frac{P}{2\pi} \tag{2-3}$$

如果颗粒尺寸不是单一的，可定义颗粒尺寸分布

$$\sum_{i=1}^{N} f_n(D_i)=1 \tag{2-4}$$

常用数密度平均粒径和方差表征颗粒尺寸：

$$\overline{D}_n=\sum_{i=1}^{N} D_i f_n(D_i), \qquad \sigma_n^2=\sum_{i=1}^{N} D_i^2 \boldsymbol{f}_n(D_i)-\overline{D}_n^2 \tag{2-5}$$

如果颗粒尺寸分布是连续函数，上述定义中的累加改为积分。但是，大多数情况下，使用数密度平均并不能准确地反映颗粒的平均特性。常用的有质量平均直径 D_3、面积平均直径 D_2 和 Sauter 平均直径 D_{32}，定义为

$$D_{32}=\frac{\int_0^{D_{\max}} D_3 f_n(D)\mathrm{d}D}{\int_0^{D_{\max}} D_2 f_n(D)\mathrm{d}D} \tag{2-6}$$

D_{32} 表征颗粒的体积与面积的比值，考虑了相间接触面积的大小，故常用于表示气泡的尺寸。

2.2 单个颗粒在流场中的运动与阻力

描述单个颗粒在流场中运动可以采用前面介绍的拉格朗日方法，以颗粒的几何边界作为系统边界，单个颗粒的质量和动量守恒方程分别为

$$\frac{\mathrm{d}m}{\mathrm{d}t}=-\int_A \rho W_A\cdot n\mathrm{d}A \tag{2-7}$$

其中，m 为质量；W_A 为离开颗粒表面 A 的物质流速；ρW_A 为质量通量。

$$m\frac{\mathrm{d}v}{\mathrm{d}t}=\sum F \tag{2-8}$$

其中，v 为颗粒线速度；$\sum F$ 为作用在颗粒上的体积力和表面力的合力，即

$$\sum F=F_{\mathrm{H}}+mg \tag{2-9}$$

注意，在写出上述方程时，并没有假定流场中只有一个颗粒，所以动量方程中的作用力是指流体和周围的颗粒作用在所考察的颗粒上的合力。对于大量颗粒组成的系统，上述方程组的求解就会变得非常复杂。在颗粒体积分数小于 5%的稀相分散流中，颗粒之间的距离比颗粒直径大得多，就可以忽略颗粒之间的相互作用。如果只求解作用在单个运动颗粒上的作用力，问题就大大简化，在某些条件下有解析解，而在大多数情况下，可以采用计算流体力学方法得到近似解。本章和第 3 章将围绕这一问题展开讨论。

下面以单个球形固体颗粒为例，分析颗粒在流场中做匀速运动时所受到的流体阻力。

$$\sum F = F_{\mathrm{H}} + mg = 0 \tag{2-10}$$

流体阻力主要由形状阻力和黏性摩擦阻力两个部分组成，统称为曳力，表示为

$$F_{\mathrm{H}} = \frac{1}{2} C_{\mathrm{d}} \rho_{\mathrm{f}} A_{\mathrm{p}} \left| u - v \right| (u - v) \tag{2-11}$$

其中，C_{d} 为曳力系数。随着雷诺数的增加，流场逐渐发展成不同的状态，如图 2.1 所示，主要有以下特征：

(1) $Re \leqslant 20$，无边界层分离，边界层流动为层流，阻力主要为摩擦阻力。

(2) $20 < Re \leqslant 130$，边界层产生分离，产生了有漩涡的尾迹区，摩擦阻力和压差阻力相当(图 2.2)。

(3) $130 < Re \leqslant 400$，漩涡脱落，尾迹变为湍流，主要为压差阻力。

(4) $400 < Re \leqslant 3\times10^5$，分离点保持不变，边界层逐渐变为湍流，$C_{\mathrm{d}}$ 不再变化。

(5) $Re > 3\times10^5$，边界层变为湍流，分离点后移，C_{d} 显著下降，出现阻力危机(图 2.3)。

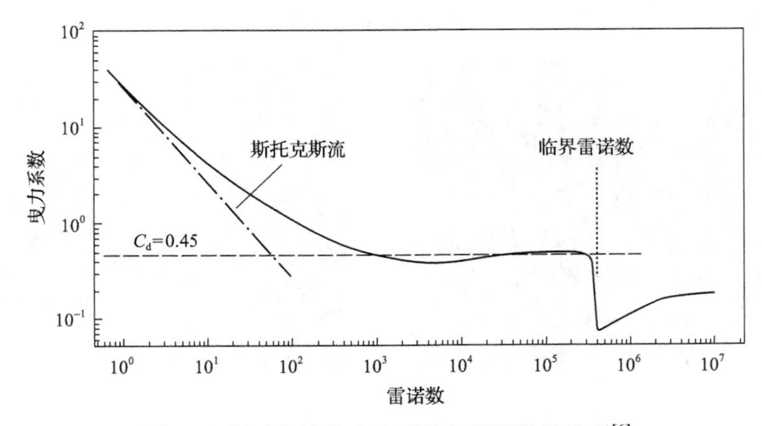

图 2.1　圆球绕流的曳力系数与雷诺数的关系[6]

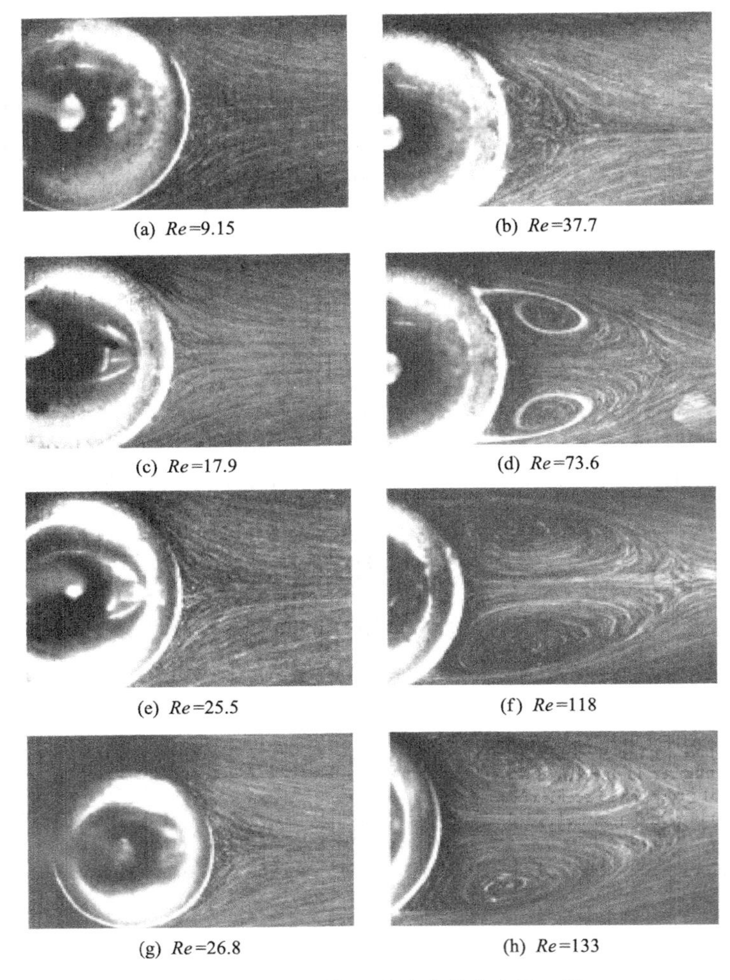

(a) Re=9.15　(b) Re=37.7

(c) Re=17.9　(d) Re=73.6

(e) Re=25.5　(f) Re=118

(g) Re=26.8　(h) Re=133

图 2.2　低雷诺数圆球绕流的分离情况[7]

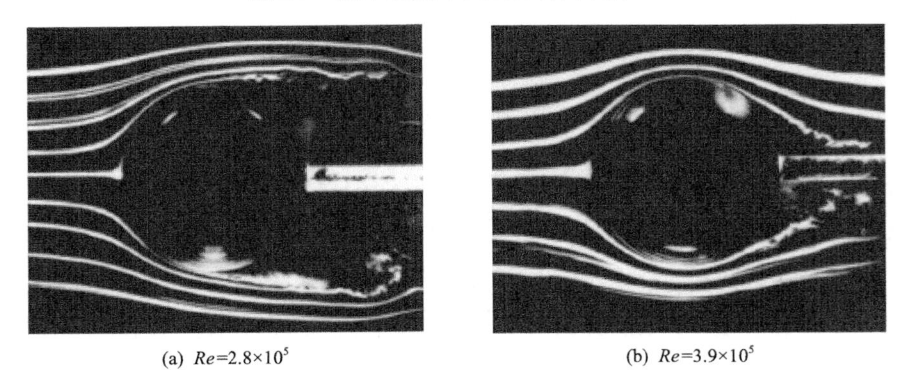

(a) $Re=2.8\times10^5$　(b) $Re=3.9\times10^5$

图 2.3　圆球绕流层流边界层分离情况[7]

如果颗粒或周围流体流动处于非稳定状态，颗粒受到的作用力就复杂得多。1983 年 Maxey 和 Riley 经推导得到非稳态爬蠕流颗粒运动方程为[7]

$$m_s\frac{dv}{dt}=-\frac{1}{2}m_f\frac{d}{dt}\left(v-u-\frac{R^2}{10}\nabla^2u\right)-6\pi R\mu_f\left(v-u-\frac{R^2}{6}\nabla^2u\right)$$
$$-\frac{6\pi R^2\mu_f}{\sqrt{\pi\nu_f}}\int_0^t\frac{\frac{d}{d\tau}\left(v-u-\frac{R^2}{6}\nabla^2u\right)}{\sqrt{t-\tau}}d\tau+(m_s-m_f)g+m_f\frac{Du}{Dt}\tag{2-12}$$

方程右边第一项为附加质量力(虚拟质量力)，它是颗粒加速运动时必须加速一定的流体质量而引起的，而这个体积正好是颗粒体积的 1/2；第二项为定常阻力，包括形状阻力和摩擦阻力；第三项为贝塞特力，是由颗粒周围的速度梯度变化造成的，可理解为边界层更新滞后引起的附加作用力；第四项为浮升重力；第五项为拉格朗日加速度，数值上与颗粒占有体积对应的流体加速度相等，而物理意义上可理解为颗粒表面速度不均匀分布引起的惯性力的反作用力。

必须指出，上式虽然是针对雷诺数远小于 1 的非稳态爬蠕流颗粒运动推导出来的，也可以推广到高雷诺数的情况，但各项作用力不再是整齐的表达式。比如，第五项就成为广义的非定常阻力或湍流耗散力，需要考虑颗粒周围湍流特性，而第三项的巴塞特力常常可以忽略。在湍流流场中运动的颗粒所受的定常阻力受湍流影响，定义相对湍流强度为

$$I_r=\frac{\sqrt{u'^2}}{|u-v|}\tag{2-13}$$

研究表明，提高来流的相对湍流强度能使临界雷诺数显著降低(图 2.4)。由于湍流

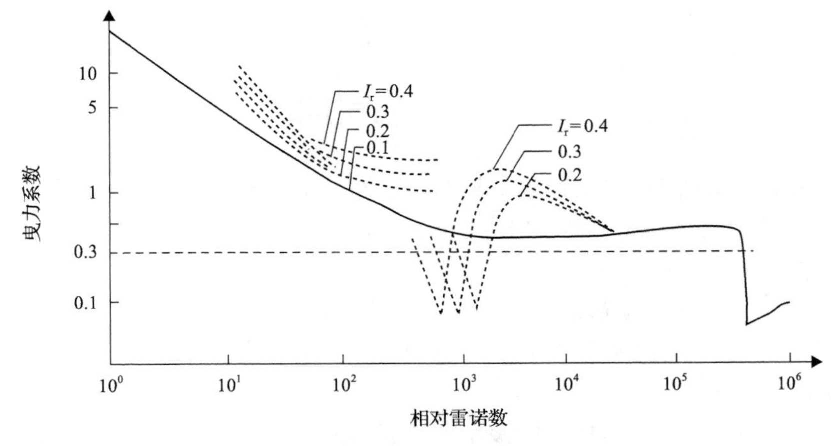

图 2.4　湍流对曳力系数的影响[6]

实线为标准阻力系数曲线，虚线对应不同的湍流强度

模拟本身的难度，模拟湍流流场中圆球绕流的阻力仍然是计算流体力学的前沿研究课题。

2.3 单个气泡在液体中的运动与变形

Clift 发现当气泡所处的环境不同时，其形状也会有所差异。Clift 引入无量纲数（Re、Eo、Mo）对气泡的形状进行描述[8]

$$Re = \frac{\rho_l U_b D_b}{\mu_l} \tag{2-14}$$

$$Eo = \frac{\rho_l g D_b^2}{\sigma} \tag{2-15}$$

$$Mo = \frac{g \mu_l^4 \Delta\rho}{\rho_l^2 \sigma^3} \tag{2-16}$$

如图 2.5 所示，气泡在液体中受浮力作用而自由上升，受表面张力作用维持其形状，呈现出规则的圆形，由于液体流场对气泡的运动产生阻碍，气泡发生变形，其形变程度与气泡尺寸和气液物性等多种参数有关。气泡所呈现的形状包括圆球形、椭球形、球帽形、裙形、不稳定的摇摆形等。当气泡尺寸较小时，表面张力起主导作用，其形状大致呈圆球形，在液相中沿直线上升；对于中等尺寸气泡，气泡还受到周围液体惯性力的影响，其形状发生变化，大致呈椭球形，在液体中的轨迹呈 S 形或螺旋线形。对于尺寸较大的气泡，周围流体的惯性力完全起主导作用，气泡的形状大致为球帽形，呈螺旋状快速上升。此外，在高黏度液体中，还可以观察到裙形气泡。

2.4 气液鼓泡塔

气液鼓泡塔是能源化工领域常见的反应器，塔内气泡的大小和上升行为对鼓泡塔内流动特性起控制作用。如图 2.6 所示，气泡对鼓泡塔内流动的影响包含以下几个方面：

(1) 气泡经由气体分布器产生，受浮升力的作用向上运动，从而带动中心区域的液体形成向上运动趋势，而壁面附近的液体由于速度梯度向下回流，形成大尺度液相循环运动。

(2) 气泡在向上运动的同时，受到液体的反作用（相间作用力），相间作用力与气泡的尺寸及气液间相对运动速度等因素有关。

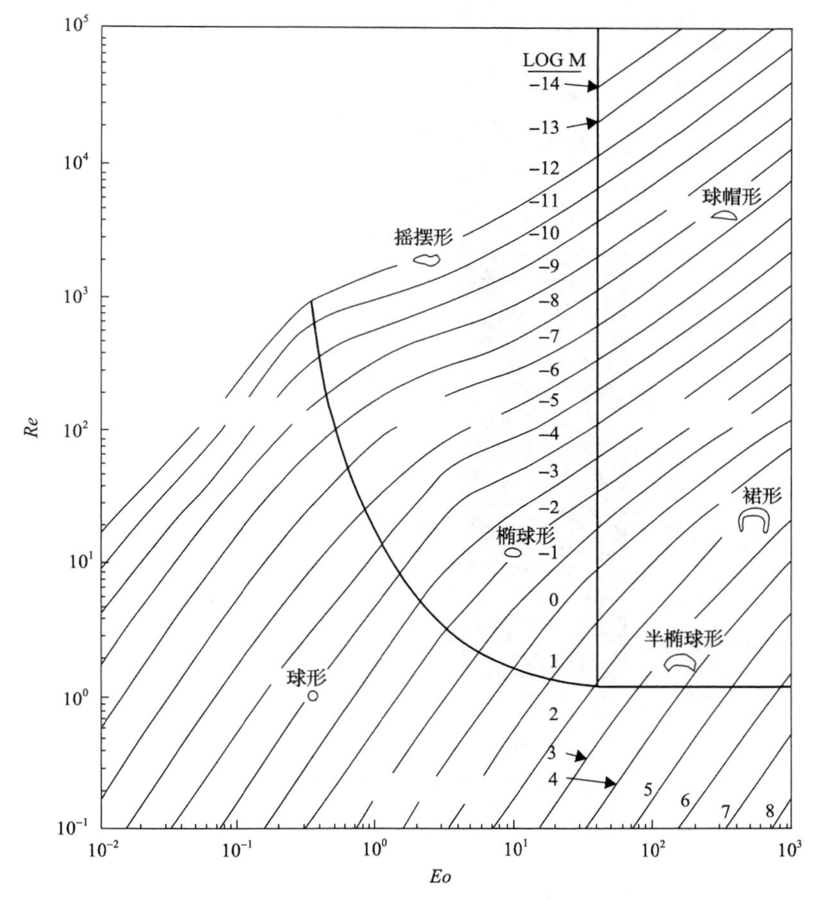

图 2.5　Reynolds 数、Eotvos 数和 Morton 数与气泡形状的关系[8]

(3) 气泡与液体间通过相界面发生动量、质量和能量的交换。

(4) 气泡诱导液相主流产生脉动并促进流动混合，液相湍流撞击气泡促使其进行合并分裂。

(5) 气泡由于剧烈的合并分裂，导致尺寸不同、形状不一，相间作用力也各不相同。因此，研究气泡的尺寸、位置及其与连续流体的相互作用是研究鼓泡塔内的流动特性的关键。

随表观气速变化，鼓泡塔呈现不同流型。如图 2.7 所示，在低表观气速下，鼓泡塔内形成尺寸较小且分布较为均匀的泡状流 (bubble flow)，气泡间的相互作用十分微弱；随着表观气速的增加，鼓泡塔内发生剧烈的气泡合并分裂现象，气泡尺寸的差异明显，流动从相对稳定的泡状流向非稳定的弹状流 (slug flow) 或湍动流 (churn-turbulent flow) 转变；在塔径小于 0.1 m 的细长型反应器中，气泡偏向于形成弹状流，而在矮粗型的反应器中，流型呈现出湍动状态。此外，气液鼓泡

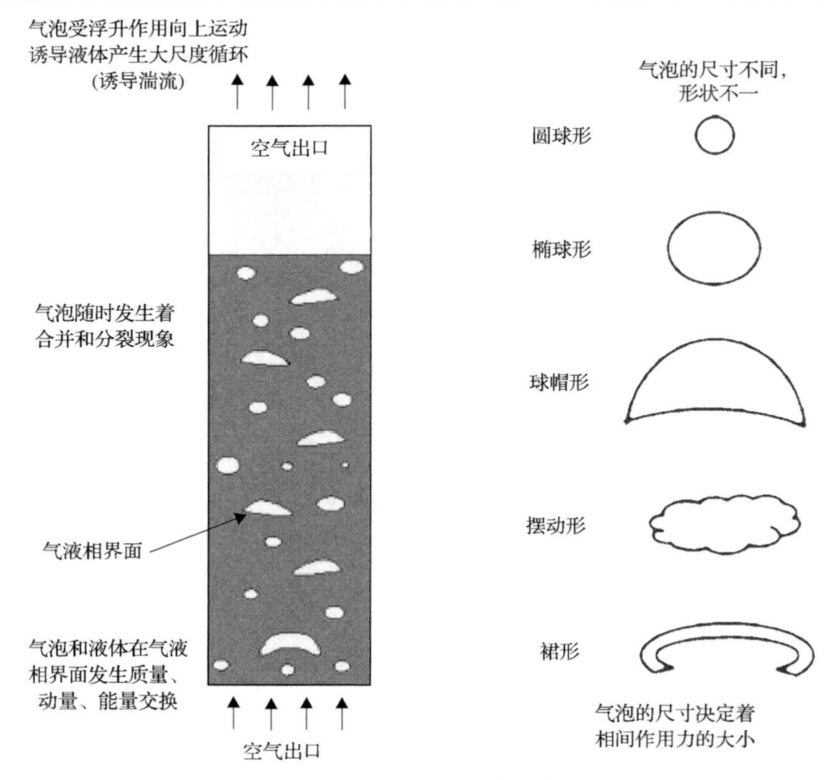

图 2.6　气泡对鼓泡塔内流动的影响

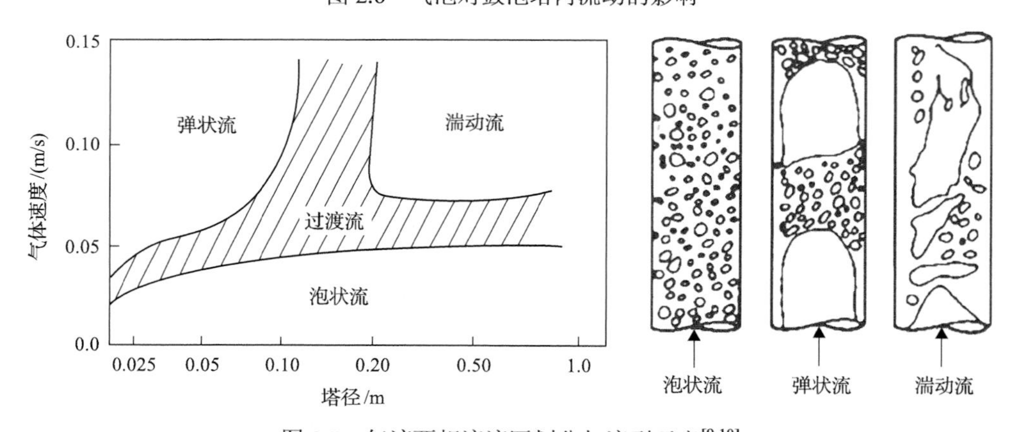

图 2.7　气液两相流流区划分与流型示意[9,10]

塔内的流型转变不仅受表观气速和塔径控制，还受到气液相物理性质、温度、压力、气体导入方法和气体分布器形式等诸多因素影响。

工业上使用的鼓泡塔塔径较大，并在高表观气速下运行，鼓泡塔内流动结构大多处于湍动状态。因此，对鼓泡塔内流动的研究不仅限于流型的辨识，还要把握鼓泡塔内的流动结构。Chen 等[11]通过粒子成像测速仪(particle image velocimetry，PIV)对大塔径冷态鼓泡塔内的流场进行了观察，描述了湍动状态下的流场结构(图 2.8)。此时，鼓泡塔内主要分成四个流区：中心小气泡羽流上升区，环绕羽流区的大气泡快速螺旋上升区，贴近壁面的下降流区以及液速向下的涡旋区。鼓泡塔内是气泡带动液体所形成的大尺度液相循环，由于中心区域的大气泡快速上升，液体向上运动，所以壁面附近的液体向下运动。此外，部分小气泡被排挤到壁面跟随液体向下运动，但由于浮升力的作用，它们的运动方向并不明确。

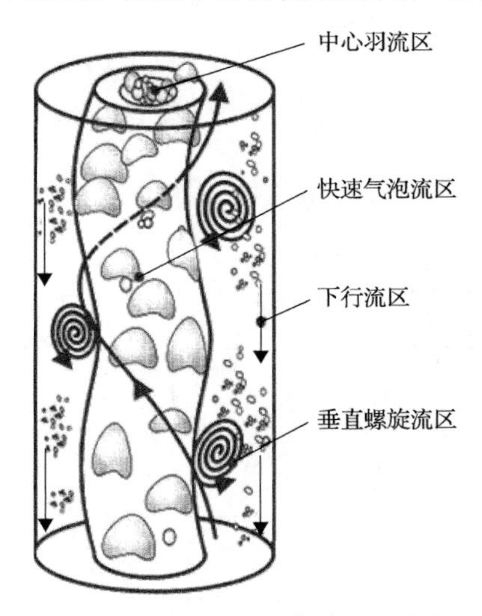

图 2.8　湍动流流动结构示意[11]

2.4.1　整体气含率

气含率是表征鼓泡反应器中气体所占多相体系中的体积分数，它直接反映鼓泡塔内气液接触面积及相间作用的大小。通过气含率的大小可推算出气液混合程度、传热传质速率等流动参数。一般认为，表观气速对气含率的影响最为显著。图 2.9(a)示意了在气液两相流中，采用床层崩塌法或床层膨胀法测整体气含率。图中通入气体时的动态液位高度与静止时(不通气)的静液高度差即为床层所含气体所占体积的高度，通过计算即可得到气含率。图 2.9(b)为探针差压信号所转换的液体高度信号。由图可知，在低气速下的均相流中，塔内液体脉动不强，关闭阀门，气泡均匀逸出，测得差压较为稳定。在高气速下的非均相流中，塔内差压波动较大，关闭阀门，大气泡先行逸出，随后小气泡均匀逸出。图 2.9(c)为采用上述方法测量得到的气含率随表观气速的变化关系。由图可知，随着表观气速的增加，整体气含率也在增加，在较低的气速下，气含率急剧增加；而在相对较高的气速下，气含率的增加幅度趋于平缓。此外，在流动的过渡区，采用床层崩塌法和床层膨胀法测得的整体气含率的变化关系并不能完全吻合，此时由于流体具有湍动特性，上行和下行的临界点不固定。

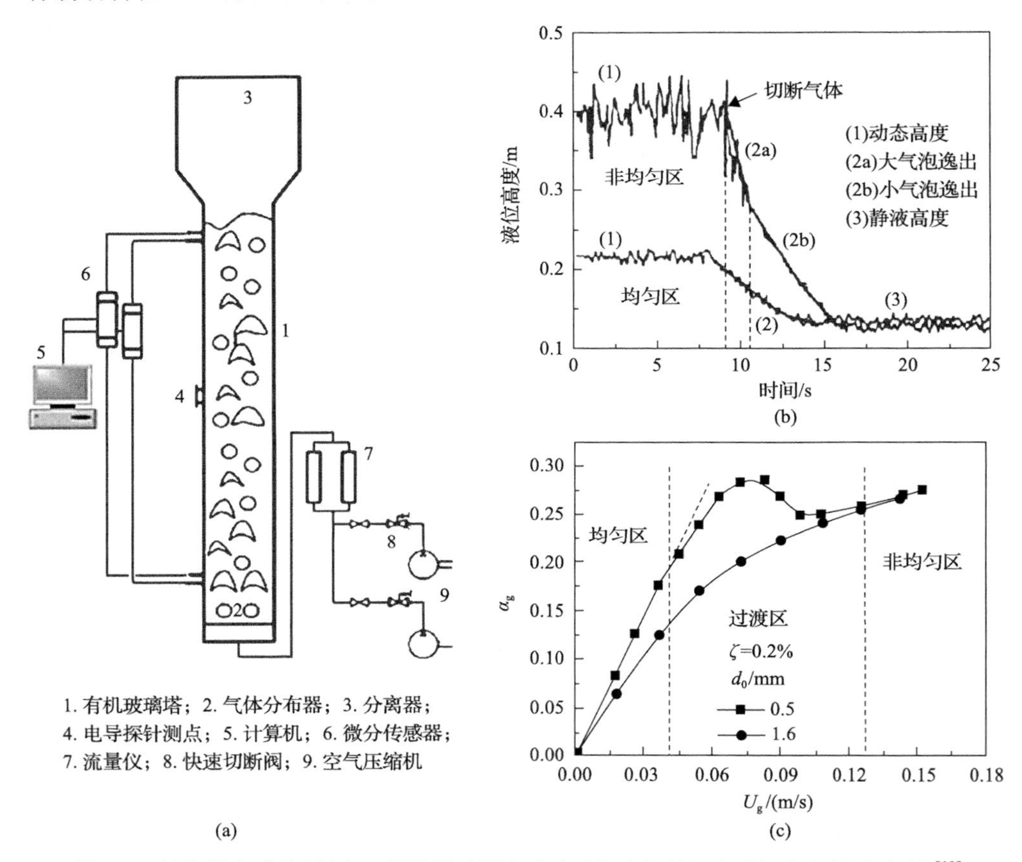

图 2.9 鼓泡塔实验装置(a)、用崩塌法测气含率(b)及表观气速对气含率的影响(c)[12]

实验表明，表观气速与整体气含率之间一般存在幂律关系：

$$\varepsilon_G = a \times U_g^b \tag{2-17}$$

其中，a、b 为经验常数，可通过实验拟合得到。在低气速下的均相区，气泡尺寸小、相互作用弱，随气速的增加，气泡尺寸没有明显的增加，而气泡数量却大幅增加，气含率随表观气速增加显著；此时，指数 b 通常取 0.8～1.2。当气速较大、流型处于非均相区时，气泡间的相互作用显著增强，合并分裂现象明显。由于大气泡数量增多，上升速度快，在塔内停留时间短，所以增幅有所降低，此时，指数 b 通常取 0.4～0.8。此外，气含率还受较多因素影响，研究者通过特定的实验拟合出一系列的实验关联式，但大多具有特定的适用范围及自身实验的局限性，导致公式具有较大差异。

整体气含率还受到鼓泡塔直径、相物理性质(如密度、黏度、表面张力)、操作温度及压力、分布器结构和所添加固体浓度等诸多因素影响。Shah 等指出，当鼓泡塔直径小于 0.15m 时，塔壁效应较为显著，当鼓泡塔直径大于 0.15m 时，塔径对气含率的影响可以忽略。Vandu 等选取直径为 0.1m、0.15m 和 0.38m 的鼓泡塔进行实验，实验结果表明平均气含率随塔径的增大而减小，并认为这是由于塔径增大后循环速度增加，气泡上升速度加快所致。液相物性通过影响气泡尺寸进而影响气含率；如表面张力起到维持气泡形状的作用，表面张力越大，气泡越稳定，相应的气泡尺寸也越大，气含率越低。Clark 等在加压反应器中实验发现，随着压力的增大，气泡的尺寸降低，气含率增大。随后，Wilkinson 等也进行了相关实验，发现高压和高密度气体对气含率的增加效果大体相同，并指出增加压力相当于增加气体密度。气体分布器的结构形式决定了初始气泡尺寸及气相的初始分散状态，进而影响整体气含率。Luo 等通过实验证明分布器的结构形式对气含率的大小有显著影响，特别是高径比 H/D 较低的矮粗型塔，分布器的作用更为明显。这是因为由分布器产生的初始气泡达到稳定气泡，需要足够的液位高度来完成合并分裂以达到平衡。少量的固体添加对液体的黏度也会产生很大影响，随着固体颗粒的加入，气泡与颗粒间的相互碰撞会加剧，致使气泡在塔内的上升速度及停留时间发生改变，最终导致气含率发生变化。细微粉末固体的大量加入，介质的黏性增加，导致气泡聚并形成大气泡，从而降低气含率。

2.4.2　局部气含率沿径向分布

Hill 等最早采用电导探针对气液垂直流动体系中气含率的径向分布进行了测量，发现气含率沿径向呈中心高、塔壁低的分布趋势。表观气速较低时，气含率分布相对均匀，数据采集较为容易；随着表观气速增大，分布曲线变陡，实验误差急剧增大。随着测量手段的提高和新型测试技术的应用(如热线风速仪、颗粒图像追踪、激光多普勒、高速摄像机、计算机断层扫描)，研究人员对鼓泡塔内的局部气含率的测量更为精确。Chen 等[13]采用计算机断层扫描技术(computed tomography，CT)对塔径为 0.44m 的鼓泡塔内局部气含率进行研究。由于 CT 技术为非接触式测量，且不受实验操作条件(高温、高压)的限制，所得数据相对更为可靠。图 2.10 为利用 CT 技术对鼓泡塔内局部气含率的分布进行测量。图 2.10(a)为鼓泡塔实验装置及 CT 扫描仪的架设，由接收器接收的带有衰减的信号如图 2.10(b)所示，通过转化信号复原鼓泡塔截面时均气含率分布图如图 2.10(c)所示。气含率呈现中心区域高，壁面区域低的特点。

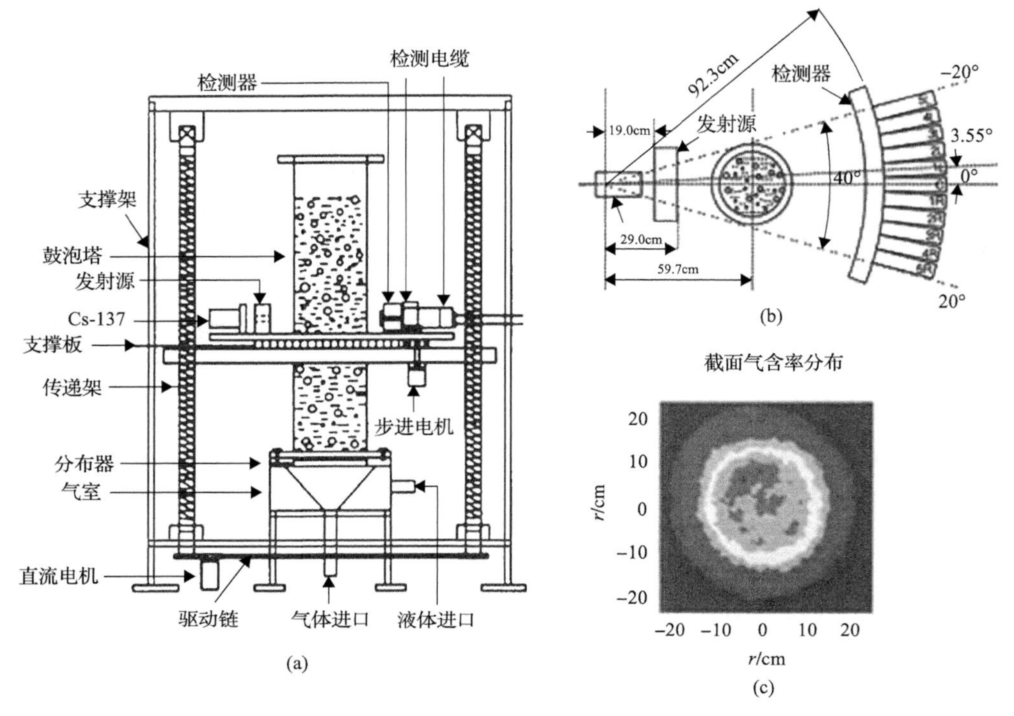

图 2.10　鼓泡塔实验装置(a)、断层扫描技术(b)及横截面气含率分布(c)[13]

将上述实验观测图做进一步的数据采集，得到更为直观的局部气含率沿径向分布图，如图 2.11 所示。图中示意了不同表观气速和不同工作介质下，局部气含率径向分布。图 2.11(a)为在空气-水介质中时均气含率径向分布。在低表观气速下，气含率径向分布相对平坦，呈现出中心高、壁面低的趋势。随着表观气速的增加，气含率大幅增加，均匀性也大大降低，且分布曲线也变得更为陡峭。在空气-重油介质中(图 2.11(b))，也可以观察到相同的趋势，但相同的气速下，空气-重油介质中的局部气含率较空气-水介质中小。这是因为在空气-重油介质中，重油的表面张力及密度远大于水，导致气泡的稳定性较强，气泡偏大，所以局部气含率有不同程度的下降。

此外，Ohnuki 等在小塔径鼓泡塔中同时改变气速和液速时，观察到气含率存在两种不同的径向分布：中心峰(core-peaking)和边壁峰(wall-peaking)。在低气速、高液速的情况下，气含率倾向于形成边壁峰分布；当高气速、低液速时，气含率呈明显的中心峰分布。随后，Tomiyama 等对单个气泡的运动规律进行了研究，发现大气泡倾向于往鼓泡塔中心运动，小气泡则往塔壁面运动，从而解释了这一现象。特别地，在大塔径塔中，由于湍动较强，气含率径向分布较为均匀，边壁峰基本不会出现。

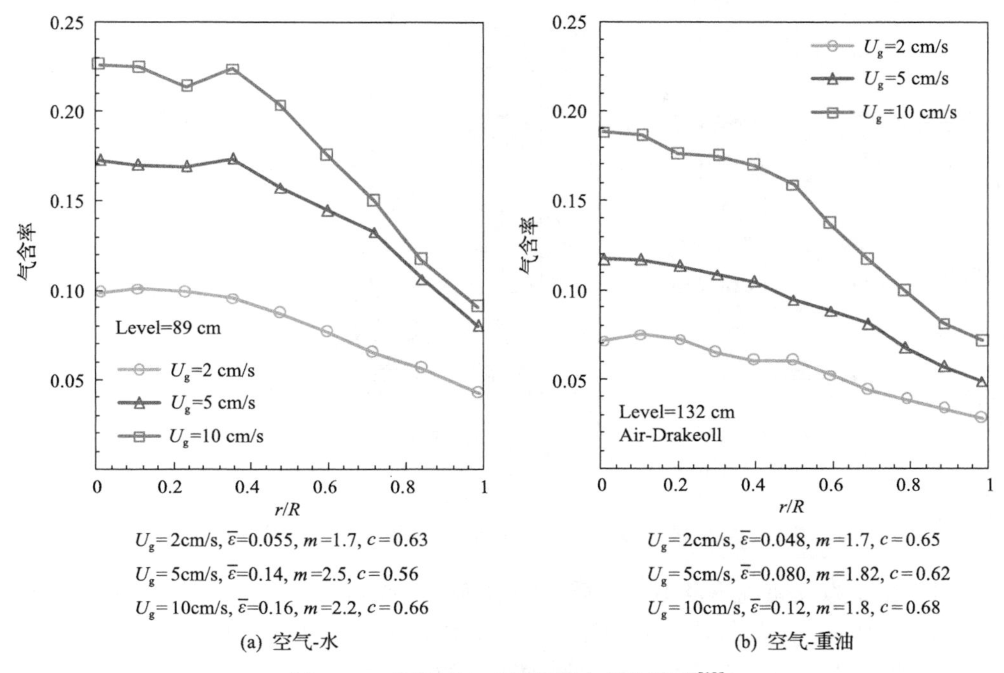

U_g= 2cm/s, $\bar{\varepsilon}$=0.055, m=1.7, c=0.63
U_g= 5cm/s, $\bar{\varepsilon}$=0.14, m=2.5, c=0.56
U_g= 10cm/s, $\bar{\varepsilon}$=0.16, m=2.2, c=0.66
(a) 空气-水

U_g= 2cm/s, $\bar{\varepsilon}$=0.048, m=1.7, c=0.65
U_g= 5cm/s, $\bar{\varepsilon}$=0.080, m=1.82, c=0.62
U_g= 10cm/s, $\bar{\varepsilon}$=0.12, m=1.8, c=0.68
(b) 空气-重油

图 2.11　表观气速对局部气含率的影响[13]

2.4.3　轴向液速沿径向分布

早期主要采用巴甫洛夫管或背靠背 Pitot 管等同时测得液体动压和静压，从而根据压差计算出液速。随着测试技术的发展，研究人员开发了精度较高的非接触式光学测量设备，旨在降低测量设备对流场的干扰。Chen 等[13]采用追踪放射性颗粒法(computer automated radioactive particle tracking，CARPT)对大塔径鼓泡塔内轴向液速进行测量，结果如图 2.12 所示，具有放射性的微小颗粒在流场中跟随液体一起运动，同时通过接收器接收其辐射信号，转化成图 2.12(b)中的颗粒轨迹信号；然后根据时间平均可得到轴向液速的大致分布，由图 2.12(c)可知，轴向液速沿径向分布的曲线均呈现出抛物线形状。液体在塔中心区域向上流动，在近壁环形区域向下回流。最大的上升液速出现在鼓泡塔的中心位置，而最大下行液速出现在壁面附近。轴向液速为零的点(液速转换点)出现在沿半径方向为 0.6～0.8 的位置。究其原因，Wu 和 Al-Dahhan 认为气含率的抛物形分布是诱导鼓泡塔整体液相大循环的根本原因，并对鼓泡塔的轴向液速 u_Z 分布提出如下形式的模型：

$$\frac{u_Z}{u_{Z0}} = 1 - 2^{N/2}\left(\frac{r}{R}\right)^N \tag{2-18}$$

式中，N 是指鼓泡塔中轴向液速分布的指数；u_{Z0} 是中心液速。

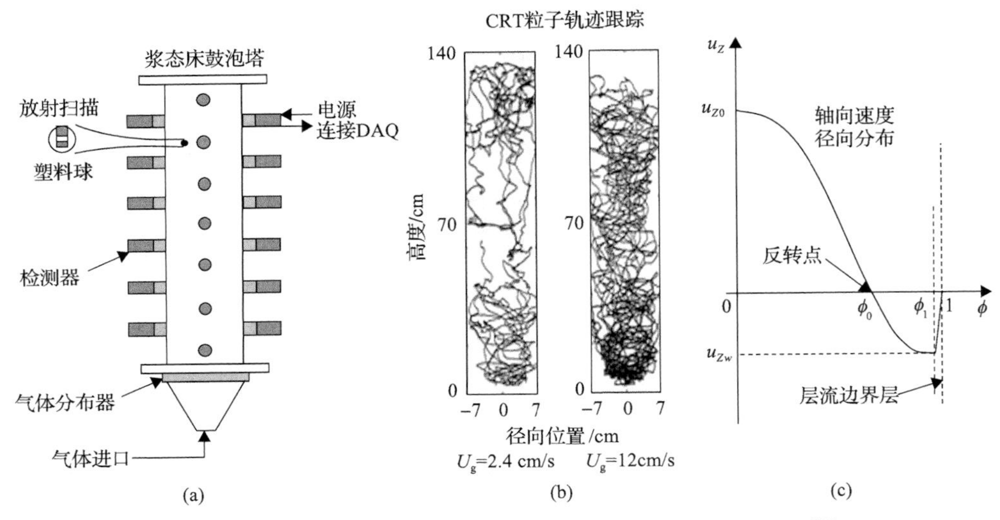

图 2.12　实验装置(a)、颗粒追踪信号(b)及轴向液速分布(c)[13]

图 2.13 为表观气速及不同介质对轴向液速的影响。由图可知，无论在低气速的均匀鼓泡区还是高气速的湍动流区，液体均呈现出抛物线的形式，鼓泡塔内的液速大循环使得中心液速大，边壁液速小。随着表观气速的增加，轴向液速有着较为明显的增幅(右图例为左图例的 2 倍)，并且循环液速的分布曲线也更为陡峭。此外，当表观气速相同时，在空气-水系统中，液速分布明显比于空气-重油系统大，这是由于重油的黏性，液速大循环被迫降低。

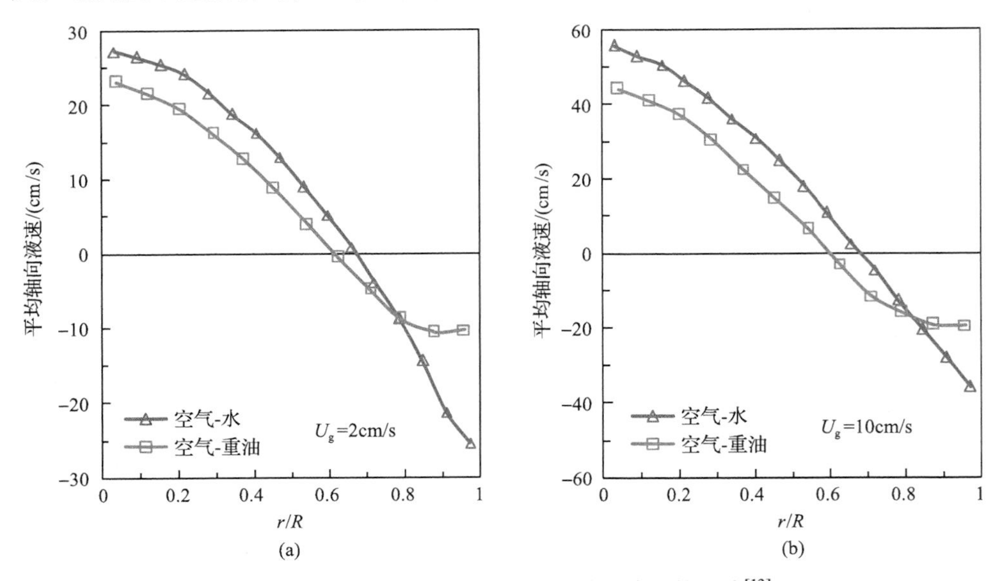

图 2.13　表观气速及不同介质对轴向液速的影响[13]

2.4.4　气泡尺寸及其分布

在气液体系中，气泡从分布板处产生，进而在湍流中发生合并与分裂现象，气泡的大小、形状、上升速度及其分布情况主导着体系中的流体动力学特性。

在低表观气速下，气泡小而均匀，相互作用微弱，在鼓泡塔中很少发生合并与分裂，气体分布器产生的初始气泡对整个体系起决定作用。在高表观气速下，特别是流动处于湍动区时，鼓泡塔内气液间的作用十分强烈，气泡合并分裂速率显著增加，使得气泡出现较为宽广的尺寸分布，此时，气泡的大小仅取决于气泡的合并和分裂的平衡关系。在高黏度液体中，气体的合并速度加快，低黏度液体中气泡的分裂速率显著上升。此外，还可以通过改变表面张力使气泡的大小发生改变，如增加表面活性剂、产生电解质离子、加入固体等。Luo 等发现，在高压情况下(＞1.6MPa)，塔内的气泡较小且分布较为均匀。单个气泡在空气-水系统中，其尺寸与气泡运动速度之间的关系可以用下式来描述：

$$u_{\mathrm{b}} = \sqrt{\frac{2\mu_{\mathrm{L}}}{d_{\mathrm{b}}\rho_{\mathrm{L}}} + 0.5 d_{\mathrm{b}} g} \quad (2\mathrm{mm} < d_{\mathrm{b}} < 80\mathrm{mm}) \tag{2-19}$$

其中，μ_{L} 为液相黏度；ρ_{L} 为液相密度。对于群体气泡，Akita 和 Yoshida 在空气-水系统中，通过实验测量了气泡的大小及分布情况，并提出如下气泡尺寸分布表达式：

$$\begin{cases} f(d_{\mathrm{b}}) = p\mathrm{d}f = \dfrac{1}{\sigma d_{\mathrm{b}}\sqrt{2\pi}} \exp\left[-\dfrac{(\ln d_{\mathrm{b}} - \mu)^2}{2\sigma^2}\right] \\ \mu = \lg \dfrac{m^2}{\sqrt{v + m^2}}; \quad \sigma = \sqrt{\lg\left(\dfrac{m^2 + v}{m^2}\right)} \end{cases} \tag{2-20}$$

Kagumba 和 Al-Dahhan[14]利用四点探针在空气-水系统中测量不同表观气速下气泡的平均尺寸，并根据上述公式拟合得到气泡的尺寸分布。图 2.14(a)和(b)为实验采用的四点探针的针脚分布。相比于早期的两点探针，四点探针具有更高的精度。图 2.14(c)为四个探针测得的电压幅度图，根据气泡的电压波动，得到气泡的刺破时间差，从而转换出气泡的平均尺寸。图 2.15 为不同表观气速下，鼓泡塔内的气泡尺寸分布图。该实验不仅考察了空塔情况下的气泡尺寸分布，而且考察了塔内带有内构件情况下的气泡分布。由图可知，在低表观气速下，无论有无内构件，气泡的尺寸分布均较为狭窄；当加入内构件时，气泡的平均尺寸降低，气泡尺寸分布变得稍微宽泛。此外，在高表观气速下，气泡的尺寸分布较为广阔，有无内构件对小气泡的数量有影响，但对大气泡的数目影响不大。

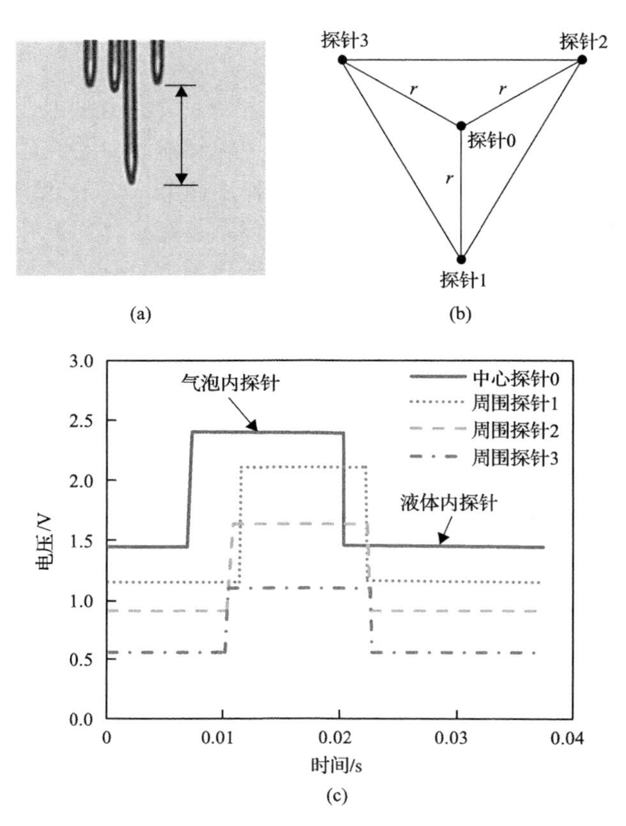

图 2.14　光学四点探针(a)、探针俯视图(b)及各探针针脚对应的气泡弦长图(c)[14]

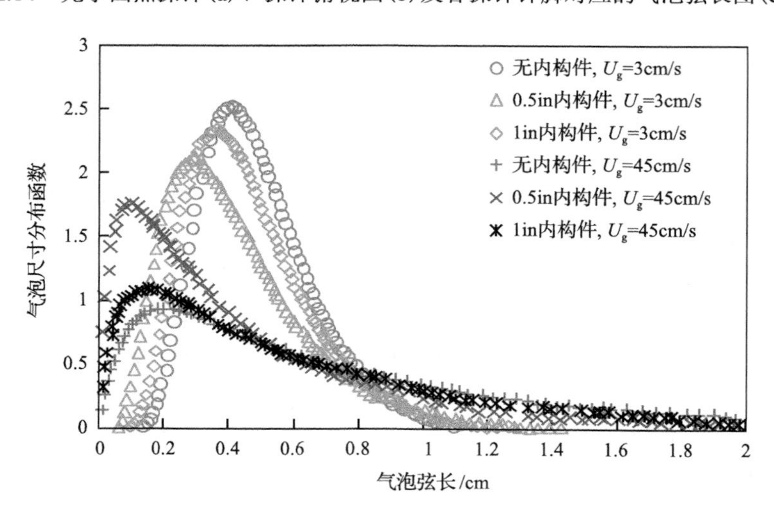

图 2.15　不同表观气速下，内构件的布置对气泡尺寸分布的影响[15]

2.5　气固流态化

气固流态化过程是指固体颗粒被上升的气体所悬浮而呈现出类似液体状态的物理现象。随着气体的流速及颗粒尺寸、密度、形状等特性的变化，固体颗粒呈现不同的流动状态。如图 2.16 所示，当气体流速逐渐增加时，气固流化床的流型从左至右分别呈现为固定流态化、鼓泡流态化、节涌流态化、湍动流态化、快速流态化以及气力输送。当气体以较小的气速通过床层时，气体对颗粒的摩擦力(曳力)不足以克服颗粒自身的重力，床层维持静止状态；当气体达到一定流速时，曳力与颗粒自身的重力相互抵消，颗粒处于悬浮状态，并且此时床层任意部分的床层压降等于该部分颗粒的重量，此时的状态被称为最小流态化状态，该状态下的气速称为最小流态化速度；当气速超过最小流态化速度继续增加时，床层将会产生气泡，此时称为鼓泡流态化；气速进一步增加，通过床层的气泡在上升过程中会随着合并而逐渐变大，直至充满整个床径，形成节涌流态化；在此之间，床层存在明显的稀相区和密相区的分界面，进一步增加气速，气泡在无序的合并分裂过程中上升并夹带大量颗粒进入稀相区，此时床层分界面变得模糊，床层进入湍动流态化状态；再增加气速时，颗粒将被气体带出床外，转化为快速流态化和气力输送状态。

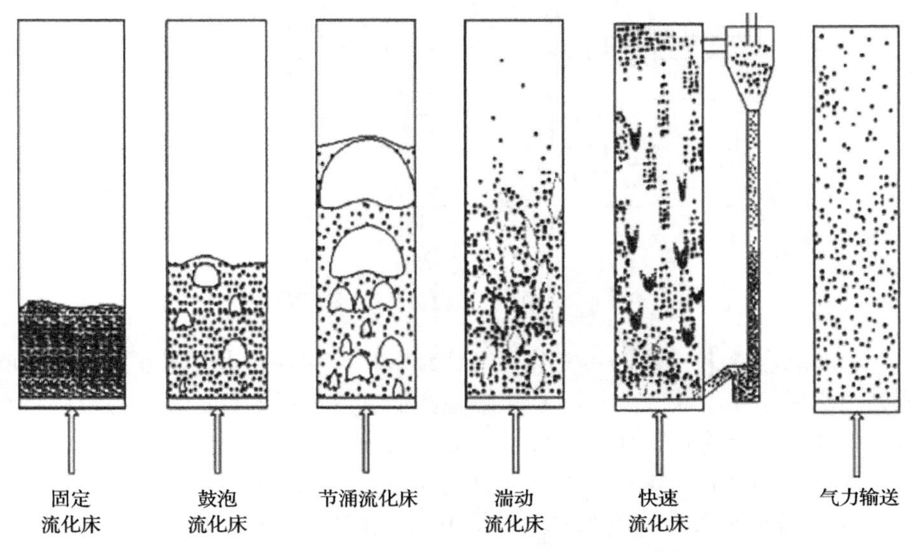

图 2.16　流化形态随气速的变化示意图[16]

自 1921 年德国人 Fritz Winkler 首次在流化床中实现了粉煤气化过程后，气固流化床技术得到了长期发展，如今被广泛应用到多种化工和物流过程中，如石油的催化裂解、煤干馏、煤气化、煤液化、流化床气相沉积造粒等工业领域。其广泛应用源于以下几个显著优点：气固相间接触面积大、气固混合强烈、传热效率高、温度分布均匀、连续操作性好等。然而气固流化床也存在一些不足之处，比如流化床的设计放大困难始终困扰着全世界的化工领域；容易形成团聚物(气泡或者颗粒聚团)，从而使床层出现局部非均匀性，降低了传质反应效率；实际生产中，流化床内部一般设有热交换器件，内构件的存在对流场产生影响的同时还会出现腐蚀等情况。这些是制约气固流化床技术发展的瓶颈问题，促进广大学者今后对其进行深入的研究。

颗粒的大小和密度对其流态化特性有显著的作用，一般而言，重力相对较小的颗粒，总是比大而重的颗粒容易流化。Geldart 以常温常压下的空气作为流化气体，根据颗粒流态化行为的不同，将颗粒进行分类。如图 2.17 所示，Geldart 根据颗粒粒径与气固密度差，将颗粒分为 A、B、C、D 四种类型。Geldart 的颗粒分类法因其简易性和适用性得到了学术界和工程界广泛的认可和应用。

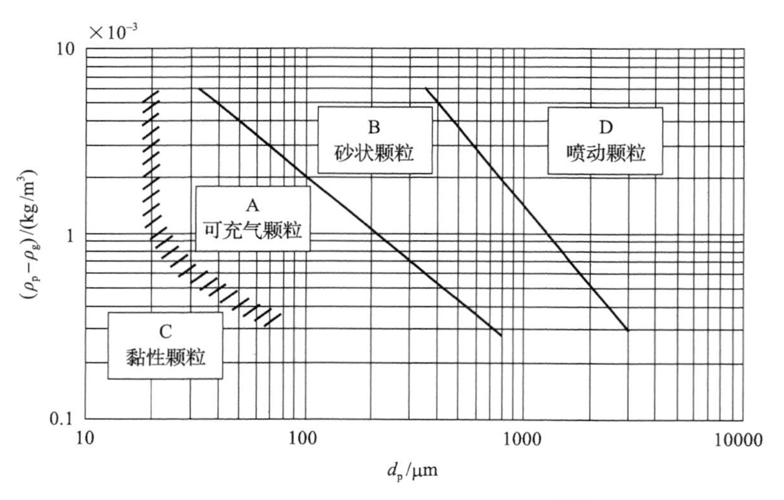

图 2.17　Geldart 颗粒分类法示意图[17]

Geldart A 类颗粒又称为可充气颗粒或细颗粒，粒径范围一般在 20～130μm，气固密度之差小于 1400kg/m^3。A 类颗粒在低气速下很容易进入平稳流化状态，进入起始流态化状态后，床层内部不会立刻出现气泡。气速继续增至最小鼓泡速度时，床层才会开始出现小气泡，并且气泡在上升过程中不断发生合并和分裂现象。A 类颗粒最小鼓泡速度明显大于最小流态化速度。石油焦催化裂解(FCC)催化剂是典型的 A 类颗粒。

Geldart B 类颗粒又称为鼓泡颗粒或砂状颗粒，粒径范围在 60～500μm，气固密度之差在 1000～4000kg/m^3。不同于 A 类颗粒，B 类颗粒的最小流态化速度和最小鼓泡速度几乎相等，即只要气速高于最小流态化速度，床层内部就会出现气泡。床层膨胀高度会略低于 A 类颗粒。常见的 B 类颗粒有玻璃珠和粗砂等。

Geldart C 类颗粒又称为黏性颗粒或超细颗粒，一般粒径小于 20μm。由于颗粒之间的静电吸引相对变大、黏性强，容易导致颗粒聚团，所以通常情况下很难流化。在小床径流化床中容易形成柱塞流，在大床径流化床中则容易形成贯通分布板和床层界面的沟流。典型的 C 类颗粒有滑石粉、面粉和淀粉等。

Geldart D 类颗粒又称为喷动颗粒，颗粒直径和密度均非常大，平均粒径在 600μm 以上，床层过高时很难流化。D 类颗粒流化时气泡上升速度比颗粒间隙气体上升速度慢，因此会出现气体从气泡底部穿透气泡并从顶部离开的现象，这与 A 类和 B 类颗粒流化时的气泡截然不同。D 类颗粒一般适合采用喷动床，典型颗粒有金属矿石、咖啡豆、铅粒等。

2.6　气流床煤气化

气流床煤气化是以煤粉为原料，以纯氧(或空气)、水蒸气、二氧化碳和氢气等作为气化介质，在炉内高温、高压、强烈湍流和混合运动条件下，通过化学反应将煤或煤焦中的可燃部分转化成可燃性气体的工艺过程。气化所得的可燃气称为煤气，用作化工原料的煤气一般称为合成气。煤的气化反应主要有

$$C+O_2 = CO_2; \quad \Delta H = -405.9\,\text{kJ/mol} \tag{2-21}$$

$$C+CO_2 = 2CO; \quad \Delta H = +159.7\,\text{kJ/mol} \tag{2-22}$$

$$C+H_2O = CO+H_2; \quad \Delta H = +118.9\,\text{kJ/mol} \tag{2-23}$$

$$CO+H_2O = CO_2+H_2; \quad \Delta H = -40.9\,\text{kJ/mol} \tag{2-24}$$

$$C+\frac{1}{2}O_2 = CO; \quad \Delta H = -123.1\,\text{kJ/mol} \tag{2-25}$$

$$C+2H_2 = CH_4; \quad \Delta H = -87.4\,\text{kJ/mol} \tag{2-26}$$

气流床气化法是将粒径为 10～150μm 的粉煤，用气化剂高速气流携带进入气化炉气化的方法。在气化炉内，细颗粒粉煤分散悬浮于高速气流中，并随之并行流动。受气化空间的限制，反应时间很短(1～10s)。为弥补反应时间短的缺陷，要求入炉煤粒度很细，以保证有足够的反应面积。气流床气化法属于高温气化技术，通常直接用氧气和过热水蒸气作为气化剂，因此在炉内气化反应区温度可高达 2000℃，出炉煤气温度都在 1400℃左右。同时由于煤被磨得很细，具有很大的比表面积，因此气化反应速度极快，气化强度比流化床和固定床气化都要高。

气流床煤气化主要有湿法气流床气化和干法气流床气化。湿法气流床气化技术有德士古(Texaco)水煤浆加压气化工艺、E-Gas(Destec)和多喷嘴对置式水煤浆加压气化技术；干法气流床气化有Shell、Prenflo(pressurized entrained-flow gasification)、GSP、两段式干煤粉气化、MHI气化和日立气化等气化工艺。

气化炉的性能常以其比氧耗、比煤耗、碳转化率和有效气成分等作为指标。粉煤气化技术在碳转化率和冷煤气效率上具有优势，在原料的选择或操作条件上灵活性较强。

2.6.1 GE(Texaco)气化炉

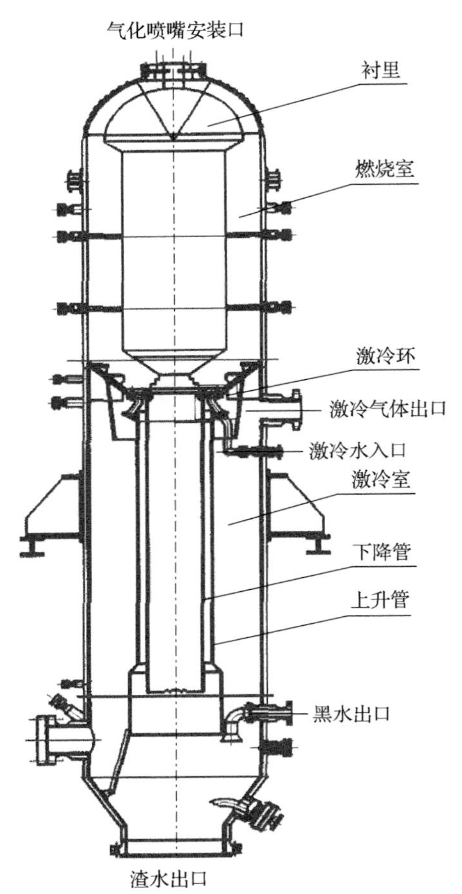

图2.18　Texaco气化炉结构图

德士古水煤浆加压气化技术(现美国GE气化工艺技术)，是迄今为止工业化较好的第二代煤气化技术，是20世纪50年代由美国Texaco石油公司在重油气化的基础上发展起来的。Texaco气化自1978年工业化后迅速发展，1988年我国引进了第一套水煤浆气化装置，并于1993年在山东鲁南化肥厂建成投产。引进Texaco煤气化技术不仅提高了我国煤气化的技术水平，也带动了相关技术的研究和发展，如工艺烧嘴、耐火材料、仪表、阀门等的生产。Texaco工艺是将煤加水和添加剂磨成水煤浆，用纯氧作为气化剂，在高温、高压下进行气化反应，液态排渣，气化强度大，炉子结构简单，煤的适应范围较广，具有碳转化率高、气体质量好、适合做化工合成原料气、三废处理方便、可实现远程计算机控制和最优化操作等优点。但是从国外和国内工业化装置上看，在系统设计、工艺运行、设备等方面还存在不少问题，影响着装置长周期安全、稳定、满负荷运行。Texaco气化炉结构如图2.18所示。

GE(Texaco)煤气化的主要技术特点如下：

(1)气化要求原料水煤浆有良好的稳定性、流动性，较低的灰熔点，用泵容易输送。进料系统简单，水煤浆以高压泵加料，比干煤粉进料系统安全，便于控制。

(2)气化炉结构简单，没有运动部件，操作性能好，可靠性高。生产运行经验丰富，设备国产化率逐步提高。

(3)高温高压气化，气化效率高，气化采用 1300～1500℃的高温，气化压力高，可以达到 6.5MPa。

(4)碳转化率较高，一般可达 90%～93%，灰渣中粗渣含碳量约 5%，少量细渣含碳量约 25%。单位体积产气量大，粗煤气质量好，有效气成分较高，产品气中 $CO+H_2$ 可达 80%左右。

GE 水煤浆气化工艺存在的不足：

(1)受气化炉耐火砖操作条件和使用寿命的限制，气化温度不宜过高，一般气化操作温度不高于 1400℃。气化炉内耐火砖冲刷侵蚀严重，更换耐火砖费用大，增加了生产运行成本。

(2)喷嘴使用周期短，一般情况下每 2 个月检查更换 1 次，若操作不当，烧嘴头则更易烧损。停炉更换喷嘴对生产连续运行或高负荷运行有影响，一般需要有备用炉，增加了建设投资。

2.6.2　E-Gas(Destec)气化炉

E-Gas(Destec)工艺是用煤浆进料，加压两段气化，是美国 Dow 化学公司于 1973 年开发的，1987 年成功应用于商业性的热电厂。1989 年，Dow 公司创立了 Destec 能源公司，拥有 80%股份，将其 Dow 煤气化工艺改名为 Destec。1997 年，Destec 能源公司被 NGC 公司兼并成为其属下的子公司。1998 年该公司又更名为 Dynegy Inc.。2003 年最终由 Conoco Phillips 公司收购了该项技术，并沿用 Global Energy 更改的 E-Gas 名称至今。

Destec 气化炉是在 Texaco 气化炉的基础上，针对 Texaco 气化炉的某些重大缺点而发展起来的，但它仍然采用水煤浆供料方式和液态排渣方式。可是水煤浆的气化是分成两段完成的，如图 2.19 所示，水煤浆分两次喷入。

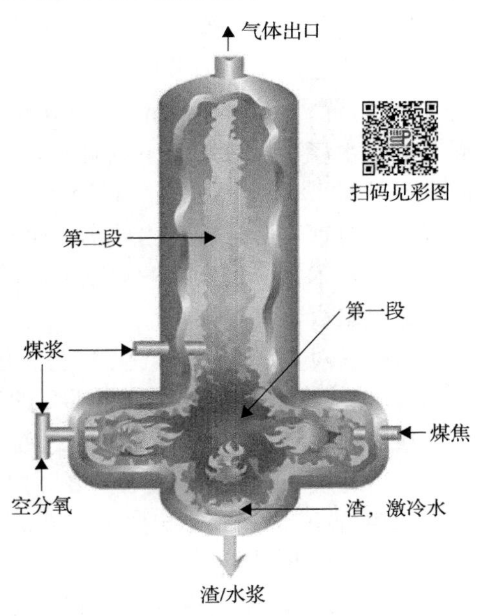

图 2.19　E-Gas(Destec)气化炉图

在气化炉的下部有两个气化燃烧器，在上部有煤的进一步喷入点。气化炉下部喷入的水煤浆为总量的 80%，反应区温度为 1371～1427℃。上部喷入 20%的水煤浆，反应区温度为 1038℃左右，在此区段内，煤的挥发分释放出来并发生部分气化反应，最后排出的煤气温度为 900℃。气化炉分成水平形式的 1400℃高温反应段与垂直形式的水煤浆激冷段。生成的煤气流动向上以约 1040℃的温度从气化炉顶部排出，随后进入废热锅炉来回收热量产生饱和蒸汽。

Destec 这种采用两段气化反应的气化炉的特点如下：

(1) 冷煤气效率提高，一般为 80%～82%。这是由于在第二段反应区中 CH_4 等轻质碳氢化合物的生成量较多，有利于提高合成煤气的低位发热量的缘故。

(2) 可以不用价格昂贵、结构庞大的辐射冷却器，就能把粗煤气的温度降到 900℃，这将有利于降低 IGCC 的比投资费用。

(3) 气化炉的出口的湿煤气中所含的水蒸气量要比 Texaco 气化炉少，这将简化热煤气潜热的回收流程。

(4) 由于 Destec 气化炉上有多个喷嘴，其单炉的容量可以设计得比 Texaco 气化炉的大。

(5) 两段气化的结果会使碳转化率降低，为此，必须采取飞灰再循环措施，使飞灰中未气化的碳粒返回到一段反应区中去。在采取这个措施后，碳转化率可以达到 99%以上。但是必须指出，为了保证气化炉内第二段反应区的正常工作，应合理地控制该反应区的反应温度，否则温度过低时，容易产生煤焦油。

2.6.3 多喷嘴对置式水煤浆气化炉

华东理工大学长期致力于气流床气化的研究，“九五”期间，华东理工大学、兖矿鲁南化肥厂、中国天辰化学工程公司共同承担国家重点科技攻关课题“新型(多喷嘴对置式，opposed multi-burner，OMB) 水煤浆气化炉开发”，完成了多喷嘴对置式水煤浆气化炉的中试研究。“十五”期间，华东理工大学、兖矿集团共同承担国家“863”计划重大课题“新型水煤浆气化技术”，建设日处理 1150t 煤的多喷嘴对置式水煤浆气化技术商业示范装置(4.0MPa)，实现了多喷嘴对置式水煤浆气化技术由中试到工业化示范的跨越，形成了具有国家自主知识产权的多喷嘴对置式水煤浆气化技术。气化炉结构如图 2.20 所示。

多喷嘴对置式水煤浆气化工艺的主要技术特点如下：

(1) 多喷嘴对置式气化炉和新型预膜式喷嘴的气化效率高，技术指标先进。

(2) 多喷嘴对置式气化炉喷嘴之间的协同作用好，气化炉负荷可调节范围大，负荷调节速度快，适应能力强，有利于装置大型化。

(3) 复合床型洗涤冷却技术的热、质传递效果好，液位平稳，避免了引进技术中的带水、带灰问题。

(4) 分级式合成气初步净化工艺节能、高效，表现为系统压降低，分离效果好，合成气中细灰含量低。

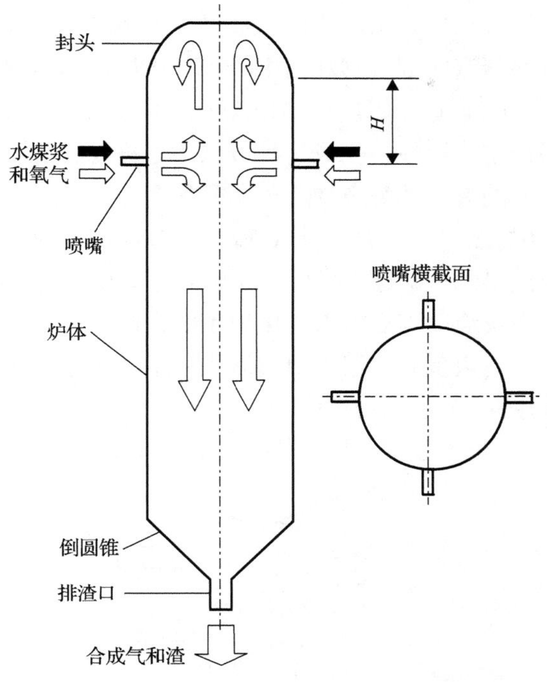

图 2.20　多喷嘴气化炉结构示意图

(5)渣水处理系统采用直接换热技术，热回收效率高，克服了设备易结垢和堵塞的缺陷。

2.6.4　Shell 气化炉

以粉煤为原料，纯氧和水蒸气为气化剂的 Shell 气流床气化法是已商业化的第二代煤气化中最有竞争力的技术之一。Shell 煤气化技术的开发是 1972 年开始的，1976 年在该公司的阿姆斯特丹的研究院建成一套实验装置，日处理煤量 6t，Shell 公司利用该装置试验了三十多种不同类型的煤种。1978 年，在德国汉堡附近的壳牌哈尔堡炼油厂建成一套 150t/d 的 Shell 煤气化装置，进行了不同煤种不同设备的示范研究开发。1987 年在美国得克萨斯州休斯敦附近的炼油厂内建成一套更大的气化装置，该装置设计能力为 250t/d 高硫煤或 400t/d 高水分、高灰分褐煤，在这套装置上大约进行了 18 种煤或石油焦的气化试验。

1988 年 Shell 煤气化技术用于荷兰 Buggenum 电站，单炉处理能力为 2000t/d 煤，1993 年投产，1994 年 1 月进入为时 3 年的验证期，目前已处于商业运行阶段。国内引进 Shell 粉煤气化技术用于石脑油为原料的合成氨厂的改造，采用 Shell 粉煤气化技术的联合循环发电示范装置的建设也在进行中。

如图 2.21 所示为 Shell 气化炉结构示意图，气化炉下部对称布置 4 个燃烧器喷嘴，煤粉、氧气和蒸汽的混合物从这里喷入气化炉，迅速发生气化反应，气化炉温度在 1400～1600℃，这个温度范围使煤中的灰分熔化，大部分沿炉壁流出气化炉，滴入存有激冷水的池中，变成一种玻璃态不可浸出的渣排出。这个温度范围也防止形成不需要的有毒热解产物，如苯酚和多环芳香烃。粗煤气气流上升到气化炉出口，用 150℃左右的低温粗煤气使高温热煤气激冷到大约 900℃，经过一个过渡段进入对流式煤气冷却器，在有一定倾角的过渡段中，由于热煤气被激冷，所含的大部分熔融态灰渣凝固后落入气化炉底部。Shell 气化炉的压力壳里布置着垂直管膜式水冷壁，向火侧有一层很薄的耐火涂层，熔融态渣在上面流动时，起到保护水冷壁的作用。

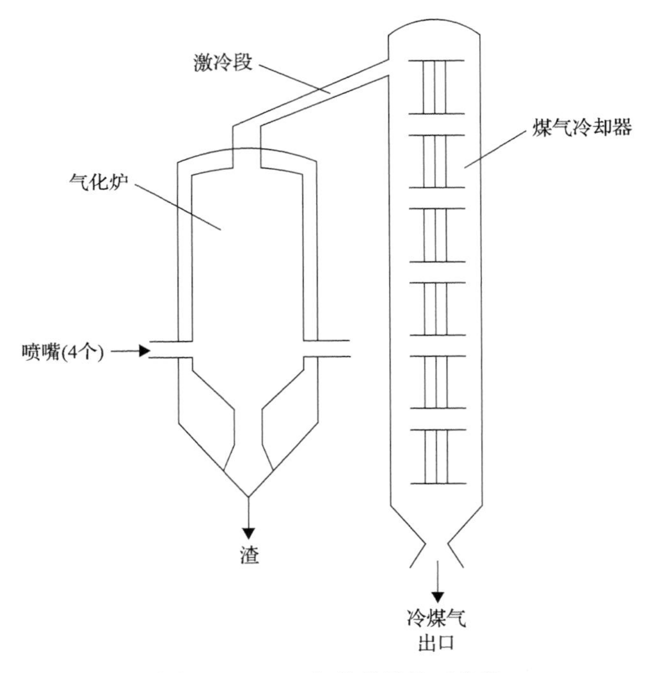

图 2.21　Shell 气化炉结构示意图

Shell 煤气化的特点如下：

(1) 采用干煤粉进料，不需要细灰与水的分离工艺，碳的转化率也较高，可达 99%。

(2) 采用四个喷嘴进行，易于在低负荷和高负荷下运行，操作的灵活性大。

(3) 炉衬为水冷壁，维护量少，运行周期长。

(4) 煤种适应性强，但需要考虑煤的灰分含量、灰熔点等。

(5) 喷嘴采用径向小角度(约 4.5°)安装方式，从而在反应器中能够使得气流的分布产生一种涡流运动。这种运动使得渣、灰与合成气的分离效果更好，避免大量的飞灰夹带。

(6) 把气化段、气体冷却器通过输气管连接为一个整体，使得设备结构复杂，重量加大，从而造成设备制造、安装周期较长，难度增加。

(7) 为提高气化温度，使得设备选材级别提高，制造难度加大，投资提高。

2.6.5　Prenflo 气化炉

Prenflo(pressurized entrained-flow gasification)技术继承了原 K-T 炉的优点。鉴于 Krupp-Uhde(原 Krupp-Koppers)曾与 Shell 合作，两种气化炉极为相似。1978 年两家停止合作之后，1986～1992 年 Krupp-Uhde 在德国 Furstenhousen 建成并运转，日处理 48t。1992 年西班牙 ELCOGAS(由欧洲 8 家主要的公用事业公司、3 家技术提供者组成)采用 Prenflo 气化技术在西班牙 Puertollano 建设 IGCC 示范电站，这也是 Prenflo 的第一个商业化装置。Puertollano IGCC 发电装置为单炉，日处理 2600t 混合燃料(煤 39%～58%、石油焦 42%～61%)。气化炉壳直径为 5m，高 45m。2002 年开始进入商业运行。Prenflo 气化用纯度 85%的氧气取代 Shell 纯度 95%的氧气作为气化剂，以此来减少制 O_2 系统用电的消耗。

Prenflo 气化炉大体上分为两部分，下部为气化室，上部为废热锅炉，副产高压蒸汽。两者的交界处为激冷煤气入口。气化室中有 4 个喷嘴，在同一水平面上对称布置。气化炉的内衬采用冷壁(锅炉水循环，此点与 Shell 气化炉相似)，并副产中压蒸汽，气化炉的下部为排渣口。Prenflo 气化炉如图 2.22 所示。

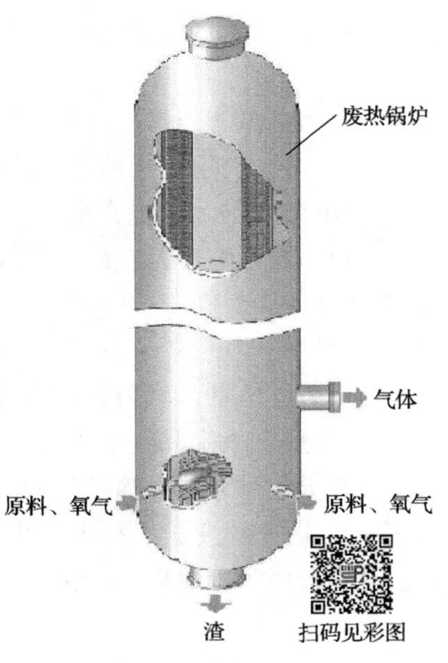

图 2.22　Prenflo 气化炉

Prenflo 与 Shell 气化炉的区别如下：

(1) Shell 气化炉不含辐射锅炉(辐射锅炉位于煤气冷却器上部)，而 Prenflo 则将二者连为一体。相应地，Prenflo 激冷循环煤气在气化炉下部加入，而 Shell 气化炉则在上部加入。

(2) Shell 气化炉水冷壁为列管，而 Prenflo 水冷壁为盘管。

2.6.6 GSP 气化炉

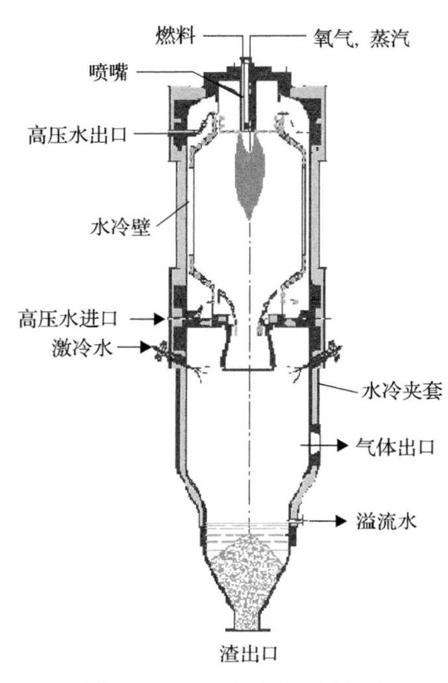

图 2.23 GSP 气化炉结构图

GSP(Gaskombiant Schwarze Pumpe)由原民主德国燃料研究所(German Fuel Institute)开发，炉型与 Texaco 激冷式气化炉酷似。采用干煤粉进料，1982 年在黑水泵市 Laubag 建设 130MW 商业装置，日处理 720t 煤，炉衬采用水冷壁。

GSP 气化炉的主体主要由喷嘴、气化室、水冷壁及激冷室组成，结构见图 2.23。气化炉是由一个圆柱形气化室组成，其上部有轴向开孔，用于安装燃烧器(或喷嘴)。气化炉底部是液态渣排放口。物料经喷嘴入炉，喷嘴处装有点火及测温装置。粗煤气出口的温度比灰渣流动温度(FT)高 100～150℃。煤气和液渣并流向下进入煤气激冷系统。反应器的四周装有水冷壁管，压力为 4MPa，高于反应室压力，水受热沸腾变成蒸汽，降低炉壁温度。在冷却管靠近炉的中心侧有密集的抓钉，用来固定碳化硅耐火层。耐火层厚度约 20mm。因有盘管冷却，耐火层表面温度低于液态的凝固温度，因而会在耐火层表面结一层凝固渣层，最后形成流动渣膜，对耐火层起到保护作用。

GSP 气化技术的特点如下：

(1) 原料煤适应范围广，对煤质的要求没有太苛刻，灰分为 1%～20%，灰熔点为 1100～1500℃。

(2) 气化温度高，一般在 1450～1600℃。

(3) 氧耗较低，可降低配套空分装置的投资和运行费用。碳转化率高达 99%以上，冷煤气效率高达 80%以上。

(4) 气化炉采用水冷壁结构，水冷壁设计寿命按 25 年考虑，正常使用时维护量很少，运行周期长。喷嘴使用寿命长，为气化装置长周期运行提供了可靠保障。

(5) 采用激冷流程，高温煤气在激冷室上部用若干水喷头将煤气激冷至 200℃左右。

(6) 气化炉操作弹性大，负荷调节灵活，最大的困难仍然是工程经验不足。

2.6.7　两段式干煤粉气化炉

20 世纪 90 年代后，随着 IGCC 等洁净煤发电技术的推广应用，在国家电网有限公司的资助下，西安热工研究院有限公司建立了国内第一套干煤粉加压气化特性试验装置和干煤粉加压浓相供料装置，自 1994 年开始干煤粉加压气流床气化技术的研究，开发出了一种新型两段式干煤粉加压气化炉，1997 年建成一台 0.7t/d 的试验装置，2004 年建成了处理煤量为 36t/d(10MW)的加压气化中试装置。结构如图 2.24 所示。

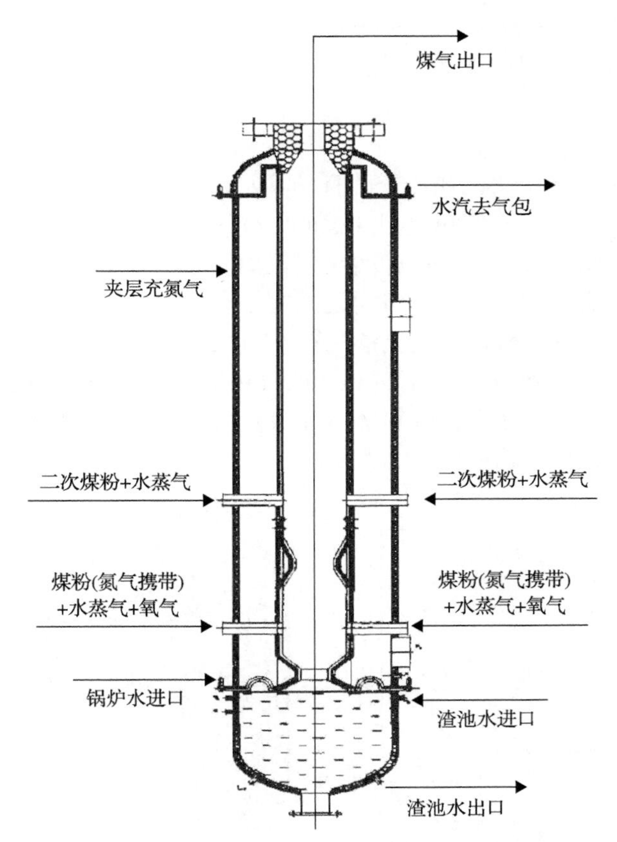

图 2.24　两段式气化炉结构示意图

该气化炉的外壳为直立圆筒，炉膛分为上炉膛和下炉膛两段，下炉膛是第一反应区，为一个两端窄中间宽的腔体，2 个或 4 个对称的用于输入粉煤、水和氧气的喷嘴(根据气化炉的处理煤量确定)设在下炉膛的两侧壁上，渣口设在下炉膛底部高温段，采用液态排渣，在下炉膛内壁面上设有用于回收部分热量的水冷壁；上炉膛是第二反应区，高度较高，在上炉膛的侧壁上开有两个对称的二次粉煤和水蒸气进口，同时在上炉膛内壁面上也设有用于回收热量的水冷壁。工作时，由气化炉下段喷入干煤粉、氧气(纯氧或富氧)以及蒸汽，所喷入的煤粉量占总煤量的 80%～85%，在上炉膛喷入过热蒸汽夹带的粉煤，所喷入量占总煤量的 15%～20%。该装置中上段炉的作用主要有：①代替循环合成气使温度高达 1400℃的煤气急冷至约 900℃；②利用下段炉煤气显热进行热裂解和部分气化，提高总的冷煤气效率和热效率。

2.6.8 MHI 气化和日立气化

在 NEDO(New Energy Development Organization)的资助下，日本在 20 世纪 80～90 年代开发了多种干煤粉气化工艺，最典型的有 MHI 气化炉和日立气化炉。

1. MHI 气化炉

MHI 气化炉是在日本 NEDO 的资助下，由日本三菱重工业有限公司(MHI)与电力中央研究所(Central Research Institute of Electric Power Industries)于 1981 年提出的空气鼓风两级气化炉。这种两级气化炉的第一级为燃烧室，在其中实现高温燃烧以达到稳定的流渣；第二级为还原室，有效地利用来自燃烧室的热气体与煤粉接触以达到气化反应。该气化法先在一台 2t/d 的工艺开发试验台架(PDU)上进行验证以后，于 1986 年应用到 200t/d 的气化炉上。采用干法给煤系统，粗煤气的迅速冷却主要借助于还原室煤粉的气化吸热反应，同时粗煤气夹带的熔渣颗粒也得以淬冷。气化炉结构如图 2.25 所示。

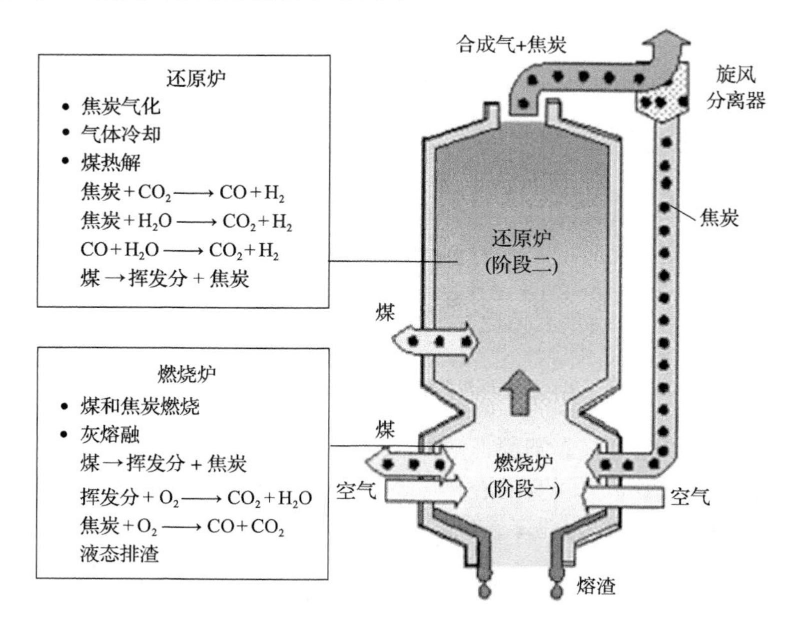

图 2.25　MHI 气化炉结构图

2. 日立气化炉

日本日立公司在 20 世纪 80 年代开发了处理量为 1t/d 的气化炉(PDU)，它采用一室两段的结构形式，后来被通产省和 NEDO 采纳用来开发 50t/d 的煤制氢技术。该气化炉炉壁采用水冷壁结构，炉内耐火材料表面被熔渣自行覆盖。炉内上下设置了两组喷嘴，每组各有 4 个喷嘴，按切线方向安装。每组喷嘴均在炉内构成切圆流动，上下切圆的半径不同，上喷嘴在炉内产生向下的旋转气流。上下两段均加氧或空气。下段产生高温能保证熔渣稳定地排出，又可提供上段气化反应所需的热量。在 50t/d 的基础上，日立公司在 1993 年建成了 150t/d 的中试装置，并进行了试验研究。

2.7　煤的催化气化

流化床煤气化炉具有气化操作温度适中，炉体处理量大，煤种适应性广等特点。特别是在催化剂的帮助下，煤气化反应和甲烷化反应能够同时在较低的温度下快速地进行，气化温度从常规的 1000℃降低到 700℃，使得气化和甲烷化反应能够耦合在同一个反应器内进行。这便是煤的催化气化技术(catalytic coal gasification，CCG)。

煤催化气化技术是指在煤气化过程中添加催化剂，将催化剂与原煤按照一定的比例进行均匀混合的一项煤气化技术工艺。煤催化气化技术的最大优势就是催化剂的加入，可以显著地降低煤气化的反应温度(从 1000℃降低到 700℃左右)，并加快了气化的反应速率。这主要是原煤表面的催化剂的侵蚀开槽作用使得煤与气化介质获得更好的接触。此外，Nahas 发现催化剂的加入还可以明显地提高煤气中甲烷气体的生成。由于催化剂同时存在着两种催化作用，气化反应和甲烷化反应可以融合在一个反应器内进行。

有代表性的催化剂主要有碱金属催化剂(主要包含 K_2CO_3、Na_2CO_3、KOH、NaOH、Li_2CO_3 等)、碱土金属催化剂(主要包含 $CaCO_3$、$Ca(OH)_2$、CaO、钙离子等)和过渡金属催化剂(主要是 Fe、Ni 等化合物)。其中，碱金属催化剂的催化活性最高，应用得最为广泛。

早在 1921 年，Taylor 和 Neville 就发现了 Na_2CO_3 和 K_2CO_3 能够有效地催化煤与水蒸气的气化反应。此后，越来越多的学者对催化气化的机制进行了研究。Wood 和 Sancier 在总结前人研究的基础上，综述了碱金属类催化剂的催化气化机理，并将其分为四类：氧化还原反应机制(the oxygen transfer mechanism)、电化学机制(the electrochemical mechanism)、反应自由基机制(the free radical mechanism)和反应中间体机制(the intermediate mechanism)。碱金属类催化剂在气化的过程中首先会和含碳原料发生反应，形成活性催化前驱物，继而加速碳表面碳氧复合物的分解。而正是由于学者对活性的中间络合物存在着不同推测，才导致了上述四种不同机制的产生。

煤催化气化过程的两个重要反应是煤气化反应和甲烷化反应。从热力学平衡的角度上讲，高温高压有利于气化反应的进行。而由于甲烷化反应是一个气体收缩的强放热过程，所以高压低温的操作环境有利于甲烷气体的生成。高温除了制约甲烷的生成之外，还会造成催化剂的过热，使得催化剂发生熔融结块，造成催化剂的失活，进一步延迟了气化反应的进行。针对这一特点，煤催化气化技术都选择流化床作为反应器，这是因为流化床反应器内的气固传热速率快，床层温度分布较为均匀。

目前流化床煤催化气化技术的典型工艺有美国 Exxon 公司开发的 Exxon 工艺和在其基础上发展出来的美国巨点能源公司的“蓝气”(blue-gas)工艺，及我国新奥集团(ENN)开发的催化气化一步法煤制天然气技术。据报道，2016 年 1 月 8 日，大唐集团公司与美国巨点能源公司正式在北京签署合作框架协议，将共同合作建设“蓝气”技术商业化示范装置。新奥集团通过旗下新能能源有限公司与液化空气(中国)投资有限公司及河北丰汇投资集团有限公司合作，在内蒙古达拉特旗的稳定轻烃项目中，建设了完全自主开发的处理量 1500t/d 的 CCG 技术大型工业示范装置。

2.8 煤 液 化

我国现有能源结构仍然是以煤为主，而且石油消费对外依存度持续上升，发展以煤炭资源为原料制造合成液体燃料(煤制油或煤液化)的新型煤化工，不仅能够推动煤炭资源的清洁高效利用，而且可以缓解我国对进口石油的依赖。因此，近年来我国的煤制油项目得到了不断发展和快速的推进。2015 年，中国的煤制油产业已全面超越南非。煤制油对于保障中国能源和化工原料合理的自给率具有不可替代的作用，煤制油产能将从 2015 年 430 万 t 增长至 2020 年 2131 万 t。

煤液化是煤制油的主要技术手段，可分为直接液化和间接液化两种方式。煤直接液化要求操作条件十分苛刻，对煤种依赖性强，所得产品中芳烃含量较高，且含有氮、硫等杂质，需要再次经过分离和加氢精制方能得到石油品质等级的液体燃料及其他化学产品。由于煤直接液化的工业化设备生产难度大，产品成本偏高，煤直接液化的工业化装置很少，目前仅有神华集团有限责任公司一例煤直接液化商业化示范工程。

相比于煤直接液化技术，煤间接液化的操作温度比较温和，对煤种几乎没有依赖性，因此应用也较为广泛。煤间接液化是指先将煤炭气化制成合成气(CO 和

H_2)，合成气再经过催化转化为液体燃料的技术。合成气经催化转化为液体燃料的过程称为费托合成反应，由德国科学家 Frans Fischer 和 Hans Tropsch 于 1923 年首次发现并以他们名字的首字母命名，即 F-T 或费托合成，该反应是整个煤间接液化技术的核心部分。F-T 合成工艺根据操作温度的不同可分为高温 F-T (high temperature Fischer-Tropsch，HTFT) 合成和低温 F-T (low temperature Fischer-Tropsch，LTFT) 合成两种。LTFT 技术采用鼓泡塔反应器，操作温度一般在 200～240℃，采用 Fe 系或 Co 系催化剂，目前只能生产柴油、石蜡等产品，其产物的特点是无硫和芳烃；HTFT 技术反应温度一般在 300～350℃，采用 Fe 系催化剂。与 LTFT 产物的单一相比，HTFT 技术具有产业链长、产品种类多等优点，在生产汽油、柴油、石脑油、航空煤油、润滑基础油等清洁优质油品的同时，还可副产多种高附加值化工产品，如 α-烯烃、溶剂油、表面活性剂、醇醛酮酸等。HTFT 油类产品的质量不但接近普通炼油厂生产的同类油品，而且与原油相比，HTFT 产品油不含氮，几乎不含硫（＜5ppm）和氮化物（＜1%），含氧化合物（5%～15%）和环烷烃（＜1%）含量低。无论是产品种类的多元化还是产品的盈利性，HTFT 技术都要优于 LTFT 技术。

F-T 合成会释放大量的反应热，1m^3 合成气转化时约放出 2500kJ 的热量。多余的热量可能使部分催化剂内部过热，导致催化剂因积碳而活性下降甚至完全失活，目标产物选择性降低。为了提高目标产物产率和减少副反应的发生，需要控制反应温度，移除多余热量。气固鼓泡流化床反应器具有较高的相间传热、传质速率，较小的温度梯度分布且易于连续性操作，在能源化工领域得到了广泛的应用。因此，对于 HTFT，选用气固鼓泡流化床反应器具有一定的优势。兖矿集团是国内煤间接液化技术开发的领跑者，其开发的“高温流化床费托合成技术”于 2010 年通过了中国石油和化学工业协会组织的技术鉴定。在流化床反应器生产过程中，催化剂在反应器内流化而不离开反应器，不仅降低了催化剂的消耗，同时增加了催化剂与合成气的接触时间，合成气转化率更高。反应器内温度分布均匀，也使目标产物的选择性更高。不仅如此，流化床反应器还具有体积小、造价成本低、操作简单、生产能力高、更换催化剂方便等诸多优点，其缺点是生产过程中会产生气泡，造成气体短路和流动的不稳定性，降低了合成气与催化剂的接触时间，增加了反应的不均匀性，使放大变困难。

第 3 章　多相流数值模拟方法

多相流数值模拟方法在最近 20 年得到快速发展。从大类上，多相流的数值模拟方法可以分为三种：

(1) 相边界运动追踪的直接数值模拟法；

(2) 基于欧拉-拉格朗日体系的质点运动追踪的离散颗粒轨道模型；

(3) 基于欧拉-欧拉体系的体平均双流体模型。

本章介绍各种模拟方法和原理，在第 5～8 章中介绍不同方法的应用。

3.1　相边界运动追踪的直接数值模拟

追踪流场中运动的相边界并非易事，即便针对给定运动速度的刚性边界，比如叶片和风扇周围的流场，也是计算数学和计算方法的挑战性课题。对于受流体作用而运动的固体颗粒，采用浸没边界法(IBM)模拟少量颗粒在流场中的平动和旋转是可能的，如果颗粒数量大，目前的计算机运算速度和存储能力是无法完成的。如果颗粒是容易变形的，比如气泡在液体中运动、液滴在空气中运动等现象，则需要采用界面跟踪法。较为成熟的方法有：FT(front tracking)、VOF(volume of fluid)和 LS(level-set)。FT 方法本质上只求解一组欧拉坐标系下的动量守恒方程，但采用一组拉格朗日的边界网格定义相边界，边界网格可以是结构性的四边形网格，也可以是非结构性多边形网格，每一个边界网格节点都有编号，与相边界在固定的三维坐标体系中的离散点集相对应。当边界受周围流体压力和剪切作用而变形时，边界网格变形，网格节点在欧拉固定坐标系的位置也变化。这个方法有两个特点：①边界变形较大时，边界网格发生拉升、皱褶和重叠后会引起相边界追踪困难，因此在计算过程中需要对边界网格进行重画(re-meshing)，这就会使边界节点编号改变甚至消失，增加了计算机编程的难度。②虽然定义了相边界，但边界两侧的流体物性不能发生突变，需要使用一个阶跃函数对边界附近几个网格上的物性参数加以平滑处理。由于以上特点，特别是第 1 个特点，FT 方法由 Tryggvason 的团队[18]在 20 世纪 90 年代开发后，至今没有普及。下面介绍的 VOF 方法和 LS 方法应用更为广泛。

3.2 VOF 方法

1981 年，Hirt 和 Nichols 首次提出了 VOF 方法[19]，主要特点是定义一个流体体积函数 a_q，表示的是某一计算网格内第 q 相体积与该单元格的体积比。a_q=0，表示该计算网格内不存在第 q 相；a_q=1，表示该计算网格充满第 q 相；0＜a_q＜1，表示该网格内存在第 q 相和其他相流体的界面(图 3.1)。

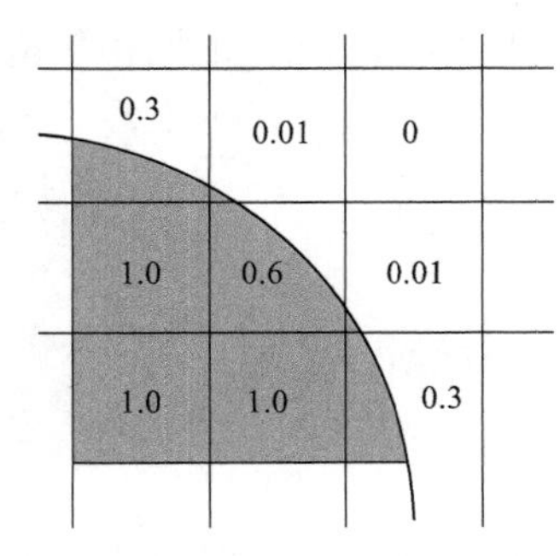

图 3.1 VOF 分布与气液相界面

根据 a_q 值的大小实现对自由面的追踪和重构。随着 Donor-Acceptor 概念的提出，界面重构技术的研究得到进一步的深化，目前较为流行的有 Hirt 和 Nichols、Flair、Youngs 等提出的方法。其中 Hirt 和 Nichols 比较早提出了界面重构技术，该法将相界面分为水平和竖直两种，并且将流体自由面当作局部函数，所得界面比较规整。Flair 方法采用斜线构造界面，带有一定倾斜角斜线，往往贯穿两个相邻计算网格。Youngs 法与 Flair 法不同，Youngs 法是在单个计算网格内采用直线对界面进行逼近。这三种界面重构技术对界面的处理方式见图 3.2。

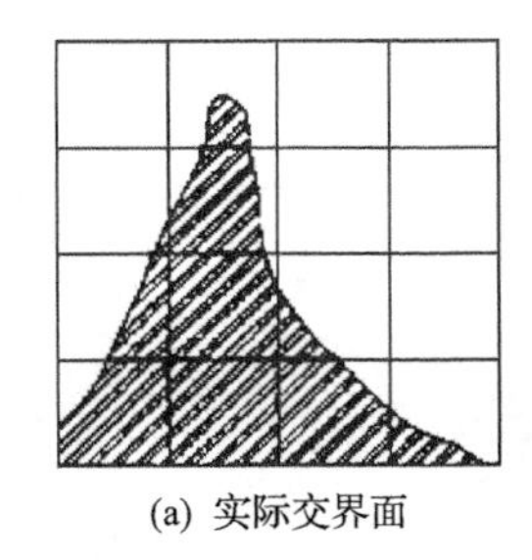

(a) 实际交界面

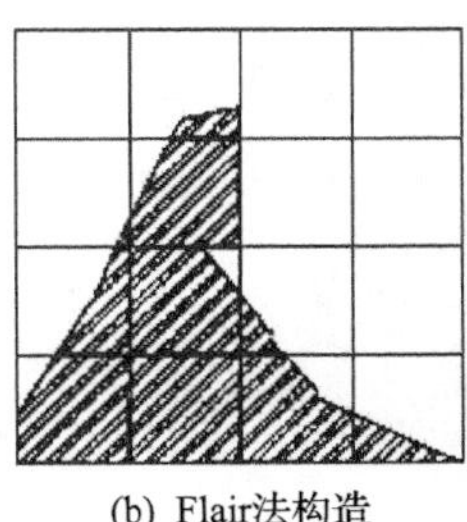

(b) Flair法构造

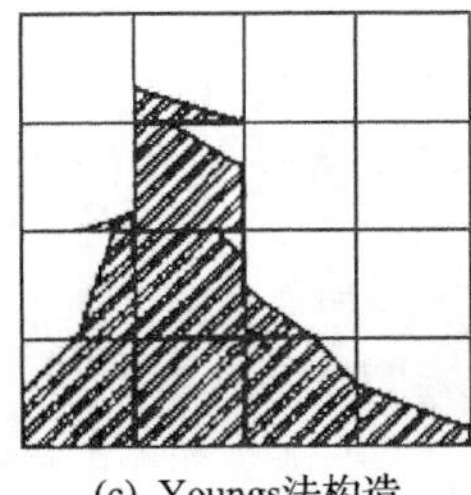

(c) Youngs法构造

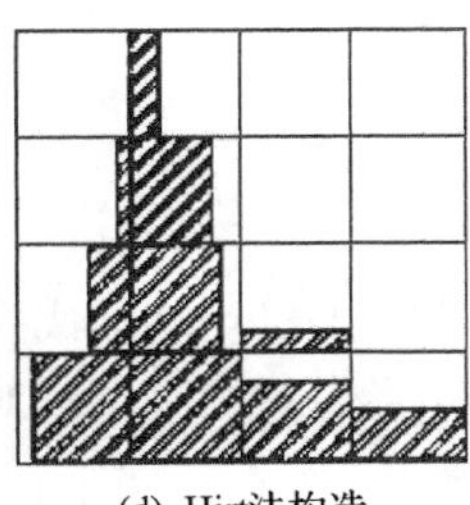

(d) Hirt法构造

图 3.2 界面构造法比较

对于无反应且忽略相变的气液两相流体，均满足以下控制方程

$$\frac{\partial \rho}{\partial t} + \nabla \cdot (\rho \boldsymbol{U}) = 0 \tag{3-1}$$

$$\frac{\partial (\rho \boldsymbol{U})}{\partial t} + \nabla \cdot (\rho \boldsymbol{U}\boldsymbol{U}) = -\nabla p + \nabla \cdot \boldsymbol{\tau} + \rho \boldsymbol{g} + \boldsymbol{F}_\sigma \tag{3-2}$$

其中，$\boldsymbol{U}$ 为速度矢量；ρ 为密度；p 为压力；$\boldsymbol{F}_\sigma$ 为相间作用力，在无滑移时即为表面张力；$\boldsymbol{\tau}$ 为应力张量。

$$\boldsymbol{\tau} = 2\mu \boldsymbol{S} = \mu[(\nabla \boldsymbol{U}) + (\nabla \boldsymbol{U})^{\mathrm{T}}] \tag{3-3}$$

其中，$\boldsymbol{S}$ 为应变率张量；μ 为动黏度。

引入标量函数 $F(\boldsymbol{x},t)$，其值为计算网格中液体体积分数，$F(\boldsymbol{x},t)=1$ 表示网格内只包含纯液体，$F(\boldsymbol{x},t)=0$ 时为纯气体。因此 $F(\boldsymbol{x},t)$ 值介于 0 和 1 之间的网格存在相边界区域。根据相邻网格的 $F(\boldsymbol{x},t)$ 值，就能够重构气泡的大小和形状。

特别地，指示函数 $F(\boldsymbol{x},t)$ 满足

$$\frac{\partial F(\boldsymbol{x},t)}{\partial t} + (\boldsymbol{U} \cdot \nabla) F(\boldsymbol{x},t) = 0 \tag{3-4}$$

边界层两侧满足

$$p_{\mathrm{s}} = p - p_{\mathrm{v}} = \sigma \kappa \tag{3-5}$$

这里，p_{s} 为边界层两侧的压力差；σ 为表面张力系数；κ 为曲率：

$$\kappa = -(\nabla \cdot \hat{n}) \tag{3-6}$$

$$\hat{n} = \frac{\boldsymbol{n}}{|\boldsymbol{n}|},\quad \boldsymbol{n} = \nabla F \tag{3-7}$$

$$\boldsymbol{F}_{\sigma}(\boldsymbol{x},t) = \sigma \kappa(\boldsymbol{x},t) \nabla F(\boldsymbol{x},t) \tag{3-8}$$

$$\begin{cases} \rho = \rho_{\mathrm{l}} \cdot F(\boldsymbol{x},t) + \rho_{\mathrm{g}} \cdot [1 - F(\boldsymbol{x},t)] \\ \mu = \mu_{\mathrm{l}} \cdot F(\boldsymbol{x},t) + \mu_{\mathrm{g}} \cdot [1 - F(\boldsymbol{x},t)] \end{cases} \tag{3-9}$$

下标 l 和 g 分别代表液体和气体。

方程(3-1)和(3-2)可用两步法求解

$$\frac{(\rho \boldsymbol{U})^{n+1} - (\rho \boldsymbol{U})^{n}}{\Delta t} = -\nabla \cdot (\rho \boldsymbol{U}\boldsymbol{U})^{n} - \nabla p^{n+1} + \nabla \cdot \boldsymbol{\tau}^{n} + (\rho \boldsymbol{g})^{n} + \boldsymbol{F}_{\sigma}^{n} \tag{3-10}$$

方程(3-10)又分解为

$$\frac{\rho^{n} \tilde{\boldsymbol{U}} - (\rho \boldsymbol{U})^{n}}{\Delta t} = -\nabla \cdot (\rho \boldsymbol{U}\boldsymbol{U})^{n} + \nabla \cdot \boldsymbol{\tau}^{n} + (\rho \boldsymbol{g})^{n} + \boldsymbol{F}_{\sigma}^{n} \tag{3-11}$$

$$\frac{\rho^{n} \boldsymbol{U}^{n+1} - \rho^{n} \tilde{\boldsymbol{U}}}{\Delta t} = -\nabla p^{n+1} \tag{3-12}$$

又因为

$$\nabla \cdot (\rho \boldsymbol{U})^{n+1} = 0 \tag{3-13}$$

方程(3-12)变为泊松方程

$$\frac{\nabla\cdot(\rho^n\tilde{\boldsymbol{U}})}{\Delta t}=\nabla\cdot(\nabla p^{n+1}) \tag{3-14}$$

即可由方程(3-14)，求解 t^{n+1} 时刻的压力场，再由下式求得速度场 $\boldsymbol{U}^{n+1}$：

$$\boldsymbol{U}^{n+1}=\tilde{\boldsymbol{U}}-\frac{\nabla p^{n+1}}{\rho^n}\Delta t \tag{3-15}$$

这样，在求解随时间变化流场的同时也得到了相边界随时间的变化。以上求解步骤被称为 PISO 算法，也属于 SIMPLE 系列，是求解瞬态压力-速度耦合流场的有效方法。

3.3　L-S 方法

与 VOF 方法相似，LS 方法也采用一个指示函数来追踪相边界[20]。不同的是，LS 方法采用距离函数，由流场中网格节点与界面的最短距离组成的连续函数组成。定义距离函数值为负值的网格为液相，正值为气相(图 3.3)。

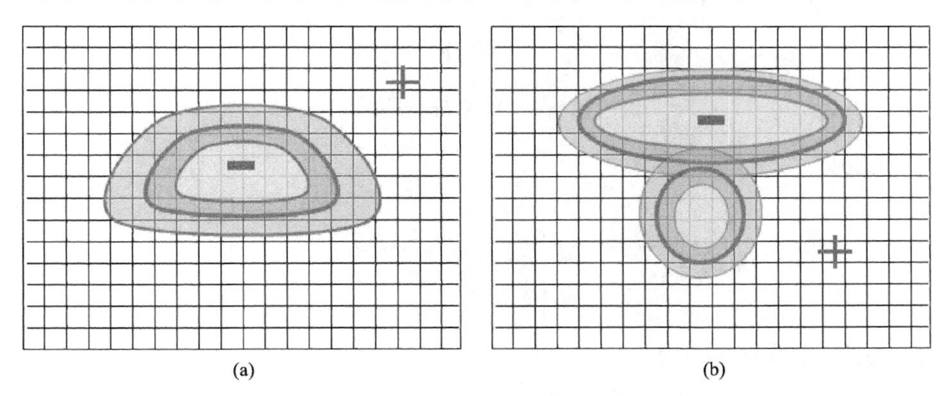

图 3.3　单个气泡(a)和两个气泡(b)界面的 L-S 与距离函数示意图

这样，距离函数为零的点的集合函数 Γ 就是气液相界面，即

$$\Gamma=\{\boldsymbol{x}\,|\,\phi(\boldsymbol{x},t)=0\} \tag{3-16}$$

其中，$\boldsymbol{x}$ 为位置向量；t 为时间。

假设 $\phi<0$ 为气泡内侧，而 $\phi>0$ 为气泡外侧或液相侧，距离函数表示为

$$\phi(x,t)\begin{cases}<0, & x\in\text{气泡}\\ =0, & x\in\Gamma\\ >0, & x\in\text{液相}\end{cases} \tag{3-17}$$

且满足

$$\frac{\partial \phi}{\partial t}+V\cdot\nabla\phi=0 \tag{3-18}$$

这里，$\boldsymbol{V}$ 是速度矢量，且定义为

$$\boldsymbol{V}=\begin{cases}\boldsymbol{V}_{\mathrm{g}}, & x\in\text{气体}\\ \boldsymbol{V}_{\mathrm{g}}=\boldsymbol{V}_{\mathrm{l}}, & x\in\Gamma\\ \boldsymbol{V}_{\mathrm{l}}, & x\in\text{液体}\end{cases} \tag{3-19}$$

这样就可用零距离函数 ϕ 的移动来追踪界面的变形和运动。

和 VOF 方法一样，只求解一组动量方程：

$$\frac{\partial \rho}{\partial t}+\nabla\cdot(\rho\boldsymbol{V})=0 \tag{3-20}$$

$$\frac{\partial \rho\boldsymbol{V}}{\partial t}+\nabla\cdot(\rho\boldsymbol{V}\boldsymbol{V})=-\nabla p+\nabla\cdot\boldsymbol{\tau}+\rho\boldsymbol{g}+\boldsymbol{F}_{\sigma} \tag{3-21}$$

其中，$\boldsymbol{F}_{\sigma}$ 是表面张力：

$$\boldsymbol{F}_{\sigma}=\sigma K(\phi)\delta(\phi)\nabla\phi \tag{3-22}$$

$$K(\phi)=\nabla\cdot(\nabla\phi/|\nabla\phi|)$$

δ 光滑函数：

$$\delta_{\beta}(\phi)\equiv\frac{\mathrm{d}H_{\beta}(\phi)}{\mathrm{d}\phi}=\begin{cases}\dfrac{1}{2}[1+\cos(\pi\phi/\beta)]/\beta, & |\phi|<\beta\\ 0, & \text{其他}\end{cases} \tag{3-23}$$

其中，$H_{\beta}(\phi)$ 为阶跃函数：

$$H_{\beta}(\phi)=\begin{cases}1, & \phi>\beta\\ 0, & \phi<-\beta\\ \dfrac{1}{2}\left[1+\dfrac{\phi}{\beta}+\dfrac{1}{\pi}\sin(\pi\phi/\beta)\right], & \text{其他}\end{cases} \tag{3-24}$$

靠近相界面的流体性质：

$$\rho(\phi)=\rho_{\mathrm{g}}+(\rho_{\mathrm{l}}-\rho_{\mathrm{g}})H_{\beta}(\phi) \tag{3-25}$$

$$\mu(\phi)=\mu_{\mathrm{g}}+(\mu_{\mathrm{l}}-\mu_{\mathrm{g}})H_{\beta}(\phi) \tag{3-26}$$

当距离函数的梯度 $\nabla\phi$ 变化较大时，界面附近的 $\rho(\phi)$，$\mu(\phi)$ 和表面张力也会发生较大的变化，故需要保持界面的厚度最小，即 $|\nabla\phi|=1$。在原始的 LS 算法中，集合函数 $\phi(x,t)$ 用距离函数 $d(x,t)$ 代替，相界面是严格满足 $|\nabla d|=1$ 和 $d=0$ 的点集 $x\in\varGamma$。

LS 方法的弊端在于，即使初始的集合函数 $\phi(x,0)$ 是距离函数，随着时间变迁 ϕ 并不永远代表距离，因此需要在每一步迭代后调整以便保证 $|\nabla\phi|=1$，这个调整是由以下迭代实现的[21]：

$$\frac{\partial d}{\partial \tau}=\mathrm{sign}(\phi)(1-|\nabla\phi|) \tag{3-27}$$

$$d(x,0)=\phi(x) \tag{3-28}$$

直到

$$|\nabla\phi|=1+O(\varDelta^2) \tag{3-29}$$

其中

$$\mathrm{sign}(\phi)=\begin{cases}-1, & \phi<0\\ 0\ , & \phi=0\\ 1\ , & \phi>0\end{cases} \tag{3-30}$$

方程(3-27)中 τ 是假想的时间，其单位实际上是距离，采用 $\Delta\tau=0.5\varDelta$ 求解方程(3-27)，只需要 2～5 步即可完成。求解步骤如下：

(1)解方程(3-14)和方程(3-15)获得流场 V_{n+1}。

(2)用 TVD-Runge-Kutta 解(3-18)得到 ϕ_{n+1}：

$$\overline{\phi}_{n+1}=\phi_n+\Delta t\phi_{tn} \tag{3-31}$$

$$\phi_{n+1}=\phi_n+\frac{\Delta t}{2}(\overline{\phi}_{tn+1}+\phi_{tn}) \tag{3-32}$$

其中，$\phi_{tn}=-V_n\nabla\phi_n$。

(3)解方程(3-27)调整距离函数：

$$\frac{\partial d}{\partial \tau}=\mathrm{sign}(\phi)(1-|\nabla\phi|)+\lambda_{ij}f(\phi)\equiv L(\phi,d)+\lambda_{ij}f(\phi) \tag{3-33}$$

其中

$$\lambda_{ij} = \frac{\int_{\Omega_{ij}} H'(\phi)L(\phi,d)}{\int_{\Omega_{ij}} H'(\phi)f(\phi)} \tag{3-34}$$

$$f(\phi) \equiv H'(\phi)\left|\nabla\phi\right| \tag{3-35}$$

即使采用上述方法，LS 方法仍然具有质量和体积不守恒的缺陷。为了解决这方面的不足，推荐使用 L-S 和 VOF 组合的 CLSVOF 方法[22]。

3.4　质点运动追踪的离散颗粒轨道法

离散颗粒轨道法有时也称离散元模型(discrete element model，DEM)，是将气相看成是连续相，其流动状态可以通过 Anderson 和 Jackson 建立的动量方程来求解；而将固相视为离散相，采用拉格朗日方法追踪流场内每一个固体颗粒的运动轨迹，并获取颗粒与气体之间的作用力，然后遵循动量定律，以源项的形式将气固作用力考虑到气相的动量方程中。DEM 法将颗粒的相互碰撞视为非弹性碰撞，且有摩擦力存在。

离散元模型最早是由 Cundall 和 Strack 提出，当时主要是为了解决固体颗粒堆积时的相互碰撞问题，并建立了完整的力学机制。随后的流化床研究者借鉴这一机制，将颗粒碰撞的力学机制引入流化床中的固体颗粒碰撞行为中，逐渐形成了两种方法。一种方法是由 Tsuji 等建立的软球模型(soft sphere model)[23]，另一种是由 Hoomans 等建立的硬球模型(hard sphere model)[24]。

Tsuji 等建立的颗粒动量方程如下：

$$\dot{\boldsymbol{v}}_{\mathrm{s}} = \boldsymbol{F} / m + \boldsymbol{g} \tag{3-36}$$

$$\dot{\boldsymbol{w}} = \boldsymbol{T} / I \tag{3-37}$$

$\boldsymbol{F}$ 可以被分为接触力与流体力(主要是曳力)两个部分：

$$\boldsymbol{F} = \boldsymbol{f}_{\mathrm{C}} + \boldsymbol{f}_{\mathrm{D}} \tag{3-38}$$

软球模型将颗粒之间的接触力简化为弹簧/阻尼器和滑动摩擦器，如图 3.4 所示。

具体的法向力与切向力表示为

$$\boldsymbol{f}_{\mathrm{Cn}} = -k\boldsymbol{d}_{\mathrm{n}} - \eta\boldsymbol{v}_{\mathrm{n}} \tag{3-39}$$

$$\boldsymbol{v}_{\mathrm{n}} = (\dot{\boldsymbol{v}}_{\mathrm{r}} \cdot \boldsymbol{n})\boldsymbol{n} \tag{3-40}$$

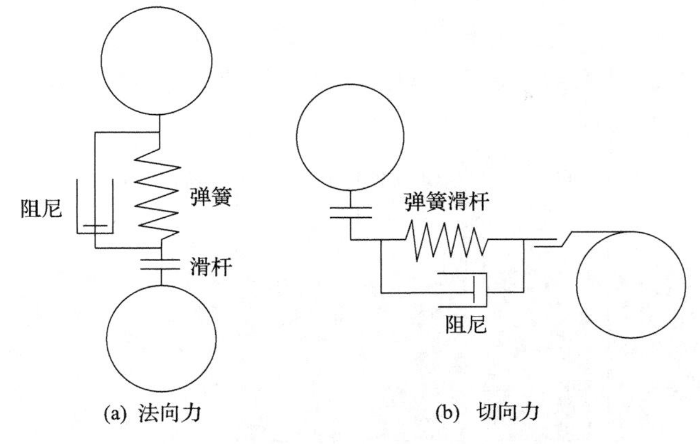

图 3.4　接触力的力学机制简化模型

$$\boldsymbol{f}_{\mathrm{Ct}} = -k\boldsymbol{d}_{\mathrm{t}} - \eta\boldsymbol{v}_{\mathrm{t}} \tag{3-41}$$

$$\boldsymbol{v}_{\mathrm{t}} = \boldsymbol{v}_{\mathrm{r}} - \boldsymbol{v}_{\mathrm{n}} \tag{3-42}$$

其中，k 是弹簧的刚度系数；η 是黏性耗散系数。$\boldsymbol{f}_{\mathrm{C}}$ 的表达式中，第一项是颗粒之间的接触力(contact force)，第二项是黏性耗散力(viscous damping force)。当满足下列关系式时：

$$\left|f_{\mathrm{Ct}}\right| > \mu_{\mathrm{f}}\left|f_{\mathrm{Cn}}\right| \tag{3-43}$$

颗粒便开始滑动，其滑动摩擦力可以表示为

$$f_{\mathrm{Ct}} = -\mu_{\mathrm{f}}\left|f_{\mathrm{Cn}}\right|\boldsymbol{t} \tag{3-44}$$

其中，μ_{f} 是滑动摩擦系数。

$$\boldsymbol{t} = \boldsymbol{v}_{\mathrm{t}} / \left|\boldsymbol{v}_{\mathrm{t}}\right| \tag{3-45}$$

Tsuji 等利用软球模型模拟二维情况下不同气流速度对于颗粒流动行为的影响，其模拟结果如图 3.5 所示。研究结果显示，随着气流速度的增加，流化床内首先出现气穴，进一步增加流速，床层内开始出现气泡，而后气泡逐渐长大到达床层表面后破裂，气泡周围及尾涡的颗粒在气泡破裂后冲出床层表面，而后在自身重力作用下落回床层内部。气泡的规律性的形成、上升、长大、破裂为气固流化床内的气固两相均匀混合提供了保证。Tsuji 团队还对二维、三维流化床内的流化情况进行了比较，结果显示二维与三维预测流化状态的结果基本一致。对三维空间，还需要额外注意的是壁面对于固体颗粒流动的影响。此外，

Tsuji 还对伪三维(z 方向上的长度只有一个固体颗粒的直径大小)的喷动床进行了数值模拟研究。模拟结果显示，DEM 方法可以准确地模拟出喷动床中的喷射区、环隙区以及喷泉区。

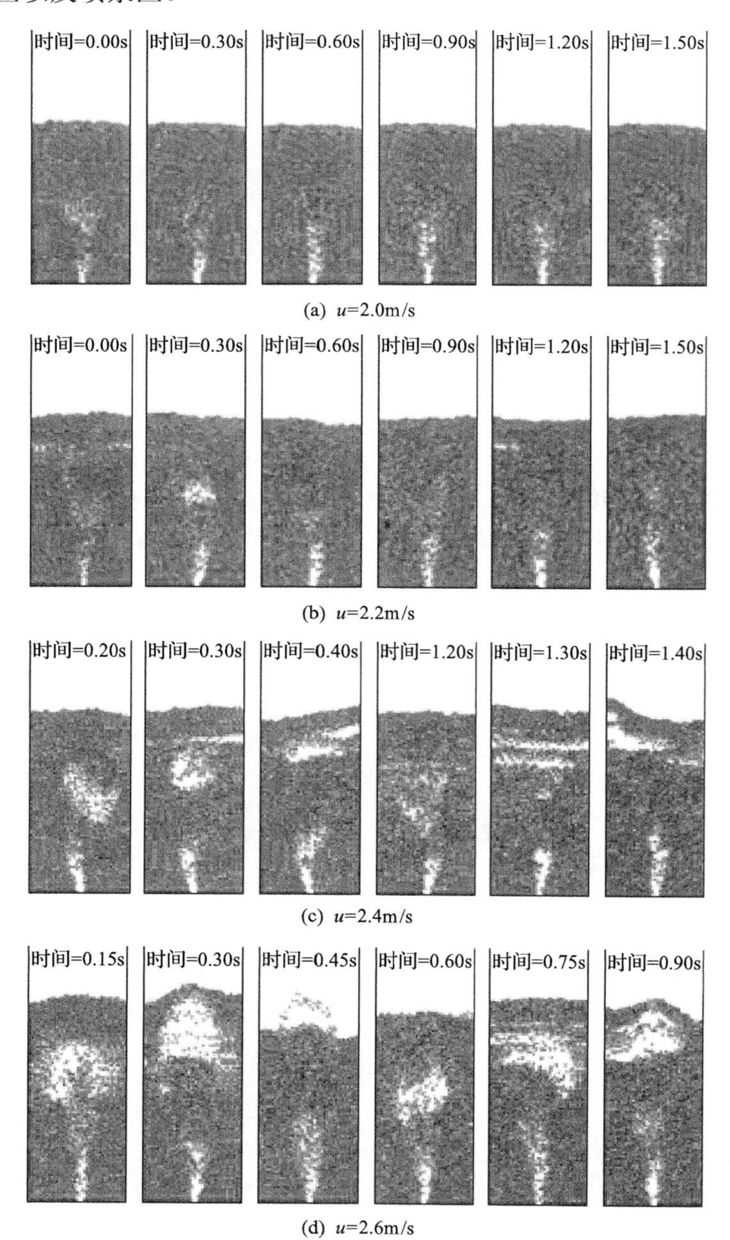

(a) u=2.0m/s

(b) u=2.2m/s

(c) u=2.4m/s

(d) u=2.6m/s

图 3.5　不同气速下的颗粒运动行为[23]

Tsuji 建立的软球模型经过实验与模拟的验证，能够处理颗粒之间的碰撞，基本再现了气固流化床内的流动形式。但是，这个方法还存在着一些问题：

(1) Tsuji 建立的模型中没有考虑到气、固两相的黏性，即认为气体与颗粒都是理想无黏性的流体。这样的处理无疑简化了模型，降低了模拟的计算量，但与真实情况存在着一定的偏差。

(2) 软球模型之所以称为“软球”，是因为这个方法对颗粒的刚性有着明显的要求，即颗粒的刚性不能太大。只有非常软(刚性很小)的颗粒才能在数值计算中保持数值稳定。当处理刚性较大的固体颗粒时，需要采用很小的时间步长($<10^{-6}$s)，严重地限制了软球模型的广泛应用。

Xu 和 Yu 在 Tsuji 的基础上引入了颗粒碰撞动力学模型，克服了 Tsuji 的软球模型中的颗粒软化处理问题，建立了完整的三维气固流化床 CFD 程序，并保证了在适当的时间步长情况下该程序可以处理刚性较大的颗粒。他们主要是对颗粒所受的黏性耗散力(viscous damping force)以及颗粒碰撞后偏移的位移量进行了修正。Yu 的课题组在此基础上，应用这套程序模拟计算了不同气速下的流化状态以及不同尺寸颗粒在较小气速下的颗粒分离(size segregation)现象，显示出经改良的软球 DEM 方法可以较为准确地模拟气固流化床内的流动行为。

Mikami 等利用 Tsuji 建立的软球模型模拟了流化床中的黏附性颗粒的流化行为，在原有的曳力基础上考虑了潮湿粉体之间的液桥力。模拟结果显示，潮湿粉体在流化过程中会形成团聚，其床层压降的波动和最小流态化速度均大于干粉体的流化状态。Rong 等还利用 DEM 方法模拟了内置管壁的流化床中的颗粒与气泡的流动行为，研究了气泡与管壁之间的相互作用，拓宽了 DEM 方法的应用范围。

针对软球模型存在的问题，Hoomans 提出了硬球模型。在硬球模型中，假定固体颗粒是刚性的，颗粒之间只能依靠相互的瞬时碰撞来交换动量。硬球模型中一般只考虑两个颗粒之间的碰撞，当多个颗粒同时发生碰撞时，则将其分解为多个二体碰撞。碰撞后产生的滑动摩擦力可以由库仑定律描述。颗粒在碰撞前的速度、角速度、位置等参数已知，碰撞后的相应参数则通过如图 3.6 所示的动量方程求解。

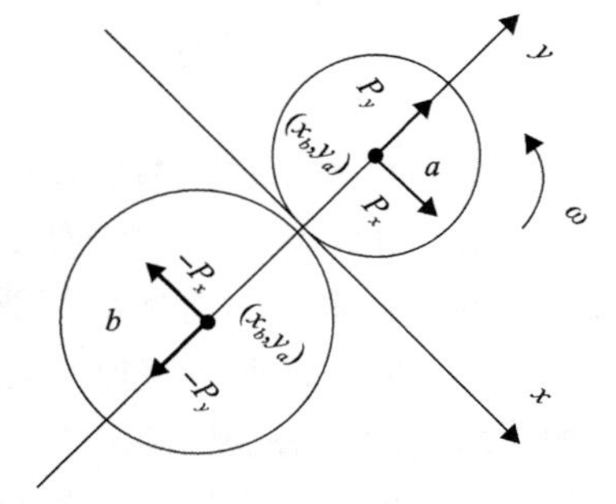

图 3.6　颗粒间碰撞示意图

$$m_a(v_{x,a} - v_{x,a0}) = P_x \tag{3-46}$$

$$m_a(v_{y,a} - v_{y,a0}) = P_y \tag{3-47}$$

$$I_a(\omega_a - \omega_{a0}) = P_x y_a \tag{3-48}$$

$$m_b(v_{x,b} - v_{x,b0}) = -P_x \tag{3-49}$$

$$m_b(v_{y,b} - v_{y,b0}) = -P_y \tag{3-50}$$

$$I_b(\omega_b - \omega_{b0}) = -P_x y_b \tag{3-51}$$

上述碰撞动力学理论过于简化地处理了颗粒之间的相互作用力，给进一步探究流化过程中的颗粒之间的相互作用带来了很大困难。在此基础上，Kuipers团队模拟研究了鼓泡流化床中的颗粒分离现象，显示出在较小的气速下，大尺寸的颗粒由于自重较大落在床层底部，而小尺寸的颗粒由于自重较轻会浮在床层上部。气速的增大会促进大小颗粒之间的均匀混合。他们还对颗粒的碰撞机制进行了修正，并将模拟结果与PEPT实验结果进行了比较，验证了该硬球模型的有效性。通过近二十年的发展，DEM方法在气固流化床中获得了广泛的应用，但是DEM方法本身也存在着一些不足。最主要的缺陷是在稠密气固流化床中，由于要追踪每一个颗粒运动的轨迹，DEM方法的计算量十分巨大，对计算机的内存和计算速度构成了巨大的挑战。即便是计算能力得到极大发展的今天，DEM方法模拟稠密气固流化床仍然是任务艰巨。而双流体模型(two fluid model，TFM)将颗粒相作为连续相处理，不追踪具体的每个颗粒的运动轨迹，而是追踪在固定空间内的瞬时颗粒的流动状态。与DEM方法相比，其计算量较小，适合于实际工程应用。

3.5 基于体平均的气液双流体模型

双流体模型(TFM)又称欧拉-欧拉模型，在多相流领域应用较为成熟。它在欧拉坐标系下采用与连续流体类似的质量、动量、能量守恒方程，分别对连续相和离散相进行描述。将离散相看成拟流体，认为连续相与拟流体相互渗透，在计算网格内共存。同时，该模型采用各种平均化技术(如时间平均、空间平均、系综平均等)，在单相流动N-S控制方程的基础上推导出多相流动方程。由于双流体模型中气、液相的控制方程具有相同的形式，因此该模型对计算资源的要求相对较低。它是目前最有希望在工业尺度反应器上有所突破的方法，因此本书重点介绍基于双流体模型展开的数值模拟工作。

3.5.1 控制方程

对于气-液两相流动，气、液相具有相同的压力场，但是其速度、温度和组分分布场均不同，具体方程如下：

连续性方程

$$\frac{\partial(\alpha_i\rho_i)}{\partial t}+\nabla\cdot(\alpha_i\rho_i\boldsymbol{u_i})=0\,,\qquad \sum_{i=1}^{n}\alpha_i=1 \tag{3-52}$$

动量守恒方程

$$\frac{\partial(\alpha_i\rho_i\boldsymbol{u_i})}{\partial t}+\nabla\cdot(\alpha_i\rho_i\boldsymbol{u_i}\boldsymbol{u_i})=-\alpha_i\cdot\nabla p+\nabla(\bar{\bar{\boldsymbol{\tau}}}_{\boldsymbol{i}})+\boldsymbol{F_{i,j}}+\alpha_i\rho_i\boldsymbol{g} \tag{3-53}$$

由于双流体模型中气、液相的控制方程具有相同的形式，因此用相标 i 代替气相或者液相(i=l,g)。其中，黏性应力张量可表示为：$\bar{\bar{\boldsymbol{\tau}}}_{\boldsymbol{i}}=\alpha_i\mu_i(\nabla\boldsymbol{u_i}+\nabla\boldsymbol{u_i}^{\mathrm{T}})+\alpha_i\left(\lambda_i-\frac{2}{3}\mu_i\right)\nabla\cdot\boldsymbol{u_i}\bar{\bar{\boldsymbol{I}}}$。特别地，$\alpha_i$ 表示第 i 相的体积分数，气、液相体积分数之和为 1。ρ_i、$\boldsymbol{u_i}$、μ_i、λ、$\boldsymbol{F_{i,j}}$ 分别表示第 i 相的密度、速度、剪切黏度、体积黏度和相间作用力。

运用双流体模型对多相流进行模拟还需要运用一系列的子模型，如相间作用力模型、湍流模型、气泡尺寸模型，对其进行封闭。

图 3.7 表示欧拉双流体各子模型之间的关系。一方面，气液通过相界面传递动量、能量、质量从而主导着液相湍流，液相湍流的变化促使气泡发生合并分裂

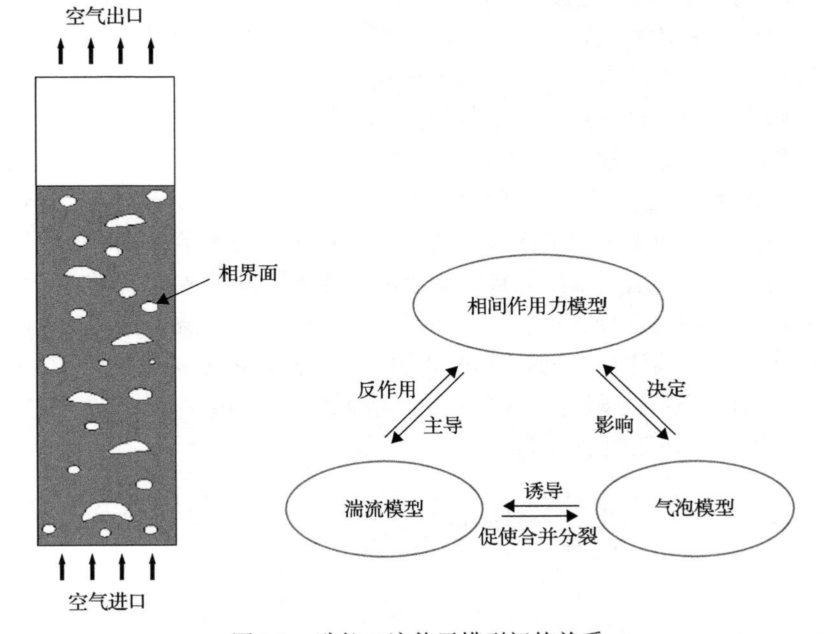

图 3.7　欧拉双流体子模型间的关系

决定着气泡的尺寸大小及其分布，气泡尺寸、形状差异决定着气液相的相间作用力大小；另一方面，气泡诱导液相形成湍流，湍流反作用于气液间的作用力，进而影响气泡的尺寸。这里，对气液欧拉双流体模型所需的子模型分节进行详细阐述。

3.5.2 相间作用力模型

气、液两相之间通过相界面发生动量传递，相间作用力主导着各相的运动。相间作用力可用气、液相的相对速度表示，包括轴向的曳力、虚拟质量力和径向的升力、壁面润滑力和湍流扩散力等，其中，轴向的曳力和径向的升力对流动的影响最为显著。下面以气液两相流为例，对气液相间作用力分别进行描述。

气泡在均匀速度场中运动，与周围流体间由于相对运动而产生的相互作用力，称为曳力；它是气液两相气泡浮升流中最为重要的轴向作用力。曳力主要包括黏性曳力和压力曳力等，其中，黏性曳力是由于液相速度差异在气泡表面剪切产生的，而压力曳力是由于不同形状的气泡所导致的不均匀压力分布所产生。液相对气相的作用力 $\boldsymbol{F}_{\mathrm{lg}}$ 为

$$\boldsymbol{F}_{\mathrm{lg}}^{\mathrm{drag}}=-\boldsymbol{F}_{\mathrm{gl}}^{\mathrm{drag}}=K_{\mathrm{lg}}(\boldsymbol{u}_{\mathrm{l}}-\boldsymbol{u}_{\mathrm{g}})=\frac{3C_{\mathrm{d}}}{4d_{\mathrm{b}}}\alpha_{\mathrm{g}}\rho_{\mathrm{l}}\left|\boldsymbol{u}_{\mathrm{l}}-\boldsymbol{u}_{\mathrm{g}}\right|(\boldsymbol{u}_{\mathrm{l}}-\boldsymbol{u}_{\mathrm{g}}) \tag{3-54}$$

其中，$\boldsymbol{F}_{\mathrm{lg}}^{\mathrm{drag}}$ 为气液相间动量交换；K_{lg} 为相间动量交换系数；d_{b} 为气泡直径；$(\boldsymbol{u}_{\mathrm{l}}-\boldsymbol{u}_{\mathrm{g}})$ 为气液间的滑移速度；C_{d} 为曳力系数，与气泡的雷诺数有关。在双流体模型中，对曳力系数的处理方式有三种：①忽略气泡形变和气泡间相互作用，直接采用圆球气泡阻力系数；②忽略气泡间相互作用，考虑气泡形变，采用形状因子对球形阻力系数进行修正；③不仅考虑气泡间的相互作用，而且采用气泡群阻力系数代替单气泡阻尼系数。其中，第三种处理方式最为科学，但计算量也最大。

对于曳力系数 C_{d} 模型，目前使用最为广泛的是 Schiller-Naumaan（S-N）提出的球形曳力系数模型和 Ishii-Zuber（I-Z）提出的非球形曳力系数模型。S-N 曳力模型主要用于均一尺寸气泡模型，且尺寸较小的圆球形气泡的情况下。相比 S-N 曳力模型，I-Z 曳力模型适用范围更广，特别是当气泡的尺寸在相当大的范围内变化，气泡形变明显时，其计算的准确性也大为增加，非球形气泡曳力模型更能够客观地反映鼓泡塔内的现象，即考虑气泡形变对相间力大小的影响。具体的表达式如下。

S-N 球形曳力系数模型[25]为

$$C_{\mathrm{d}}=\begin{cases}\dfrac{24}{Re}(1+0.15Re^{0.687}), & Re\leqslant 1000\\ 0.44 & Re>1000\end{cases} \tag{3-55}$$

I-Z 非球形曳力系数模型[26]为

$$圆球形：\quad C_{\mathrm{d,spherical}} = \frac{24}{Re}(1 + 0.1Re^{0.75}) \tag{3-56}$$

$$椭球形：\quad C_{\mathrm{d,distorted}} = \frac{2}{3}Eo^{0.5}\left[\frac{1 + 17.67(1-\alpha_{\mathrm{g}})^{9/7}}{18.67(1-\alpha_{\mathrm{g}})^{1.5}}\right]^2 \tag{3-57}$$

$$球帽形：\quad C_{\mathrm{d,cap}} = \frac{8}{3}(1-\alpha_{\mathrm{g}})^2 \tag{3-58}$$

$$C_{\mathrm{d}} = \begin{cases} C_{\mathrm{d,spherical}}, & C_{\mathrm{d,spherical}} > C_{\mathrm{d,distorted}} \\ \min(C_{\mathrm{d,distorted}}, C_{\mathrm{d,cap}}), & 其他 \end{cases} \tag{3-59}$$

其中，Re 表示气泡的雷诺数，$Re=\rho_{\mathrm{l}}(u_{\mathrm{g}} - u_{\mathrm{l}}) \cdot d_{\mathrm{b}} / \mu_{\mathrm{l}}$；$Eo$ 表示气泡 Eotvos 数，$Eo=g(\rho_{\mathrm{l}} - \rho_{\mathrm{g}}) \cdot d_{\mathrm{b}}^2 / \sigma$。

Pourtousi 等指出，对于尺寸较小的气泡，可使用 S-N 球形曳力模型，而当气泡发生形变，且气泡尺寸较大时，使用 I-Z 曳力模型能够更真实客观地对气泡的受力情况进行描述。在低气速下，Oey 等分别对比了 S-N 和 I-Z 曳力模型，发现两种模型所模拟的气含率结果大体相近。这是因为在低气速下，流型处于均匀鼓泡区，气泡均匀且呈圆球形，相互作用并不明显，所以模拟结果差别不大。Zhang 等模拟发现，I-Z 曳力模型在湍动区系数更大(约为 1.1)，因此能更好地预测矮胖型鼓泡塔内气含率和轴向液速分布。此外，在气液两相模拟中，还需考虑其他相间作用机制，以便更精确地对相界面进行捕捉。

气泡在剪切流中运动时会受到垂直于其运动方向的力，这种力称为剪切诱导升力。由于液相速度梯度差，气泡在浮升过程中受到侧向作用。研究表明，侧向升力的产生机制包括因气泡旋转产生的 Magnus 力、因液相速度梯度场产生的 Saffman 力和因气泡形变及相间速度滑移所产生的侧向力等。升力的表达形式与气液间相对速度及液相速度的旋度有关，表达式如下：

$$\boldsymbol{F}_{\mathrm{lg}}^{\mathrm{lift}} = -\boldsymbol{F}_{\mathrm{gl}}^{\mathrm{lift}} = -C_{\mathrm{lift}}\rho_{\mathrm{l}}\alpha_{\mathrm{g}}(\boldsymbol{u}_{\mathrm{l}} - \boldsymbol{u}_{\mathrm{g}}) \times (\nabla \times \boldsymbol{u}_{\mathrm{l}}) \tag{3-60}$$

其中，C_{lift} 为升力系数。对于气液体系，气泡所受升力与气泡的大小、形状及液相湍动有关。Tomiyama 等在空气-甘油水溶液体系中，通过实验观察发现，气泡的运动方向与气泡的尺寸相关，小气泡所受升力指向鼓泡塔的边壁，而大气泡所受升力则指向鼓泡塔中心区域，临界气泡尺寸为 5.8mm，如图 3.8(a)所示。随后，Tomiyama 用 Re 和 Eo 对升力系数进行关联[27]。

$$C_{\text{lift}}=\begin{cases}\min[0.288\tanh(0.121Re), f(Eo_{\text{d}})], & Eo_{\text{d}}<4 \\ f(Eo_{\text{d}}), & 4\leqslant Eo_{\text{d}}\leqslant 10 \\ -0.27, & 10<Eo_{\text{d}}\end{cases} \tag{3-61}$$

$$f(Eo_{\text{d}})=0.00105Eo_{\text{d}}^{3}-0.0159Eo_{\text{d}}^{2}-0.0204Eo_{\text{d}}+0.474 \tag{3-62}$$

$$Eo_{\text{d}}=g(\rho_{\text{l}}-\rho_{\text{g}})\cdot\left(d_{\text{b}}\sqrt[3]{1+0.163Eo^{0.757}}\right)^{2}/\sigma \tag{3-63}$$

其中，Re 为气泡的雷诺数；Eo_{d} 为基于气泡水平尺寸修正的 Eotvos 数，通过类球形气泡的横纵比经验公式计算。

升力与曳力是不同性质的力，虽然升力在数量级上比曳力小，但在径向上的作用也不容小觑。Xu 等采用该升力模型对鼓泡塔内流动现象进行了模拟发现，加入升力后，气含率沿径向分布有明显改善，特别是在径向比 r/R 为 0.6～0.9 区域(图 3.8(b))。

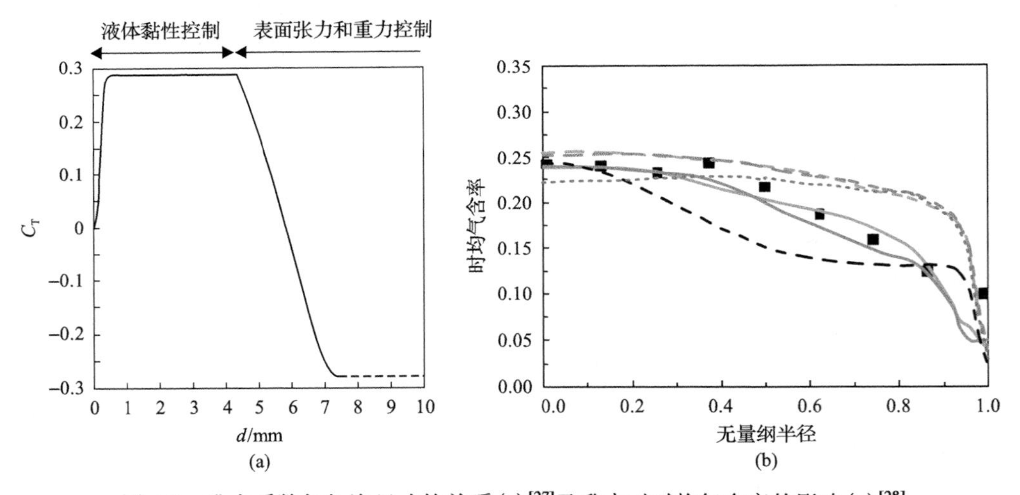

图 3.8　升力系数与气泡尺寸的关系(a)[27]及升力对时均气含率的影响(b)[28]

当气泡靠近壁面时，会受到壁面对其的侧向阻力，由于壁面的存在对多相体系中离散相的作用称为壁面润滑力。壁面润滑力促使气液两相流中的气泡相远离壁面。由于壁面边界层内液体流速小，因而压力高于主流高速区，所以气泡受力将指向主流区。对于带有列管内构件的鼓泡塔，管壁附近的气泡及其分布对流动的影响同样不容忽视。壁面润滑力的形式如下：

$$\boldsymbol{F}_{\text{wg}}^{\text{wl}}=C_{\text{wl}}\rho_{\text{l}}\alpha_{\text{g}}\left|(\boldsymbol{u}_{\text{l}}-\boldsymbol{u}_{\text{g}})_{\parallel}\right|^{2}\boldsymbol{n}_{\text{w}} \tag{3-64}$$

其中，$\left|(\boldsymbol{u}_{\text{l}}-\boldsymbol{u}_{\text{g}})_{\parallel}\right|$ 为相间相对速度的壁面切向分量；$\boldsymbol{n}_{\text{w}}$ 为远离壁面方向的单位向

量；C_{wl} 为壁面润滑系数。Antal 等提出的壁面润滑系数模型如下[29]：

$$C_{wl} = \max\left(0, \frac{C_{w1}}{d_b} + \frac{C_{w2}}{y_w}\right) \tag{3-65}$$

其中，C_{w1}、C_{w2} 为无量纲常数，默认取值为–0.01、0.05；y_w 为气泡离壁面的最小距离；当采用 Antal 模型时，壁面的网格应该足够细。

Tomiyama 通过在空气-水介质中进行两相实验，并对实验结果进行拟合，提出了新的壁面润滑系数公式[30]：

$$C_{wl} = C_w \cdot \frac{d_b}{2}\left[\frac{1}{y_w^2} - \frac{1}{(D_C - y_w)^2}\right] \tag{3-66}$$

$$C_w = \begin{cases} 0.47, & Eo < 1 \\ e^{-0.933Eo+0.179}, & 1 \leqslant Eo \leqslant 5 \\ 0.00599Eo - 0.0187, & 5 \leqslant Eo \leqslant 33 \\ 0.179, & 33 \leqslant Eo \end{cases} \tag{3-67}$$

其中，D_C 为管径；C_w 为气泡的变形系数，根据 Eo 范围所表示的分段函数取值。

与 Antal 模型相比，Tomiyama 模型在管状流中应用较为合理，但是壁面润滑系数依赖管径，使得其适用范围大为降低。Frank 等[31]消除 Tomiyama 模型中管径的影响修改了壁面润滑系数公式：

$$C_{wl} = C_w \cdot \max\left[0, \frac{1}{C_{wd}} - \frac{1 - \dfrac{y_w}{C_{wc} d_b}}{y_w \left(\dfrac{y_w}{C_{wc} d_b}\right)^{m-1}}\right] \tag{3-68}$$

其中，C_{wd} 为阻尼系数，决定壁面力的相对大小；C_{wc} 为截断系数，决定壁面力的作用范围；C_{wd} 和 C_{wc} 的默认取值分别为 6.8 和 10；幂次因子 m 的推荐值为 1.7。

Hosokawa 等[32]通过实验观察，进一步指出气泡变形系数 C_w 不仅是 Eo 的函数，而且是气泡雷诺数 Re 的函数，因此公式(3-68)可进一步表达如下：

$$C_{wl} = \max\left(\frac{7}{{Re_d}^{1.9}}, 0.0217Eo\right) \cdot \max\left[0, \frac{1}{C_{wd}} - \frac{1 - \dfrac{y_w}{C_{wc} d_b}}{y_w \left(\dfrac{y_w}{C_{wc} d_b}\right)^{m-1}}\right] \tag{3-69}$$

特别地，当鼓泡塔中加入竖直列管后，由于列管对气泡径向运动的阻碍，鼓泡塔内的气液两相流动变得极为复杂，鼓泡塔的水力直径选取标准也变得众说纷纭。因此，Frank 等提出去除管径影响的公式对工程应用极为有利，而 Hosokawa 等考虑了气泡形变因素，使得模型的理论性更强。

图 3.9 为韩朋飞等在气液管道流中对不同壁面润滑力模型进行的考察，并与实验结果进行了对比。由图可知，壁面润滑力的加入，使得临近壁面处的气含率大大降低(趋于 0)，气泡趋于向塔中心方向移动。四种模型虽然均能够得到与实验类似的壁面峰趋势，但 Tomiyama 及 Frank 模型高估了壁面力的大小，峰值偏向于管道中心，而 Antal 模型虽然峰值较为接近实验值，但得到的最大值误差较大，只有 Hosokawa 模型对管内的流动预测与实验测量结果最为吻合。

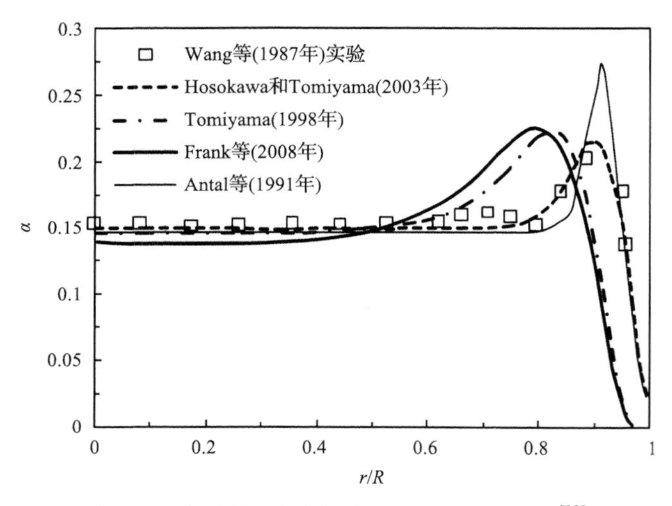

图 3.9 壁面润滑力在气液两相管流中的对比[33]

图中数据点由 Wang 等 1987 年的实验得到，虚线为 Hosokawa 模型和 Tomiyama 模型，点划线对应 Tomiyama 1998 年老模型，粗实线代表 Frank 等提出的模型，细实线为 Antal 等的模型

当气泡在液体中加速时，由于气液边界速度无滑移(相等)，气泡附近的流体也将被加速，由此产生的相间作用力称为虚拟质量力，其表达式如下：

$$F_{\mathrm{VM}} = \alpha_{\mathrm{g}} C_{\mathrm{VM}} \rho_{\mathrm{l}} k_{\mathrm{l}} \frac{\mathrm{D}}{\mathrm{D}t}(u_{\mathrm{g}} - u_{\mathrm{l}}) \tag{3-70}$$

其中，C_{VM} 为虚拟质量力系数，在空气-水系统中默认取值为 0.25。

由于液相湍动所引起的气泡卷吸或夹带作用，促使流场分布更加均匀，这种作用力称为湍流扩散力或非定常曳力。在竖直向上的气-液管流中，湍流扩散力可将壁面附近的气泡驱离至管道中心。其表达式如下：

$$F_{\mathrm{TD}}=-\frac{3}{4}C_{\mathrm{D}}\frac{\alpha_{\mathrm{g}}}{d_{\mathrm{b}}}\left|u_{\mathrm{g}}-u_{\mathrm{l}}\right|\frac{\mu_{\mathrm{L}}^{\mathrm{turb}}}{\sigma_{\mathrm{TD}}}\left(\frac{1}{\alpha_{\mathrm{l}}}+\frac{1}{\alpha_{\mathrm{g}}}\right)\mathrm{grad}\alpha_{\mathrm{g}} \tag{3-71}$$

其中，σ_{TD}是施密特数，默认取值为 0.9。

3.5.3　湍流模型

流体运动具有旋转、非规则、不稳定的特性，而湍流广泛地存在于流体运动中。因其现象复杂，对湍流的研究从被发现至今从未停止过。而多相湍流更为复杂，所幸已有大量优秀的湍流模型被提出和应用于多相流模拟。

湍流模拟可分为直接数值模拟(DNS)和非直接数值模拟。非直接数值模拟又包含大涡模拟(LES)、Reynolds 平均(Reynolds-averaging Navier-Stokes，RANS)法和统计平均法。DNS 能够直接求解瞬态湍流 Navier-Stokes 控制方程，理论上可以预测所有尺度的湍流涡，并得到精确的解，但其对网格尺寸的要求过于细密，所需计算资源庞大，所以现阶段不适合处理工程问题。为避免求解所有尺度的湍流涡，非直接数值模拟对湍流的脉动特性进行近似简化，旨在减小计算量。LES 方法采用瞬态 N-S 方程计算比网格尺寸大的湍流涡，而通过亚格子模型模化处理处于惯性子区的小湍流涡。虽然 LES 对计算机资源的要求较 DNS 小得多，但在工程应用领域仍显巨大。

RANS 方法采用湍流统计理论将非线性瞬态 N-S 方程对时间求平均，因该方法所需网格少、计算量适中，所以逐渐成为多相湍流模拟的主要方法。RANS 方法可根据对雷诺应力采用不同的处理方式分为雷诺应力模型(RSM)和涡黏度模型，其中涡黏度模型是基于 Boussinesq 的各向同性假定推导得出，而 RSM 是基于各向异性假定推导的。

对于涡黏度模型，可根据方程的数目分为零方程、一方程和双方程湍流模型。其中，双方程湍流模型因适用范围广、模拟结果较为准确，在工程应用中使用最为普遍。常见的双方程湍流模型有标准(standard)、重整化(RNG)、可实现(realizable)k-ε 模型及相应的 k-ω 模型。由于双方程模型中的 k-ε 模型在工业上使用最为频繁，因此，着重对其方程形式和使用效果进行介绍。

双流体模型中的动量方程进行雷诺时均化后，由湍流脉动所引起的二阶和高阶项需要通过湍流方程进行封闭。常见的双方程湍流 k-ε 模型有标准 k-ε 模型、重整化 k-ε 模型和可实现 k-ε 模型。本书将采用三种不同形式的 k-ε 湍流模型对液相湍流进行描述，包括标准、重整化和可实现 k-ε 湍流模型。

(1)标准 k-ε 模型。该模型是从高雷诺数实验现象中总结出来的半经验公式。它考虑液相湍流本身的黏度和分子间的黏度两部分。液相的湍动能 k 和湍流耗散率 ε 方程通过如下输运方程计算：

$$
\begin{aligned}
\frac{\partial(\alpha_1\rho_1 k)}{\partial t}+\nabla\cdot(\alpha_1\rho_1\boldsymbol{u}_1 k)=\nabla\cdot\left[\alpha_1\left(\mu_1+\rho_1 C_\mu\frac{k^2}{\varepsilon\sigma_k}\right)\nabla k\right] \\
+\alpha_1\left(G_{k,1}+G_{k,\mathrm{g}}\right)-\alpha_1\rho_1\varepsilon+\alpha_1\rho_1\Pi_{k,1}
\end{aligned}
\tag{3-72}
$$

$$
\begin{aligned}
\frac{\partial(\alpha_1\rho_1\varepsilon)}{\partial t}+\nabla\cdot(\alpha_1\rho_1\boldsymbol{u}_1\varepsilon)=\nabla\cdot\left[\alpha_1\left(\mu_1+\rho_1 C_\mu\frac{k^2}{\varepsilon\sigma_\varepsilon}\right)\nabla\varepsilon\right] \\
+C_{1\varepsilon}(G_{k,1}+C_{3\varepsilon}G_{k,\mathrm{g}})\frac{\alpha_1\varepsilon}{k}-C_{2\varepsilon}\frac{\alpha_1\rho_1\varepsilon^2}{k}+\alpha_1\rho_1\Pi_{\varepsilon,1}
\end{aligned}
\tag{3-73}
$$

其中，$C_{1\varepsilon}$、$C_{2\varepsilon}$、$C_{3\varepsilon}$和C_μ为经验常数，分别取 1.44、1.92、1.3 和 0.09；μ_1为液相黏度；σ_k、σ_ε分别为湍动能和耗散率对应的 Prandtl 数，分别取 1.0、1.3；$G_{k,1}$是由于平均液体速度梯度引起的湍动能产生项；$G_{k,\mathrm{g}}$是由于气泡浮升力引起的湍动能产生项；$\Pi_{k,1}$和$\Pi_{\varepsilon,1}$是湍动能及耗散率的源项，在此表示为气泡诱导湍流(bubble induced turbulence, BIT)源项。BIT 是指气泡尾涡产生的涡旋效应，学者们将气泡所受曳力而损失的能量转化为气泡尾涡的湍动能，从而更合理地对液相湍流进行描述。

(2) 重整化 k-ε 模型。该模型是通过重整化群统计技术推导得出的。该模型的控制方程与标准 k-ε 方程基本一致，但重整化模型在耗散率方程中添加耗散率源项R_ε，以反映液相的时均应变率。同时，该模型还可分别求解出高、低雷诺数的湍流黏度，使得模型的适用性更为广泛，如近壁区域流动、旋流流动等。该模型湍流耗散率 ε 方程为

$$
\begin{aligned}
\frac{\partial(\alpha_1\rho_1\varepsilon)}{\partial t}+\nabla\cdot(\alpha_1\rho_1\boldsymbol{u}_1\varepsilon)=\nabla\cdot\left[\alpha_1\left(\mu_1+\rho_1 C_\mu\frac{k^2}{\varepsilon\sigma_\varepsilon}\right)\nabla\varepsilon\right] \\
+C_{1\varepsilon}(G_{k,1}+C_{3\varepsilon}G_{k,\mathrm{g}})\frac{\alpha_1\varepsilon}{k}-C_{2\varepsilon}\frac{\alpha_1\rho_1\varepsilon^2}{k}+R_\varepsilon+\alpha_1\rho_1\Pi_{\varepsilon,1}
\end{aligned}
\tag{3-74}
$$

$$
R_\varepsilon=-\frac{C_\mu\eta^3(1-\eta/\eta_0)}{1+\beta\eta^3}\frac{\alpha_1\rho_1\varepsilon^2}{k}
\tag{3-75}
$$

其中，$\eta=S_1k/\varepsilon$，S_1为液相平均应变率；η_0、β为经验常数，分别取 4.38、0.012。对于速度梯度较大的流动，该模型计算的湍流黏度比标准模型小。原因是在大的流体变形区域$\eta>\eta_0$，R_ε将为正数，ε值增大，因而湍流黏度较小。另外，模型参数也与标准方程有所不同，$C_{1\varepsilon}$、$C_{2\varepsilon}$和C_μ分别取 1.42、1.68、0.0845。

(3) 可实现 k-ε 模型。该模型是自带旋流修正的湍流模型，在富有涡旋(如强旋流、流动分离、复杂二次流等)的流动中有更好的表现。该模型的湍动能控制方

程与标准方程形式一致，但耗散率方程更为复杂：

$$\frac{\partial(\alpha_1\rho_1\varepsilon)}{\partial t}+\nabla\cdot(\alpha_1\rho_1\boldsymbol{u}_1\varepsilon)=\nabla\cdot\left[\alpha_1\left(\mu_1+\rho_1C_\mu\frac{k^2}{\varepsilon\sigma_\varepsilon}\right)\nabla\varepsilon\right]$$
$$+\alpha_1\rho_1C_1S_1\varepsilon-\alpha_1\rho_1C_{2\varepsilon}\frac{\varepsilon^2}{k+\sqrt{\nu\varepsilon}} \tag{3-76}$$
$$+G_{1\varepsilon}\frac{\alpha_l\varepsilon}{k}C_{3\varepsilon}G_{k,\mathrm{g}}+\alpha_l\rho_l\Pi_{\varepsilon,1}$$

其中，$C_1=\max[0.43,\eta/(\eta+5)]$；$C_\mu$ 也不再是经验常数，而是液相流体平均应变和旋转速率的函数。此外，模型参数也与标准方程有所不同，$C_{1\varepsilon}$、$C_{2\varepsilon}$ 和 σ_ε 分别取 1.44、1.9、1.2。

气液两相湍流体系中，离散相的存在必然会对连续相湍流产生影响，并在各相界面间发生动量、能量交换。液相湍流促使气泡发生合并分裂，离散气相诱导液相发生湍流脉动。商业软件 Fluent 对湍流模型作了特殊处理，提供了三种不同方法的湍流模式：Mixture、Dispersed、Per-phase。

Mixture 湍流模式将气相和液相处理成混合的均相，采用均相的物性参数求解均相的湍动参数，使得多相湍流问题得以简化为单相湍流问题。混合相(均相)的密度 ρ_m、速度 $\boldsymbol{u}_\mathrm{m}$ 和湍流黏度 $\mu_{\mathrm{t,m}}$ 可表示如下：

$$\rho_\mathrm{m}=\sum_{i=1}^{N}\alpha_i\rho_i \tag{3-77}$$

$$\boldsymbol{u}_\mathrm{m}=\frac{\sum_{i=1}^{N}\alpha_i\rho_i\boldsymbol{u}_i}{\sum_{i=1}^{N}\alpha_i\rho_i} \tag{3-78}$$

$$\mu_{\mathrm{t,m}}=\rho_\mathrm{m}C_\mu\frac{\kappa^2}{\varepsilon} \tag{3-79}$$

当离散相浓度较低时，Dispersed 湍流模式对湍流的描述更具有优势。该模式仅对连续相(液相)求解湍动及耗散方程，并在方程的右端加入湍动能及耗散率的源项，即 $\Pi_{k,1}$、$\Pi_{\varepsilon,1}$，以表示离散相对连续相湍流的贡献，即气泡诱导湍流(BIT)源是指气泡尾涡产生的涡旋效应。此外，该模式认为液相湍流由液相自身所受的剪切湍流和气泡诱导所造成的湍流两部分组成。

如 Simonin 和 Viollet 等提出的气泡诱导湍流表达式，湍动能源项和耗散率源项分别为

$$\Pi_{k,\mathrm{l}} = \frac{K_{\mathrm{gl}}}{\alpha_{\mathrm{l}}\rho_{\mathrm{l}}}\left[k_{\mathrm{gl}} - 2k_{\mathrm{l}} + (\boldsymbol{u}_{\mathrm{g}} - \boldsymbol{u}_{\mathrm{l}}) \cdot \boldsymbol{u}_{\mathrm{dr}} \right] \tag{3-80}$$

$$\Pi_{\varepsilon,\mathrm{l}} = 1.2\frac{\varepsilon_i}{k_i}\Pi_{k,\mathrm{l}} \tag{3-81}$$

此外，Troshko 和 Hassan 将气泡所受到曳力而损失的能量转化为气泡尾涡的湍动能，湍动能源项和耗散率源项表达式分别如下：

$$\Pi_{k,\mathrm{l}} = 0.75\frac{K_{\mathrm{gl}}}{\alpha_{\mathrm{l}}\rho_{\mathrm{l}}}(\boldsymbol{u}_{\mathrm{g}} - \boldsymbol{u}_{\mathrm{l}})^2 \tag{3-82}$$

$$\Pi_{\varepsilon,\mathrm{l}} = 0.45\frac{3C_{\mathrm{d}}(\boldsymbol{u}_{\mathrm{g}} - \boldsymbol{u}_{\mathrm{l}})}{2C_{\mathrm{VM}}d_{\mathrm{b}}}\Pi_{k,\mathrm{l}} \tag{3-83}$$

特别地，对于 Dispersed 湍流模式，k-ε 湍流方程仅对液相湍流进行描述，而离散气相的湍流参数不通过输运方程求解，而是通过随机运动的时间尺度和长度尺度的代数关系进行估算。

Per-phase 湍流模式对体系内连续相和离散相分别求解湍动及耗散方程，相间动量交换通过添加湍流曳力项来实现，由于模型比较复杂，计算量增大，该模式仅在湍流非常剧烈时使用。表达式如下：

$$\begin{aligned}\frac{\partial}{\partial t}(\alpha_q\rho_q k_q) + \nabla\cdot(\alpha_q\rho_q \boldsymbol{U}_q k_q) = {} & \nabla\cdot\left(\alpha_q\frac{\mu_{t,q}}{\sigma_k}\nabla k_q\right) + (\alpha_q G_{k,q} - \alpha_q\rho_q\varepsilon_q) \\ & + \sum_{l=1}^{N} K_{lq}(C_{lq}k_l - C_{ql}k_q) - \sum_{l=1}^{N} K_{lq}(\boldsymbol{U}_l - \boldsymbol{U}_q)\cdot\frac{\mu_{t,l}}{\alpha_l\sigma_l}\nabla\alpha_l \\ & + \sum_{l=1}^{N} K_{lq}(\boldsymbol{U}_l - \boldsymbol{U}_q)\cdot\frac{\mu_{t,q}}{\alpha_q\sigma_q}\nabla\alpha_q\end{aligned} \tag{3-84}$$

$$\begin{aligned}\frac{\partial}{\partial t}(\alpha_q\rho_q\varepsilon_q) + \nabla\cdot(\alpha_q\rho_q \boldsymbol{U}_q\varepsilon_q) = {} & \nabla\cdot\left(\alpha_q\frac{\mu_{t,q}}{\sigma_\varepsilon}\nabla\varepsilon_q\right) + \frac{\varepsilon_q}{k_q}(C_{1\varepsilon}\alpha_q G_{k,q} - C_{2\varepsilon}\alpha_q\rho_q\varepsilon_q \\ & + C_{3\varepsilon}\left[\sum_{l=1}^{N} K_{lq}(C_{lq}k_l - C_{ql}k_q) - \sum_{l=1}^{N} K_{lq}(\boldsymbol{U}_l - \boldsymbol{U}_q)\cdot\frac{\mu_{t,l}}{\alpha_l\sigma_l}\nabla\alpha_l\right. \\ & \left. + \sum_{l=1}^{N} K_{lq}(\boldsymbol{U}_l - \boldsymbol{U}_q)\cdot\frac{\mu_{t,q}}{\alpha_q\sigma_q}\nabla\alpha_q\right]\end{aligned} \tag{3-85}$$

其中，湍流曳力项为

$$\sum_{l=1}^{N} K_{lq}(\boldsymbol{v}_l - \boldsymbol{v}_q) = \sum_{l=1}^{N} K_{lq}(\boldsymbol{U}_l - \boldsymbol{U}_q) - \sum_{l=1}^{N} K_{lq}\boldsymbol{v}_{dr,lq} \tag{3-86}$$

Laborde-Boutet 等分别采用上述三种 k-ε 湍流模型和湍流模式对鼓泡内气液两相流进行数值模拟研究(图 3.10)。将沿径向分布的时均流动参数(轴向液速和气含

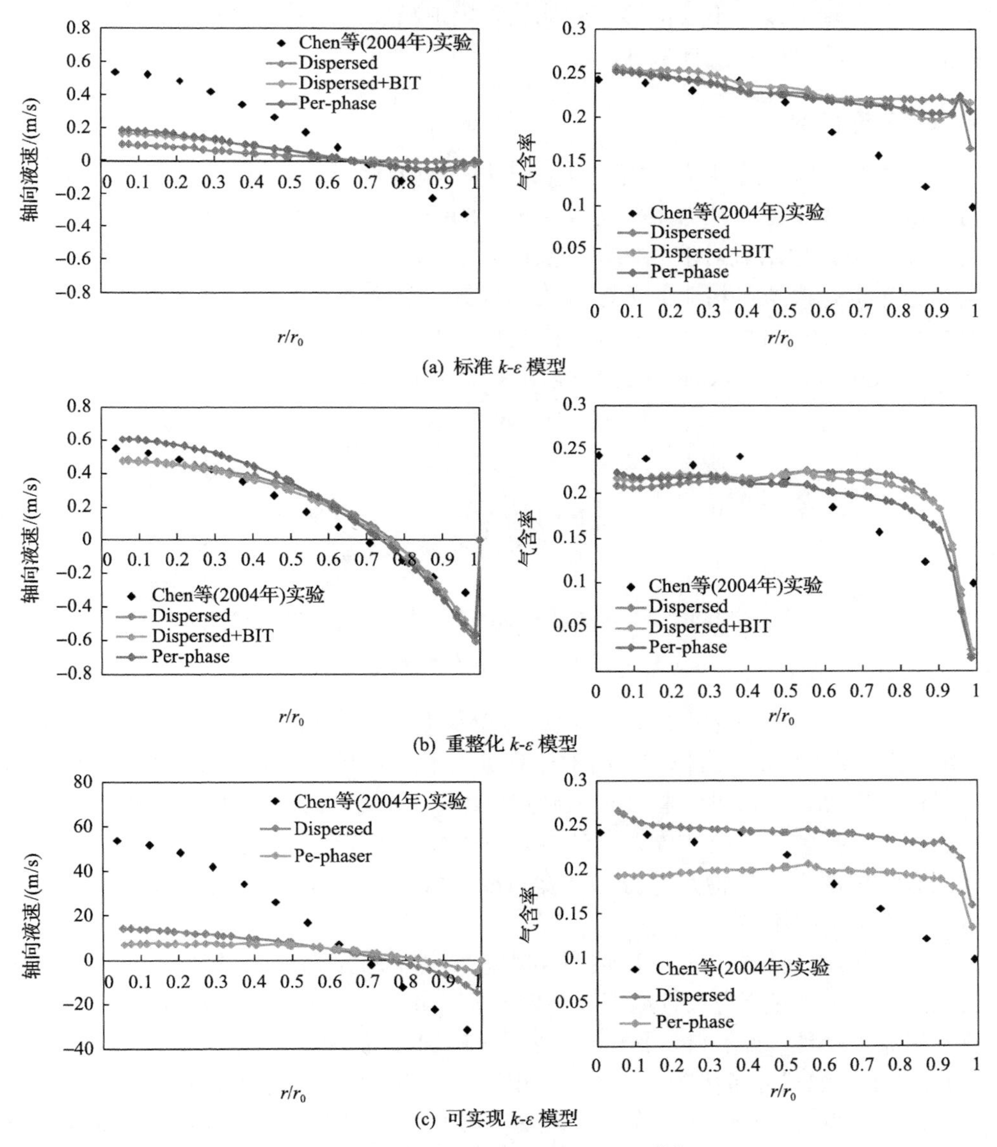

(a) 标准 k-ε 模型

(b) 重整化 k-ε 模型

(c) 可实现 k-ε 模型

图 3.10　RANS 湍流模型的对比[34]

率）与 Chen 等实验结果进行对比发现，对于表观气速为 0.1m/s 的湍动流，无论是什么湍流模式，标准 k-ε 湍流模型和可实现 k-ε 模型均不能准确模拟鼓泡塔内的液速分布。当采用重整化 k-ε 湍流模型时，鼓泡塔内的轴向液速得到大幅提升，模拟数据与实验值较为吻合。此时，采用不同模式的湍流，塔内的流动参数变化幅度不大，但采用 Dispersed 湍流模式能更准确地预测流场中液相大循环的趋势。究其原因，重整化 k-ε 模型为了反映液相的时均应变率，在耗散方程中添加耗散率源项，使得湍流模型不仅能够有效地改善模拟精度，而且能够更精确地描述液相耗散率和湍流黏度等流体特征。

3.5.4　气泡模型

由 3.5.2 节可知，相间作用力的大小与气泡的直径紧密相关，例如，轴向曳力与气泡尺寸成反比，升力系数是气泡尺寸的函数。此外，湍流同样与气泡直径有关，如气泡诱导湍流对液相湍动的贡献（式(3-80)～式(3-82)）。因此，气泡尺寸及其分布也是模拟多相流的关键参数。目前，双流体模型已经可以与多种气泡模型进行结合（图 3.11），如单尺寸气泡模型、双尺寸气泡模型和群体气泡平衡模型（population balance model，PBM）等。

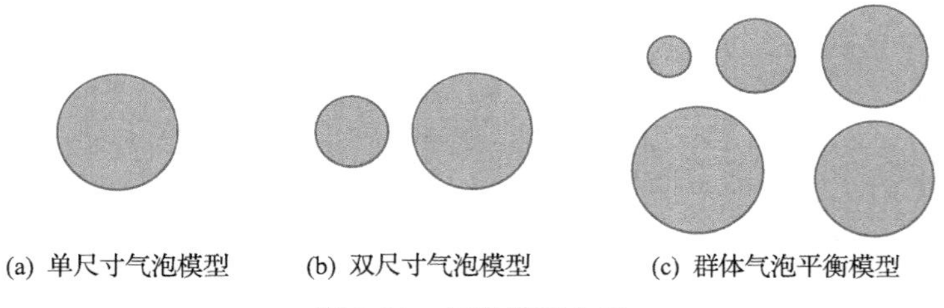

图 3.11　气泡模型分类

单尺寸气泡模型又称为平均尺寸气泡模型，该模型假定气泡尺寸均一、呈圆球形。在早期的 CFD 模拟中，由于计算机技术的限制，该模型在多相流模拟中的运用最为常见。它通过经验公式来确定气泡直径，但在不同的测试条件下，气泡直径不一，导致经验公式庞杂，使得其适用性大为受限。特别是在高表观气速、高气含率情况下，气泡尺寸分布较宽（$1\text{mm}<db<60\text{mm}$），气泡尺寸均一的假定明显与实际情况不符。

鉴于此，Krishna 等基于床层崩塌动态气泡分离实验现象，提出了双尺寸气泡模型，即将气泡相分为大气泡相和小气泡相，事实上是将气-液两相流当成气-气-液三相流来处理。对于大、小气泡的划分，Krishna 认为大气泡的尺寸范围为 20～80mm，小气泡尺寸范围为 1～6mm。相比于平均尺寸气泡模型，双尺寸气泡模型大大拓宽了表观气速的模拟范围。然而，双尺寸气泡模型并没有考虑气泡间的相互作用，所以不能模拟气泡尺寸的动态变化。此外，大量实验表明气泡在鼓泡塔内发生着剧烈的合并分裂现象，气泡的尺寸呈现出正态分布或对数律正态分布，双尺寸气泡模型假定也与之不符。

由于单尺寸气泡模型、双尺寸气泡模型存在种种弊端，湍动流气泡尺寸分布广泛，近年来，群体平衡气泡模型(PBM)得到了学者们的关注。PBM 是描述多相体系中离散相尺寸及其分布的基本方法，它将连续尺寸范围的气相离散成一系列的组，因此能够模拟离散相尺寸的动态变化。该方法由 Hulburt 和 Katz 在化工过程中率先使用，随后，在结晶、聚合和颗粒制备等体系中均得到广泛的应用。研究者类比粒子数密度平衡模型，建立了气泡的群体平衡模型，表达式如下：

$$\frac{\partial n}{\partial t}+\nabla\cdot(\boldsymbol{u}_b n)=\underbrace{\frac{1}{2}\int_0^V c(V-V',V')\,n(V)\,n(V')\,\mathrm{d}V'}_{C_B}-\underbrace{\int_0^\infty c(V-V',V')\,n(V)\,n(V')\,\mathrm{d}V'}_{C_D}$$
$$+\underbrace{\int_{V'}^\infty \xi\, b(V')\,\beta(V,V')\,n(V')\,dV'}_{B_B}-\underbrace{b(V)\,n(V)}_{B_D} \tag{3-87}$$

其中，C_B，C_D，B_B，B_D 分别表示气泡的合并产生、合并消失、分裂产生、分裂消失。特别地，最小等级的气泡($i=1$)不发生分裂，最大等级的气泡($i=N$)不发生合并。群体平衡气泡模型的实现是将气泡合并与分裂源项进行离散化。具体公式根据 Heagether 方法来计算：气泡尺寸及其分布是由气泡的合并速率及分裂速率共同决定的，因此，群体平衡气泡模型的核心是气泡合并与分裂机制模型，为了简化模型，通常只考虑两两气泡合并过程及一分为二的分裂过程。

气泡合并的前提是气泡间进行碰撞接触，碰撞之后发生合并的可能性称为合并效率。所以，对气泡合并的研究一般分为碰撞频率和合并效率两个方面。诱导气泡间发生碰撞的机制包括：液相湍流脉动气泡随机运动所导致的气泡碰撞，气泡间浮升速度差所导致的气泡碰撞，液相速度梯度所引起的气泡碰撞，大气泡尾涡夹带所诱导的气泡碰撞等，其中，液相湍流脉动诱导碰撞是最主要的因素。对于气泡合并过程，前人提出多种不同的机制。其中，最广泛接受的是 Shinnar 和 Church 提出的液膜排液模型，该模型假定高压促使两气泡相互碰撞接触，接触后在气泡间滞留少量液体形成液膜，进而液膜开始排液使得液膜变薄，当液膜厚度达到临界厚度时，液膜破裂而导致气泡合并。如果压力不足以克服液膜的黏性力，气泡将弹跳开，即不发生合并。气泡的合并可能性决定于气泡间固有的接触时间和液膜排液时间。Howarth 等认为，相比于湍流相互作用力，两碰撞接触气泡间的吸引力太弱而不能够主导气泡合并效率，因此推断合并效率由离散气泡的属性决定。特别地，当两碰撞气泡间的速度达到一极限值时，气泡间发生碰撞后立即合并，不形成液膜或者液膜排液过程。Lehr 等通过实验观察总结出极限速度模型。

在上述气泡合并机制中，接触碰撞是气泡合并过程的前提。气泡间碰撞一般由不同机制的相对速度造成。Prince 和 Blanch 考虑了湍流涡随机运动诱导、大小气泡浮升力不同及速度梯度差异三种不同的诱导碰撞因素。在某些条件下，大小气泡浮升力及速度梯度差异不同所诱导的碰撞因素影响很小，因此，Luo 和 Svendsen 对机制模型进行简化，仅考虑了湍流涡随机运动诱导碰撞的机制。Lehr 等考虑了湍流涡诱导碰撞和极限速度导致直接合并的机制。碰撞是否进行合并取决于极限速度；当气泡间垂直于接触面的相对速度小于极限速度时即可合并。对于空气-水系统，Lehr 等通过实验得到，极限速度为 0.08m/s。Liao 和 Lucas 对文献中已有的诱导气泡碰撞合并机制进行了综述，总结了湍流涡诱导、湍流涡捕捉、黏性剪切、浮升力差异及尾涡夹带(图 3.12)，并提出了综合模型，应用于离散的泡状流的模拟。

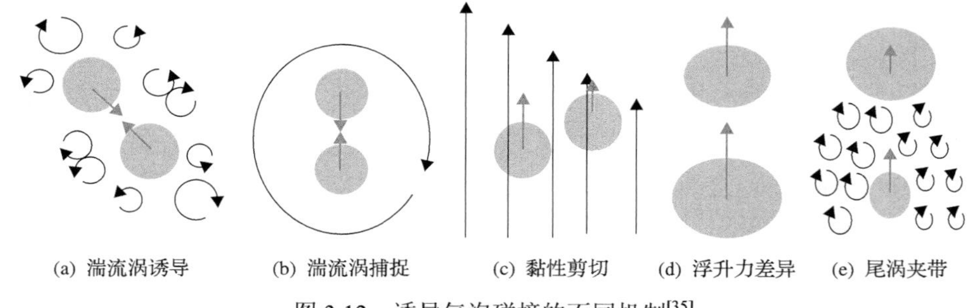

图 3.12　诱导气泡碰撞的不同机制[35]

在气泡分裂机制模型方面，主要研究破碎频率及子代气泡尺寸分布。诱导气泡破碎的主要因素有：湍流脉动影响及碰撞涡诱导破碎、大气泡的表面不稳定导致破碎、速度梯度差诱导剪切破碎等(图 3.13)。子代气泡尺寸分布模型又分为统计模型中的正态分布、Beta 分布及非均布分布，逻辑现象学中的钟状分布、U 形分布及 M 形分布。

研究者根据液滴破碎理论，即流体颗粒内部的力平衡被打破导致液滴变形进而发生破碎，类比得到气泡破碎模型。具有尺度，携带能量的湍流涡撞击气泡使之变形；气泡破碎与否取决于湍流涡携带的能量和气泡表面的应力分布。只有特定尺度的涡才能导致气泡破碎；小于一定尺度的涡不具有足够的能量参与气泡破碎，而大于气泡尺寸的涡仅能携带气泡共同运动。当涡到达气泡表面时，涡的湍动能转化为气泡的表面能，实现能量的转移；对于气泡破碎过程，Coulaloglou 和 Tavlarides 首次提出由湍流主导的现象学气泡破碎模型。如果湍流涡携带的湍动能超过气泡的表面能，气泡立即发生破碎。Prince 和 Blanch 赞同气泡破碎是由涡碰导致的，并进一步提出湍流涡与特定尺度的气泡之间的碰撞才能导致气泡破碎；他们认为小于 0.2 倍气泡尺寸的涡仅使气泡变形而不发生破碎，而大于 1 倍气泡尺寸的涡只能夹带气泡流动而不会使气泡破碎。Luo 和 Svendsen 提出湍流涡不仅有尺度限制，而且有能量限制。该模型认为小于 11.4 倍的 Kolmogorov 最小涡没有足够的能量导致气泡破碎，而大于 11.4 倍的 Kolmogorov 最小涡尺寸均有机会参与气泡破碎，大于 1 倍气泡尺寸的涡只能夹带气泡流动而不会使气泡破碎。此外，该模型在推导破碎效率公式时考虑了表面能约束条件，认为气泡与湍流涡的相互碰撞导致破碎。湍流涡的撞击使气泡变形，进而增加气泡的表面能，当湍流涡体所携带的湍流动能大于气泡破碎引起的表面能增加量时即可导致气泡破碎。对于湍流涡撞击气泡，气泡破碎与否不仅取决于湍流涡所携带的能量，而且与气泡变形所增加的表面能有关。Lehr 等提出的模型的碰撞频率与 Luo 和 Svendsen 相似，不同之处在于最小的尺度涡是由破碎形成的小气泡决定的。Lehr 分裂模型是基于力平衡条件建立的。他认为只要湍流涡体的惯性力大于气泡的表面张力，气泡即可破碎。Lehr 分裂模型是基于湍流涡能量密度约束条件建立的新的气泡破碎模型。他认为只要湍流涡体的能量密度大于气泡的附加压力，气泡即可破碎。基于 Luo、Svendsen 和 Lehr 等的研究，Wang 等提出了新的破碎模型，考虑了能量限制和应力限制，使模型的理论性更强。然而，该模型使破碎方程变得复杂，计算量巨大，仅仅在二维鼓泡床中运用。尽管如此，耦合能量及应力思想被后来的研究者广泛使用，如 Zhao 和 Ge 在三相流模拟中应用，Liao 等在离散的泡状流中应用。

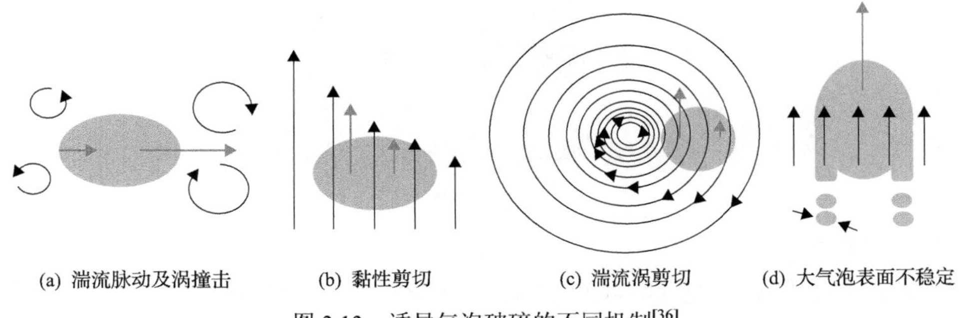

图 3.13　诱导气泡破碎的不同机制[36]

综上，在气泡合并机制模型方面，对气泡合并过程的研究一般分为气泡碰撞频率和聚并效率两个方面。碰撞导致气泡合并的因素有：湍流涡体随机运动、速度梯度差异、浮升力大小不同、大气泡尾涡夹带、大湍流涡捕获等因素诱导碰撞；典型的合并效率模型包括：能量守恒模型、临界速度模型、液膜排水模型等。

3.6 基于颗粒动理学封闭的浓密气固两相流模拟方法（TFM-KTGF）

气固双流体模型的动量方程最早由 Anderson 和 Jackson 在 1967 年建立。但是由于早期研究者对于颗粒的拟流体性质认识不够深入，颗粒相中的压力、应力张量等封闭条件缺少较为合理的表征，制约了早期的双流体模型的发展。双流体模型的突破起源于 20 世纪 80 年代末 90 年代初。彼时，美国伊利诺伊理工大学的 Gidaspow 团队对 TFM-KTGF 的发展做出了重要的贡献。

KTGF 模型采用大量的子模型来细化描述颗粒的黏性和压力，并在子模型的构建中引入了一些相应的关键函数或参数(径向分布函数、恢复系数、颗粒的最大堆积密度)。如图 3.14 所示，影响 KTGF 模型的因素众多，要想准确地描述固体的流动特性，就需要对各个子模型和相关参数进行分析比较，以便最终确定合理的组合模型。

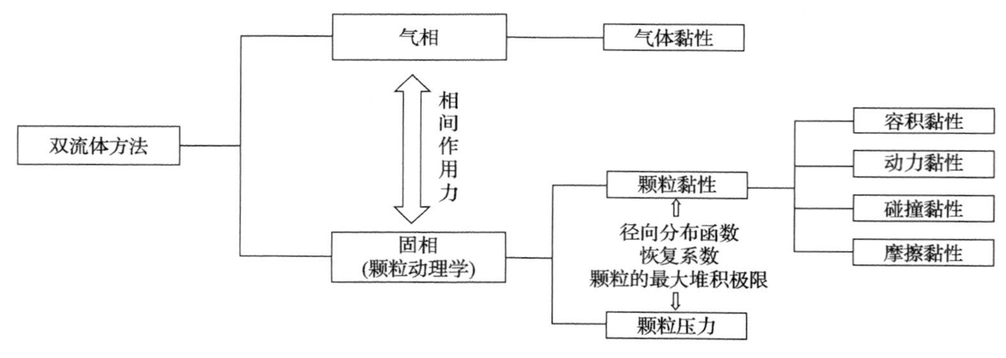

图 3.14 TFM-KTGF 子模型及相关参数

3.6.1 守恒方程

双流体模型(two fluid model，TFM)将气体和固体都视为相互渗透的流体，两相享有相同的压力场，但速度场、温度场和组分浓度场不同。一般地，气固两相守恒方程包括质量守恒方程(连续性方程)、动量守恒方程和能量守恒方程，其数学表述具体如下。

气固两相连续性方程：

$$\frac{\partial}{\partial t}(\alpha_{\mathrm{g}}\rho_{\mathrm{g}})+\nabla\cdot(\alpha_{\mathrm{g}}\rho_{\mathrm{g}}\boldsymbol{v}_{\mathrm{g}})=S_{\mathrm{gs}} \tag{3-88}$$

$$\frac{\partial}{\partial t}(\alpha_{\mathrm{s}}\rho_{\mathrm{s}})+\nabla\cdot(\alpha_{\mathrm{s}}\rho_{\mathrm{s}}\boldsymbol{v}_{\mathrm{s}})=S_{\mathrm{sg}} \tag{3-89}$$

其中，α 表示气相(以下标 g 表示，下同)或固相(以下标 s 表示，下同)的体积分数。源相 S_{gs} 和 S_{sg} 表示的是气固相间由于异相反应(heterogeneous reactions)导致的质量交换，可以由下式表示。

$$S_{\mathrm{sg}}=-S_{\mathrm{gs}}=w_{i}\sum Y_{i}R_{\mathrm{het},i} \tag{3-90}$$

气固两相的动量方程：

$$\frac{\partial}{\partial t}(\alpha_{\mathrm{g}}\rho_{\mathrm{g}}\boldsymbol{v}_{\mathrm{g}})+\nabla\cdot(\alpha_{\mathrm{g}}\rho_{\mathrm{g}}\boldsymbol{v}_{\mathrm{g}}\boldsymbol{v}_{\mathrm{g}})=-\alpha_{\mathrm{g}}\nabla p+\nabla\cdot\overline{\overline{\tau}}_{\mathrm{g}}+\alpha_{\mathrm{g}}\rho_{\mathrm{g}}\boldsymbol{g}+\boldsymbol{R}_{\mathrm{gs}}+S_{\mathrm{gs}}\boldsymbol{v}_{\mathrm{gs}} \tag{3-91}$$

$$\frac{\partial}{\partial t}(\alpha_{\mathrm{s}}\rho_{\mathrm{s}}\boldsymbol{v}_{\mathrm{s}})+\nabla\cdot(\alpha_{\mathrm{s}}\rho_{\mathrm{s}}\boldsymbol{v}_{\mathrm{s}}\boldsymbol{v}_{\mathrm{s}})=-\alpha_{\mathrm{s}}\nabla p-\nabla p_{\mathrm{s}}+\nabla\cdot\overline{\overline{\tau}}_{\mathrm{s}}+\alpha_{\mathrm{s}}\rho_{\mathrm{s}}\boldsymbol{g}+\boldsymbol{R}_{\mathrm{sg}}+S_{\mathrm{sg}} \tag{3-92}$$

其中，$\overline{\overline{\tau}}_{\mathrm{g}}$ 和 $\overline{\overline{\tau}}_{\mathrm{s}}$ 分别表示气相和固相的应力-应变(stress-strain)张量，分别如式(3-93)和式(3-94)所示。固相的应力-应变张量封闭将在后续章节进行详细的阐述。

$$\overline{\overline{\tau}}_{\mathrm{g}}=\alpha_{\mathrm{g}}\rho_{\mathrm{g}}(\nabla\boldsymbol{v}_{\mathrm{g}}+\boldsymbol{v}_{\mathrm{g}}^{\mathrm{T}})-\frac{2}{3}\alpha_{\mathrm{g}}\mu_{\mathrm{g}}(\nabla\cdot\boldsymbol{v}_{\mathrm{q}})\overline{\overline{I}} \tag{3-93}$$

$$\overline{\overline{\tau}}_{\mathrm{s}}=\alpha_{\mathrm{s}}\rho_{\mathrm{s}}(\nabla\boldsymbol{v}_{\mathrm{s}}+\boldsymbol{v}_{\mathrm{s}}^{\mathrm{T}})+\alpha_{\mathrm{s}}\left(\lambda_{\mathrm{s}}-\frac{2}{3}\mu_{\mathrm{s}}\right)\nabla\cdot\boldsymbol{v}_{\mathrm{s}} \tag{3-94}$$

气固两相的能量方程可以统一写为式(3-95)，式中的 q 相可以是气相，也可以是固相。

$$\frac{\partial}{\partial t}(\alpha_{q}\rho_{q}h_{q})+\nabla\cdot(\alpha_{q}\rho_{q}\boldsymbol{v}_{q}h_{q})=-\alpha_{q}\frac{\partial p}{\partial t}+\overline{\overline{\tau}}_{q}:\nabla\boldsymbol{v}_{q}-\nabla\cdot\boldsymbol{q}_{q}+\sum_{p=1}^{2}Q_{pq}+S_{q}-\nabla\cdot q_{r} \tag{3-95}$$

其中，h_q 表示 q 相的比焓；Q_{pq} 表示气固相间的热量传递；S_q 和 $\nabla\cdot q_r$ 分别表示由化学反应和热辐射导致的能量变化。q_r 是热辐射导致的能量源项，用下式求解。

$$\nabla \cdot \left[\frac{1}{3(a+\sigma_s)-C\sigma_s} \nabla G \right] - aG + 4an^2\sigma T^4 = 0 \tag{3-96}$$

其中，a，σ_s，C和n分别是吸收系数(absorption coefficient)、线性各向异性相位函数系数(linear-anisotropic phase function coefficient)、散射系数(scattering coefficient)和介质的折射率(refractive index)；σ是Stefan-Boltzmann常量，q_r是热辐射热流率。

$$q_r = -\frac{1}{3(a+\sigma_s)-C\sigma_s} \nabla G \tag{3-97}$$

q相中的i组分的输运方程如下所示：

$$\frac{\partial}{\partial t}(\alpha_q \rho_q Y_{i,q}) + \nabla \cdot (\alpha_q \rho_q \boldsymbol{v}_q Y_{i,q}) = -\nabla \cdot \alpha_q \boldsymbol{J}_{i,q} + \alpha_q R_{i,q} + R_{\mathrm{het},i} \tag{3-98}$$

3.6.2 颗粒动理学理论及其子模型

颗粒动理学理论(KTGF)类比了气体的分子动力学模型，将气体的弹性碰撞概念修正后，引入到固相的处理上。类比于气体的热力学温度，KTGF 定义了颗粒温度(granular temperature)，它正比于颗粒的随机动能，是颗粒脉动速度的度量，具体表达式如下：

$$\Theta = \frac{1}{3}(v_s'^2) \tag{3-99}$$

颗粒温度的能量守恒方程如下：

$$\frac{3}{2}\left[\frac{\partial}{\partial t}(\varepsilon_s \rho_s \Theta) + \nabla \cdot (\varepsilon_s \rho_s \Theta v_s) \right] = (-\nabla P_s \overline{I} + \overline{\overline{\tau}}_s) : \nabla v_s - \nabla \cdot (\kappa_s \nabla \Theta) - \gamma_s - J_s \tag{3-100}$$

上式左边第一项是瞬时项，表示颗粒温度随时间的变化，第二项是对流项，表示颗粒温度随流动的变化量；右边第一项是生成项，是由于颗粒流动剪切而生成的脉动能量，第二项是扩散项，表征沿颗粒温度梯度上的湍动能扩散，第三项是耗散项，表示颗粒温度在颗粒碰撞中由于颗粒的非弹性碰撞导致的损失，而第四项是由于气体对颗粒的速度脉动做功造成的耗散或生成部分。

Syamlal、Boermer、Van Wachem 等研究证明，颗粒温度的能量守恒式可以简化，即忽略部分作用项，简化后的代数模型并不会对最终结果产生很大影响，但可以节省 20%的计算时间。颗粒温度的简化式为

$$0 = (-\nabla P_s \overline{\overline{I}} + \overline{\overline{\tau_s}}) : \nabla v_s - \gamma_s \tag{3-101}$$

可见，TFM-KTGF 在把气相作为一个连续相的同时，固体也被处理成一个拟流体，于是颗粒相也被赋予连续介质的特性，如固相黏度、固相正应力和剪切应力等，但需要更多的模型对其加以封闭。

1. 颗粒黏性

KTGF 模型认为颗粒的黏性可以分为容积黏性(bulk viscosity)和剪切黏性(shear viscosity)。容积黏性表示的是固体颗粒对于拉伸或压缩等颗粒变形的抵抗性质，是颗粒本身的一种属性；而剪切黏性则是由于颗粒的流动和碰撞产生的颗粒抵抗性质。

颗粒的容积黏性表达式按照 Lun 等的推论，可以写成

$$\lambda_s = \frac{4}{3}\varepsilon_s \rho_s d_s g_{0,ss}(1+e_{ss})\left(\frac{\Theta_s}{\pi}\right)^{\frac{1}{2}} \tag{3-102}$$

而颗粒的剪切黏性可以被分为三个部分，即动力黏性(kinetic viscosity)、碰撞黏性(collisional viscosity)以及摩擦黏性(frictional viscosity)。

碰撞黏性可以被统一定义为

$$\mu_{s,col} = \frac{4}{5}\varepsilon_s \rho_s d_s g_{0,ss}(1+e_{ss})\left(\frac{\Theta_s}{\pi}\right)^{\frac{1}{2}}\varepsilon_s \tag{3-103}$$

常用的动力黏性有 Lun、Syamlal、Gidaspow 表达式，还有 Hrenya-Sinclair 表达式。

根据 Lun 的定义，动力黏性可以写为

$$\begin{aligned}\mu_{s,kin} = &\frac{1}{15}\sqrt{\Theta_s \pi}\frac{\rho_s d_s g_{0,ss}(1+e_{ss})\left(\frac{3}{2}e_{ss}-\frac{1}{2}\right)\varepsilon_s^2}{\frac{3}{2}-\frac{1}{2}e_{ss}} \\ &+\frac{1}{6}\sqrt{\Theta_s \pi}\frac{\rho_s d_s \varepsilon_s(1+e_{ss})\left(\frac{3}{4}e_{ss}+\frac{1}{4}\right)}{\frac{3}{2}-\frac{1}{2}e_{ss}} \\ &+\frac{10}{96}\sqrt{\Theta_s \pi}\frac{\rho_s d_s}{(1+e_{ss})\left(\frac{3}{2}-\frac{1}{2}e_{ss}\right)g_{0,ss}}\end{aligned} \tag{3-104}$$

Syamlal 忽略了在稀相流动中起主导作用的动力流动项，其定义的动力黏性为

$$\mu_{\mathrm{s,kin}} = \frac{1}{15}\sqrt{\Theta_{\mathrm{s}}\pi}\frac{\rho_{\mathrm{s}} d_{\mathrm{s}} g_{0.\mathrm{ss}}(1+e_{\mathrm{ss}})\left(\dfrac{3}{2}e_{\mathrm{ss}}-\dfrac{1}{2}\right)\varepsilon_{\mathrm{s}}^2}{\dfrac{3}{2}-\dfrac{1}{2}e_{\mathrm{ss}}} + \frac{1}{12}\sqrt{\Theta_{\mathrm{s}}\pi}\frac{\rho_{\mathrm{s}} d_{\mathrm{s}} \varepsilon_{\mathrm{s}}}{\dfrac{3}{2}-\dfrac{1}{2}e_{\mathrm{ss}}} \tag{3-105}$$

Gidaspow 提出的动力黏性中没有计及颗粒的非弹性，其定义的动力黏性为

$$\mu_{\mathrm{s,kin}} = \frac{1}{15}\sqrt{\Theta_{\mathrm{s}}\pi}\rho_{\mathrm{s}} d_{\mathrm{s}} g_{0.\mathrm{ss}}(1+e_{\mathrm{ss}})\varepsilon_{\mathrm{s}}^2 + \frac{1}{6}\sqrt{\Theta_{\mathrm{s}}\pi}\rho_{\mathrm{s}} d_{\mathrm{s}}\varepsilon_{\mathrm{s}} + \frac{10}{96}\sqrt{\Theta_{\mathrm{s}}\pi}\frac{\rho_{\mathrm{s}} d_{\mathrm{s}}}{(1+e_{\mathrm{ss}})g_{0.\mathrm{ss}}} \tag{3-106}$$

Hrenya 和 Sinclair 遵循 Lun 的假定，但采用真实物理系统的维度特征来控制颗粒的平均自由程：

$$\begin{aligned}\mu_{\mathrm{s,kin}} =& \frac{1}{15}\sqrt{\Theta_{\mathrm{s}}\pi}\frac{\rho_{\mathrm{s}} d_{\mathrm{s}} g_{0.\mathrm{ss}}(1+e_{\mathrm{ss}})\left(\dfrac{3}{2}e_{\mathrm{ss}}-\dfrac{1}{2}\right)\varepsilon_{\mathrm{s}}^2}{\dfrac{3}{2}-\dfrac{1}{2}e_{\mathrm{ss}}} \\ &+ \frac{1}{6}\sqrt{\Theta_{\mathrm{s}}\pi}\frac{\rho_{\mathrm{s}} d_{\mathrm{s}}\varepsilon_{\mathrm{s}}\left[\dfrac{1}{2}\left(1+\dfrac{\lambda_{\mathrm{mfp}}}{R}\right)+\dfrac{3}{4}e_{\mathrm{ss}}-\dfrac{1}{4}\right]}{\left(\dfrac{3}{2}-\dfrac{1}{2}e_{\mathrm{ss}}\right)\left(1+\dfrac{\lambda_{\mathrm{mfp}}}{R}\right)} \\ &+ \frac{10}{96}\sqrt{\Theta_{\mathrm{s}}\pi}\frac{\rho_{\mathrm{s}} d_{\mathrm{s}}}{(1+e_{\mathrm{ss}})\left(\dfrac{3}{2}-\dfrac{1}{2}e_{\mathrm{ss}}\right)g_{0.\mathrm{ss}}\left(1+\dfrac{\lambda_{\mathrm{mfp}}}{R}\right)}\end{aligned} \tag{3-107}$$

图 3.15 比较了 Lun、Syamlal、Gidaspow、Hrenya-Sinclair 的动力黏性项的区别。根据 KTGF 理论，当固含率为零时，颗粒的动力黏性应该也等于零。从图中的比较可以看出，在固相较为稠密的气固流场中(固含率大于 0.5)，除了 Syamlal 模型相差较远之外，其余三个动力学模型基本保持一致。当处于稀薄的气固流场时中，它们之间的相差明显。Syamlal 模型和 Hrenya-Sinclair 模型都满足 KTGF 理论，而 Lun 模型和 Gidaspow 模型在固含率趋近于零时，则与 KTGF 理论有所偏差。

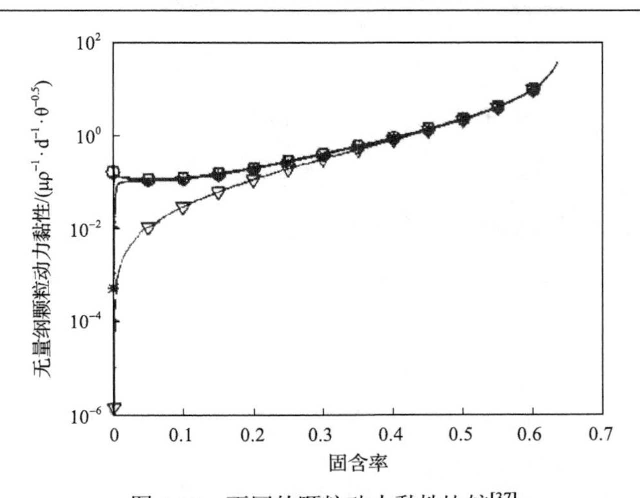

图 3.15 不同的颗粒动力黏性比较[37]

图中○□▽*分别代表 Lun 等、Gidaspow、Syamlal 等、Hrenya 和 Sinclair 的模型

在低剪切、稠密的气固两相流中，当固含率接近于固体颗粒的最大堆积极限时，剪切应力的产生主要是由颗粒之间的摩擦引起的。因此，在处理稠密的气固两相流时，必须考虑颗粒的摩擦黏性。

固体颗粒的摩擦应力可以写为

$$\overline{\overline{\sigma_{\mathrm{f}}}} = -P_{\mathrm{f}}\overline{\overline{I}} + \mu_{\mathrm{f}}[\nabla \boldsymbol{v}_{\mathrm{s}} + (\nabla \boldsymbol{v}_{\mathrm{s}})^{\mathrm{T}}] \tag{3-108}$$

在数值模拟中，通常是认为当固含率达到某一阈值时，才将颗粒黏性考虑进来，并对固相的压力和黏性做出修正。

$$P_{\mathrm{s}} = P_{\mathrm{kinetic}} + P_{\mathrm{f}} \tag{3-109}$$

$$\mu_{\mathrm{s}} = \mu_{\mathrm{kinetic}} + \mu_{\mathrm{f}} \tag{3-110}$$

针对固相的摩擦压力，Johnson 和 Jackson 提出了如下半经验公式：

$$P_{\mathrm{f}} = Fr\frac{(\varepsilon_{\mathrm{s}} - \varepsilon_{\mathrm{s,min}})^{n}}{(\varepsilon_{\mathrm{s,max}} - \varepsilon_{\mathrm{s}})^{p}} \tag{3-111}$$

其中，Fr、n、p 都是物质常数。摩擦黏性根据库仑定律可以表示为

$$\mu_{\mathrm{s,fr}} = P_{\mathrm{f}} \sin\phi \tag{3-112}$$

其中，ϕ 是颗粒的内摩擦角。

另一种颗粒摩擦压力的方法是由 Schaeffer 提出的，而后被 Syamlal 采用，摩擦压力和摩擦黏性可以被定义为

$$P_{\mathrm{f}} = A(\varepsilon_{\mathrm{s}} - \varepsilon_{\mathrm{s,min}})^n \tag{3-113}$$

$$\mu_{\mathrm{f}} = \frac{P_{\mathrm{s}} \sin\phi}{2\sqrt{I_{2D}}} \tag{3-114}$$

不同的摩擦应力模型会导致其数量级上的显著差别，如图 3.16 所示。

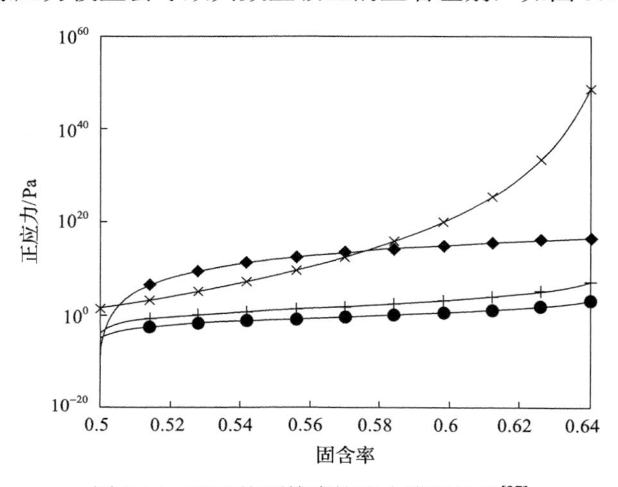

图 3.16 不同的颗粒摩擦应力模型比较[37]

图中● × + ◆分别代表 Ocone 等、Johnson 和 Jackson、Johnson 等、Syamlal 等的模型

Lu 等的研究显示，在较高的颗粒浓度区域内，气固流动主要是受到颗粒之间的摩擦力作用，在较低的颗粒浓度区域内，气固流动则是主要是受到颗粒之间的碰撞影响。Patil 等模拟的射流流化床结果同样显示：在射流区内，颗粒之间的碰撞对流动状态影响不大。Patil 等还指出，在处理稠密气固流化床时，现有的摩擦应力模型都依赖于经验常数，且不同的摩擦应力模型对流动影响显著。

2. 固相压力

固相压力(solids pressure)表述了颗粒与颗粒碰撞后的法向力。在已有的大多数文献中，研究者同意采用 Lun 提出的固相压力模型。Lun 将固相压力分为动力部分和碰撞部分。具体的表达式如下：

$$P_{\mathrm{kinetic}} = \varepsilon_{\mathrm{s}} \rho_{\mathrm{s}} \Theta_{\mathrm{s}} + 2\rho_{\mathrm{s}}(1+e_{\mathrm{ss}})\varepsilon_{\mathrm{s}}^2 g_{0,\mathrm{ss}} \Theta_{\mathrm{s}} \tag{3-115}$$

其中，第一项表示动力项，第二部分表示碰撞项。

3. 径向分布函数

径向分布函数(radial distribution function)是一个无量纲的修正系数。它的意义在于修正稠密固相中的颗粒碰撞的可能性，也可以把径向分布函数看成是一个球形颗粒之间的无量纲距离。它的表达式如下：

$$g_0 = \frac{s + d_{\mathrm{p}}}{s} \tag{3-116}$$

其中，s 表示颗粒之间的距离；d_{p} 表示为颗粒的直径。由此定义可知，径向分布函数存在着两个极限。当固相颗粒处于极其稀薄的条件下，即固含率趋近于零时，径向分布函数的值趋近于 1；当固相颗粒处于极其稠密的条件下，即固含率趋近于 1 时，径向分布函数的值趋近于正的无穷大。

通过式(3-102)～式(3-107)可以看出，径向分布函数的大小直接影响着颗粒的黏性和压力。在 KTGF 方法的发展过程中，研究者提出了不同的径向分布函数模型。

对于单一尺寸的固体颗粒来说，径向分布函数模型主要有以下模型。

Lun-Savage 模型：

$$g_{0,\mathrm{ss}} = \left(1 - \frac{\varepsilon_{\mathrm{s}}}{\varepsilon_{\mathrm{s,max}}}\right)^{-2.5\varepsilon_{\mathrm{s,max}}} \tag{3-117}$$

Sinclair-Jackson 模型：

$$g_{0,\mathrm{ss}} = \left[1 - \left(\frac{\varepsilon_{\mathrm{s}}}{\varepsilon_{\mathrm{s,max}}}\right)^{1/3}\right]^{-1} \tag{3-118}$$

Gidaspow 模型：

$$g_{0,\mathrm{ss}} = \frac{3}{5}\left[1 - \left(\frac{\varepsilon_{\mathrm{s}}}{\varepsilon_{\mathrm{s,max}}}\right)^{1/3}\right]^{-1} \tag{3-119}$$

Ma-Ahimadi 模型：

$$g_{0,\mathrm{ss}} = 1 + 4\varepsilon_{\mathrm{s}}\left\{\frac{1 + 2.5000\varepsilon_{\mathrm{s}} + 4.5904\varepsilon_{\mathrm{s}}^2 + 4.515439\varepsilon_{\mathrm{s}}^3}{\left[1 - \left(\frac{\varepsilon_{\mathrm{s}}}{\varepsilon_{\mathrm{s,max}}}\right)^3\right]^{0.67802}}\right\} \tag{3-120}$$

不同径向分布函数模型的预测结果与实验数据的比较见图 3.17。通过比较看出，Lun-Savage 模型和 Sinclair-Jackson 模型都可以准确地满足 KTGF 理论的假设，而 Gidaspow 模型在固含率趋近于零时，并不满足趋近于 1 的假设；Ma-Ahimadi 模型是目前最接近于 Adler 和 Wainright 数据的模型。

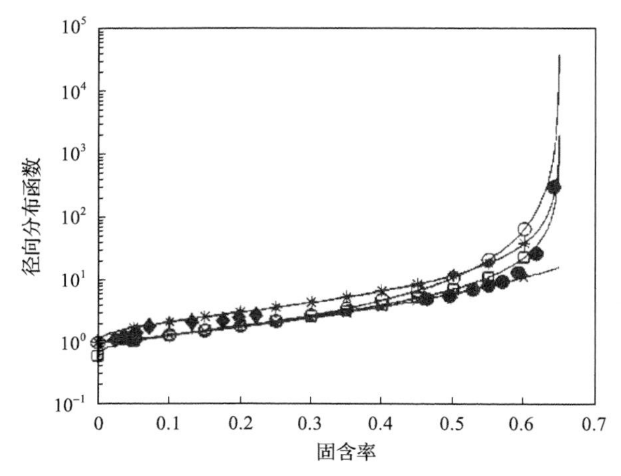

图 3.17　不同的径向分布函数模型与实验数据比较[37]

图中○□*×分别代表 Lun 和 Savage、Gidaspow、Sinclair 和 Jackson、Carnahan 和 Starling 模型；●◆分别代表 Alder 和 Wainright、Gidaspow 和 Huilin 的数据

观察图 3.18 可以看出，不同的径向分布函数会对颗粒的剪切黏性产生显著的影响。当固含率较低时，径向分布函数的影响并不大，而当固含率逐渐增大时，不同模型之间的差异可以显现出来，差异最大可以相差 2 个数量级以上。因此，在实际气固流化床的模拟中，要根据实际工程情况，选择合理的模型进行计算。

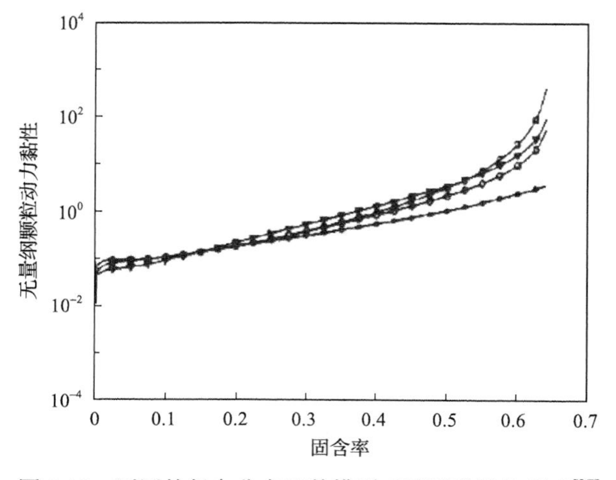

图 3.18　不同的径向分布函数模型对固相黏性的影响[37]

图中◇○▽●分别代表 Gidaspow、Lun 和 Savage、Sinclair 和 Jackson、Carnahan 和 Starling 的模型

4. 其他影响参数

将 KTGF 方法应用于流化床的数值模拟中，Goldschmidt 等研究了颗粒碰撞产生的能量耗散——恢复系数(restitution coefficient)对气固流动的影响，指出使用双流体模型需要考虑能量耗散的影响。Taghipour 等的研究结果显示，当气速小于最小流态化速度时，流动状态对恢复系数比较敏感。针对喷动床的气固流动，Du 等探讨了恢复系数大小对于喷动状态的影响，并指出了颗粒的最大堆积极限(maximum packing limit)对“稳定”喷动的影响。他们指出，在气固喷动床的数值模拟中，颗粒的最大堆积极限影响显著，这主要体现在它直接影响了径向分布函数的大小，而径向分布函数又直接关系到颗粒的全部拟流体特性。Du 等建议最大颗粒极限选取为固体颗粒松散堆积(loose packing)时的体积分数。

3.6.3　气固相间作用力模型

气固两相间的相互作用力一般主要有曳力、压强梯度力、虚拟质量力(或称附加质量力)、Basset 力、Saffman 升力、Magnus 力等。对于细小的颗粒或者湿颗粒来说，还需要考虑范德瓦耳斯力、液桥力、静电力等。对于普通的气固流化床反应器来说，曳力是最重要的作用力，而其他力对流化状态的影响是有限的。下面仅介绍曳力。

在气固两相流动中，只要固体颗粒与气体之间存在相对速度，或者存在速度差，气体的阻力便会作用在颗粒上，这一阻力被称为曳力。在流化床中，颗粒正是在曳力的作用下向上运动的。气固之间的曳力大小受到多因素影响，不仅与颗粒雷诺数有关，还和流体的流动形态、流体的可压性、流体温度、颗粒温度、颗粒的形状有关。因此，至今仍然没有统一的曳力表达形式。为研究方便，引入阻力系数这一概念，定义为

$$C_{\mathrm{D}}=\frac{F_{\mathrm{drag}}}{\pi r_{\mathrm{s}}^{2}\left[\frac{1}{2}\rho(u_{\mathrm{g}}-u_{\mathrm{s}})^{2}\right]} \tag{3-121}$$

就单颗粒而言，其在流体中所受到的阻力可以表示为

$$F_{\mathrm{drag}}=\frac{1}{8}\pi d_{\mathrm{s}}^{2}C_{\mathrm{D}}\rho(u_{\mathrm{g}}-u_{\mathrm{s}})^{2} \tag{3-122}$$

曳力系数 C_{D} 是颗粒 Re 的函数，按照 Re 的不同，可以将颗粒在气体中的沉降分为层流区、过渡区及湍流区，每个区域内曳力系数可以按照下式近似计算:

$$Re = \frac{d_s |u_g - u_s| \rho_g}{\mu_g} \tag{3-123}$$

在层流区（$Re<0.2$）：

$$C_D = 24 / Re \tag{3-124}$$

在过渡区（$1<Re<2000$）：

$$C_D = \frac{24}{Re}(1 + 0.15Re^{0.687}) \tag{3-125}$$

或

$$C_D = 10 / \sqrt{Re} \tag{3-126}$$

式(3-125)特别适用于 Re 在 0.2～800 的范围内，而式(3-126)适用性更广，但精确度稍差。

在湍流区（$Re>1000$）：

$$C_D = 0.44 \tag{3-127}$$

至于颗粒群的阻力，由于流场中有多个颗粒同时存在，颗粒之间会发生相互的作用。一类是颗粒之间的直接碰撞，而另一类是通过颗粒的尾流实现的。由于多相流本身测量技术存在着较大的误差，加之多相流中流型复杂，迄今为止，尚无准确的经验公式可以直接使用。在处理实际问题中，往往是采用条件相似的经验公式。目前，一种公认的颗粒群阻力的表达式如下：

$$\frac{F_{drag}}{F_{drag,s}} = f(\varepsilon) \tag{3-128}$$

该式是通过将颗粒群的阻力与单颗粒的阻力联系成关于气含率的函数关系式，在不同的曳力模型中，函数式 $f(\varepsilon)$ 有着不同的表达。

目前已知的所有曳力模型都可以写成

$$F_{drag} = \beta(v_g - v_s) \tag{3-129}$$

其中，β 为气固两相动量交换系数。不同的曳力模型其动量交换系数不同。大致来说，曳力系数的来源可以分为两类，一类是从高固含率或固定床的实验数据拟合而来，其中应用最广的就是 Ergun 曳力模型。当应用于气固流化床时，这些模型往往需要搭配一个适合于低固含率的曳力模型，两者组合而成，如 Gidaspow 曳力模型。第二类曳力模型中，通常是利用流化床或沉降床中的颗粒终端速度来建立曳力系数与气含率、颗粒雷诺数的关系，有 Richardson-Zaki 模型、Syamlal-O’Brien 模型等。

Schiller-Naumann 曳力模型：适用于描述单颗粒在流体中受到的曳力。

$$\beta = \frac{3}{4} C_{\mathrm{D}} \frac{\varepsilon_{\mathrm{s}} \rho_{\mathrm{g}} \left| v_{\mathrm{s}} - v_{\mathrm{g}} \right|}{d_{\mathrm{s}}} \tag{3-130}$$

$$C_{\mathrm{D}} = \begin{cases} \dfrac{24}{Re}\left(1 + 0.15 Re^{0.687}\right), & Re \leqslant 1000 \\ 0.44, & Re > 1000 \end{cases} \tag{3-131}$$

Wen-Yu 曳力模型[38]：实际上是 Richardson-Zaki 模型在高固含率(固含率大于 0.8)的衍生。具体的表达式为

$$\beta = \frac{3}{4} C_{\mathrm{D}} \frac{\varepsilon_{\mathrm{s}} \varepsilon_{\mathrm{g}} \rho_{\mathrm{g}} \left| v_{\mathrm{s}} - v_{\mathrm{g}} \right|}{d_{\mathrm{s}}} \varepsilon_{\mathrm{g}}^{-2.65} \tag{3-132}$$

$$C_{\mathrm{D}} = \frac{24}{\varepsilon_{\mathrm{g}} Re}\left[1 + 0.15 (\varepsilon_{\mathrm{g}} Re)^{0.687}\right] \tag{3-133}$$

Gidaspow 模型[39]：可以看成是 Wen-Yu 模型与 Ergun 模型的结合，适用于全部的气含率。具体的表达式为

$$\beta^{\mathrm{Ergun}} = 150 \frac{\varepsilon_{\mathrm{s}}^{2} \mu_{\mathrm{g}}}{\varepsilon_{\mathrm{s}} d_{\mathrm{s}}^{2}} + 1.75 \frac{\rho_{\mathrm{g}} \varepsilon_{\mathrm{s}} \left| v_{\mathrm{s}} - v_{\mathrm{g}} \right|}{d_{\mathrm{s}}}, \quad \varepsilon_{\mathrm{g}} < 0.8 \tag{3-134}$$

$$\beta^{\mathrm{Wen-Yu}} = \frac{3}{4} C_{\mathrm{D}} \frac{\varepsilon_{\mathrm{s}} \varepsilon_{\mathrm{g}} \rho_{\mathrm{g}} \left| v_{\mathrm{s}} - v_{\mathrm{g}} \right|}{d_{\mathrm{s}}} \varepsilon_{\mathrm{g}}^{-2.65}, \quad \varepsilon_{\mathrm{g}} \geqslant 0.8 \tag{3-135}$$

$$C_{\mathrm{D}} = \begin{cases} \dfrac{24}{\varepsilon_{\mathrm{g}} Re}\left[1 + 0.15 (\varepsilon_{\mathrm{g}} Re)^{0.687}\right], & Re \leqslant 1000 \\ 0.44, & Re > 1000 \end{cases} \tag{3-136}$$

Huilin-Gidaspow 曳力模型[40]：为了解决该模型的自身不连续问题，Gidaspow 等又提出了一个新的曳力模型，也称为 Huilin-Gidaspow 曳力模型。该曳力模型是在原有 Wen-Yu 模型与 Ergun 模型结合的基础上，对原有的不连续性进行了平顺处理。具体表达式为

$$\varphi = \frac{\arctan[150 \times 1.75(0.2 - \varepsilon_s)]}{\pi} + 0.5 \tag{3-137}$$

$$\beta = (1-\varphi)\beta^{\text{Ergun}} + \varphi\beta^{\text{Wen-Yu}} \tag{3-138}$$

Di Felice 模型：Di Felice 将颗粒群的曳力表述为相同体积流量下不受阻碍的单颗粒的曳力与气含率函数的乘积。具体的表达式为[41]

$$\beta = \frac{3}{4} C_D \frac{\varepsilon_s \rho_g |v_s - v_g|}{d_s} f(\varepsilon_s) \tag{3-139}$$

$$f(\varepsilon_s) = (1-\varepsilon_s)^{-x} \tag{3-140}$$

经验系数 x 是 Re 的函数，表达式为

$$x = 3.7 - 0.65 \exp\left[-\frac{(1.5 - \lg_{10} Re)^2}{2}\right] \tag{3-141}$$

Syamlal-O'Brien 模型：基于实验测量的流化床或沉降床中的颗粒终端速度，Syamlal-O'Brien 提出了曳力模型[42]：

$$\beta = \frac{3}{4} \frac{C_D}{v_{r,s}^2} \frac{\varepsilon_s \varepsilon_g \rho_g |v_s - v_g|}{d_s} \tag{3-142}$$

$$C_D = \left(0.63 + \frac{4.8}{\sqrt{Re / v_{r,s}}}\right)^2 \tag{3-143}$$

$$v_{r,s} = 0.5\left[A - 0.06Re + \sqrt{(0.06Re)^2 + 0.12Re(2B - A) + A^2}\right] \tag{3-144}$$

$$A = \varepsilon_g^{4.14} \tag{3-145}$$

$$B = \begin{cases} \varepsilon_g^{C_1}, & \varepsilon_g \geqslant 0.85 \\ C_2 \varepsilon_g^{1.28}, & \varepsilon_g < 0.85 \\ C_1 = 2.65, & C_2 = 0.8 \end{cases} \tag{3-146}$$

Gibilaro 模型：对于流化悬浮的单个颗粒，Gibilaro 考虑了颗粒所受的浮力。具体表达式如下[43]：

$$\beta = \left(\frac{17.3}{Re_{\mathrm{s}}} + 0.336 \right) \frac{\varepsilon_{\mathrm{s}} \rho_{\mathrm{g}} \left| v_{\mathrm{s}} - v_{\mathrm{l}} \right|}{d_{\mathrm{s}}} \varepsilon_{\mathrm{g}}^{-2.8} \tag{3-147}$$

$$Re_{\mathrm{s}} = \frac{d_{\mathrm{s}} \left| v_{\mathrm{s}} - v_{\mathrm{g}} \right| \rho_{\mathrm{g}} \varepsilon_{\mathrm{g}}}{2\mu_{\mathrm{g}}} \tag{3-148}$$

迄今为止，已有较多的曳力模型在气固流化床中的应用与比较分析，如 Vejahati、Du、Gryczka、Esmaili、Loha、Pei 等的研究。综合这些研究成果，可以得出结论：曳力模型对床层内流动影响显著。在气固流化床中，并不存在精确统一的曳力模型，所有的已知曳力模型都不能完全准确地模拟气固两相间作用力。

第 4 章　圆球绕流的模拟与阻力分析

4.1　问 题 描 述

流体的绕流流动是流体力学中的经典问题。常见的绕流有机翼绕流、叶片绕流等。圆柱绕流和圆球绕流常被用作研究绕流的案例。过去的几十年里，研究人员对圆柱绕流进行了大量研究，得出了较为可信的结果。但是，对三维圆球绕流的研究却不像圆柱绕流那样透彻，尤其是在高雷诺数下，对圆球绕流的流动定量研究还比较局限。同时，圆球绕流现象和升阻力系数也是工程和科学计算中经常遇到的问题。在研究多相流动，如气固流化床和泥沙沉降等问题时，不同雷诺数条件下的圆球阻力是最基础也是最经典的研究课题。

虽然圆球的几何外形很简单，绕流流场中却包括丰富的流体动力学现象，包括边界层的分离、转捩理论以及尾涡的形成和脱落等现象，并且随着雷诺数的不同，圆球的尾流场会发生变化，而圆球绕流产生的尾流特性直接关系到圆球的受力大小。因此，圆球绕流仍然是实验流体力学和计算流体力学的研究课题，对于多相流模拟的初学者是一个实用的案例。

图 4.1 是圆球绕流的原理图，流体从左侧进入，在 D 点发生滞止现象，速度为 0；在 DE 段，流速增大，压强减小；EF 段，压强增大，流速降低，在 S 点出现黏滞；由于逆压梯度，边界层分离，流体在 SF 区产生回流。

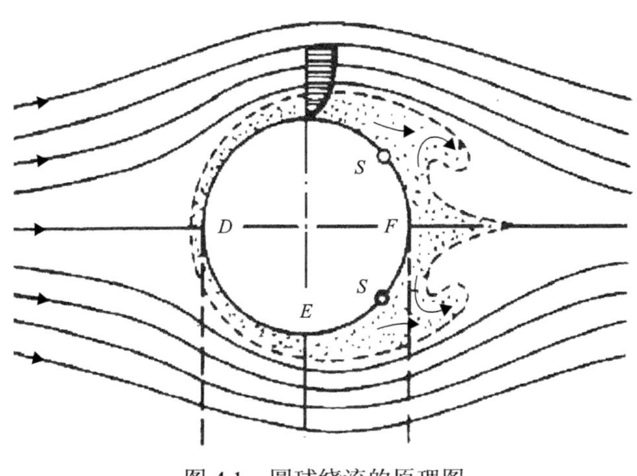

图 4.1　圆球绕流的原理图

随着雷诺数的增加，圆球绕流流场呈现不同的边界层分离特征和阻力特性。詹昊等采用大涡模拟，开展对不同雷诺数下的三维圆柱绕流研究，系统分析了涡脱落形态、阻力系数、斯特劳哈尔数| St |随雷诺数| Re |的变化情况，结果与实验高度一致。李燕玲等采用 DES 模型研究了在高雷诺数下(10^5)三维圆柱绕流的流场特性。在圆球绕流数值模拟方面，Constantinescu 和 Squires 运用 LES 和 DES 相结合的方法，对 Re=10000 的圆球绕流进行了数值模拟，详细对比了不同数值模型以及不同离散格式下，阻力系数、涡脱落形态、St 数、流场分布以及分离角的差异。胡政敏等采用基于动力亚格子模型的大涡模拟对亚临界雷诺数($Re=10^4$)和超临界雷诺数($Re=1.14\times10^6$)等高雷诺数下的圆球绕流进行了数值仿真计算，观察到超临界圆球绕流流场的非对称特性。

前人采用 LES 模型模拟圆球绕流已经取得一些成果，但是 LES 方法的计算资源占用较大，而且 LES 的优点在于小尺度涡的检测，它对圆球表面边界层的增长和分离描述并不准确。Spalart 在 1997 年提出了一种雷诺平均与大涡模拟相结合的方法——DES 模型，较好地解决了这一问题。本章采用 DES 模型[44]。

4.2　边界层流动与壁面函数

壁面对湍流有明显的影响。在靠近壁面处，黏性阻尼减少了切向速度脉动，壁面也阻止了法向的速度脉动。离开壁面稍远处，由于平均速度梯度的增加，脉动能迅速增大，因而湍流增强。因此，采用计算流体力学模拟流场时，应该对近壁加以特别的处理。

实验研究表明，近壁区域可以分为三层，如图 4.2 所示，最靠近壁面的一层称为黏性底层，流动是层流状态，分子黏性对于动量、热量和质量输运起决定作用。外层区域称为完全湍流层，湍流起决定作用。在完全湍流与层流底层之间称为混合区或过渡区，该区域内分子黏性与湍流脉动对输运过程起同等重要的作用。其中，$U_\tau=\sqrt{\dfrac{\tau_{\mathrm{w}}}{\rho}}$，$u^+=u/U_\tau$，$y^+=U_\tau y/\nu$。

采用如图 4.3 所示的壁面函数对近壁进行简化模拟，可以大大减少壁面网格密度。第 1 个网格到壁面的距离最好处于对数区间内。当 $y^+\leqslant 12.225$ 时，采用层流准则(线性准则)：$u^+=y^+$；而 $y^+\geqslant 30\sim60$（外层），采用对数律准则：$u^+=2.5\ln(y^+)+5.45$。

因为壁面函数在黏性底层不起作用，故网格不必切分过密。对数区与完全湍流的交界点随压力梯度和雷诺数变化，该点远离壁面。为了保证壁面函数正常工作，在边界层里必须有几个网格。

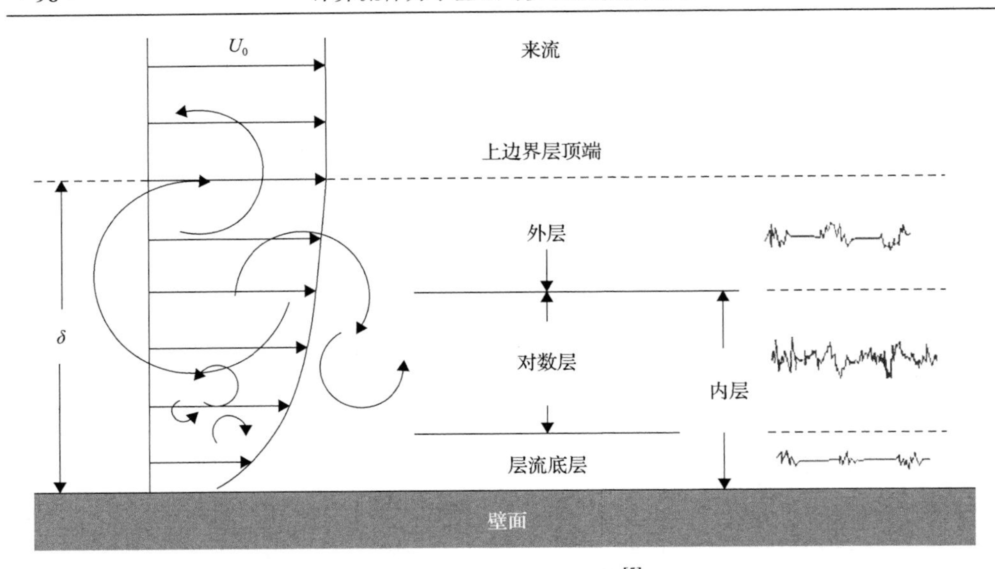

图 4.2 壁面边界层结构[5]

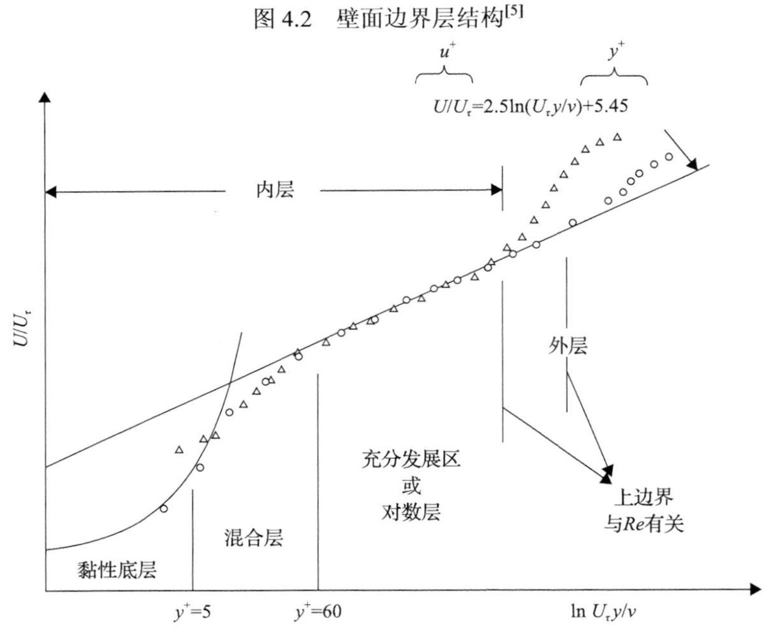

图 4.3 边界层无量纲速度分布[5]

关于紧贴壁面的第 1 个网格，有几点注意事项：如果使用标准壁面函数(standard wall function，SWF)，第 1 个网格中心需位于对数层，即 $y^+ \approx 30 \sim 300$(图 4.4)；如果使用壁面增强函数(enhanced wall treament，EWT)，第 1 个网格中心需位于黏性层，即 $y^+ \leqslant 5$，因此只有低雷诺数流动才适合采用 EWT(图 4.5)；任何情况下，都不要使第一个网格落入过渡区，即 $y^{+} \approx 5\sim30$ 的范围。

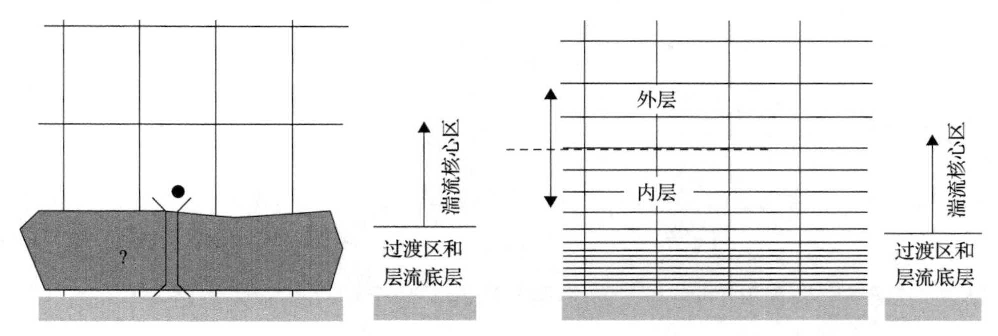

图 4.4　标准壁面函数网格结构[5]　　图 4.5　壁面增强函数网格结构[5]

4.3　DES 模拟

DES 模拟的主要思路是，在近壁面的边界层内采用 RANS 方法，使用湍流模型模拟其中的小尺度脉动运动；在远离物面的区域，将湍流模型耗散项中的湍流尺度参数用网格尺度与一常数的乘积代替，起到大涡模拟的亚格子应力 Smagorinsky 模型的作用，这样既能在附面层内发挥前者计算量小的优点，又可以在远离壁面的区域对大尺度分离湍流流动进行较好的模拟。

DES 模型是 RANS 模型和 LES 模型的结合，其优点在于划定不同范围与不同求解器对应：

$$\tilde{d} = \min\{d, C_{\mathrm{DES}}\Delta_{\max}\} \tag{4-1}$$

方程(4-1)湍流模型中的 $C_{\mathrm{DES}} = 0.65$，为一常数。在计算时，当壁面的无量纲距离大于 $\tilde{d}$ 时采用 LES 模型计算；否则，采用 RANS 模型进行计算。

LES 模型连续性方程：

$$\frac{\partial \rho}{\partial t} + \frac{\partial}{\partial x_i}(\rho \bar{u}_i) = 0 \tag{4-2}$$

动量方程：

$$\frac{\partial}{\partial t}(\rho \bar{u}_i) + \frac{\partial}{\partial x_j}(\rho \bar{u}_i \bar{u}_j) = -\frac{\partial p}{\partial x_i} + \frac{\partial}{\partial x_j}\left(\mu \frac{\partial \bar{u}_i}{\partial x_j}\right) - \frac{\partial \tau_{ij}}{\partial x_j} \tag{4-3}$$

LES 模型不直接求解所有尺寸的湍流流动，而是求解某一尺寸以上的湍流流动，通过 SGS 亚格子模型计算更小尺寸的脉动，从而避免了大量计算资源的消耗，又能考虑网格尺度以下湍流运动对宏观流场的影响。

RANS 模型连续方程：

$$\frac{\partial \rho}{\partial t}+\frac{\partial}{\partial x_i}(\rho u_i)=0 \tag{4-4}$$

动量方程：

$$\frac{\partial}{\partial t}(\rho u_i)+\frac{\partial}{\partial x_i}(\rho u_i u_j)=-\frac{\partial p}{\partial x_i}+\frac{\partial}{\partial x_i}\left(\mu\frac{\partial u_i}{\partial x_j}-\rho\overline{u_i' u_j'}\right)+S_i \tag{4-5}$$

其中，DES 模型在 RANS 方程的基础上加入了一个湍动能 k 的输运方程：

$$\frac{\partial}{\partial t}(\rho k)+\frac{\partial}{\partial x_i}(\rho u_i k)=\frac{\partial}{\partial x_j}\left[\left(\mu+\frac{\mu_t}{\sigma_k}\right)\frac{\partial k}{\partial x_j}\right]+\mu_{\mathrm{t}}\left(\frac{\partial u_i}{\partial x_j}+\frac{\partial u_j}{\partial x_i}\right)\frac{\partial u_i}{\partial x_j}-\rho C_{\mathrm{D}}\frac{k^{3/2}}{l} \tag{4-6}$$

式(4-6)考虑了湍动能对流和扩散，比零方程更为合理。

4.4 网格切分与 FLUENT 求解器的设置

如图 4.6 所示，在一个长为 1.5m，横截面为直径 0.5m 的圆柱形流道中放置一个直径为 0.1m 的球体。流动介质为空气，从左向右均匀速度流入，左边为进口(inlet)，右边为出口(outlet)，球体置于离进口距离 0.4m 的流场中心处。假设流场壁面不影响流动，且认为流动到达球体处已经充分发展。

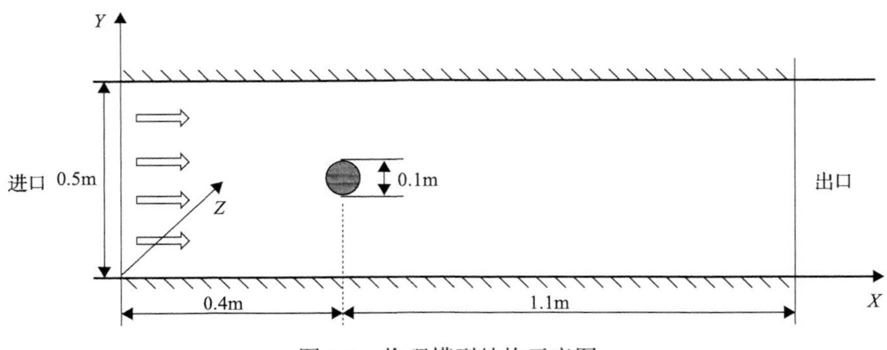

图 4.6　物理模型结构示意图

先采用 CAD 软件对物理模型建模，再导入 ICEM 网格生成软件切分网格，并进行网格质量检验，接着用 FLUENT 软件模拟流道内的流动，获得圆球绕流的速度场、压力场以及边界层分离特征和涡脱落的形态。

计算网格的划分采用分区域的方法，将整个流动区域划分为多块，对球体所在区域进行 O 切(图 4.7)，由于远离球体的流场区域的求解对结果影响很小，所以网格划分稀疏，而在球体区域网格沿径向向外逐步放大，沿周向等分。这样可以得到正交性较好的网格，并且节省计算资源，划分完成后总的网格数为 908280 个。

采用 DES 模型对圆球绕流进行模拟，获得了 Re=1000、5000、50000，10^6 流动的分离角以及阻力系数。在超临界情况下，若想在受黏性影响严重的近壁区计算微小流动结构，以便准确地预测边界层的分离以及涡的形态，近壁区的网格必须足够精细。因此，计算网格划分在近壁区网格的 $y^+=1$，沿壁面法向第一层网格尺寸为 0.005mm，保证了计算的准确性。网格最终划分如图 4.7 所示。

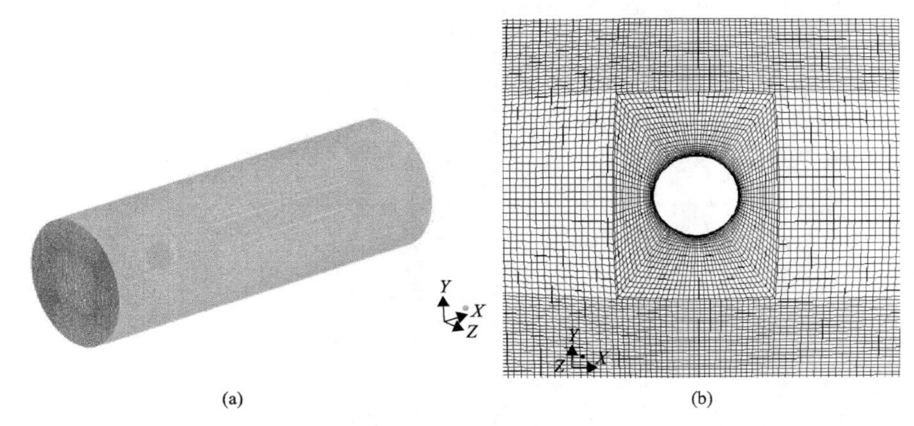

图 4.7　计算网格整体视图及圆球区域 XOY 平面网格放大图

将计算网格导入 FLUENT14.0，设置为双精度计算。求解器设置为基于压力，时间项为瞬态，三维求解。进口设置为速度进口，u=0.146m/s（Re=1000）、0.73m/s（Re=5000）、7.3m/s（Re=50000）、146m/s（Re=10^6），出口设置为压力出口，并在进、出口以 Tubulent Intensity = 5%，Hydraulic Diameter = 0.1m 设置湍流边界条件（图 4.8～图 4.10）。流场外壁面边界条件设置为对流动无干扰的 symmetry，圆球表面边界条件设置为无滑移壁面。详细操作条件及参数见表 4.1。

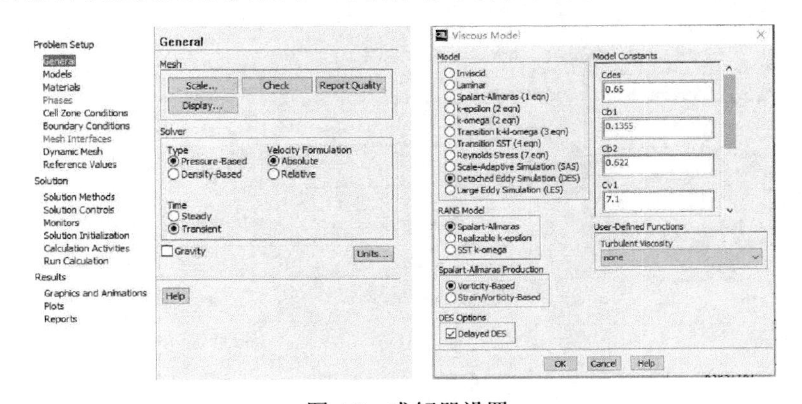

图 4.8　求解器设置

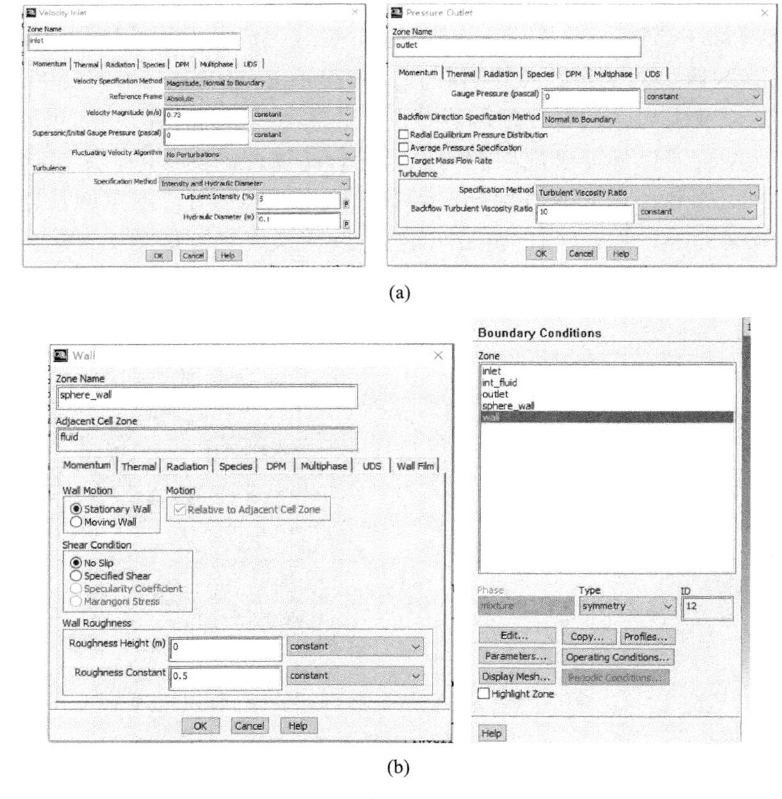

图 4.9　(a)进、出口边界设置；(b)壁面条件设置

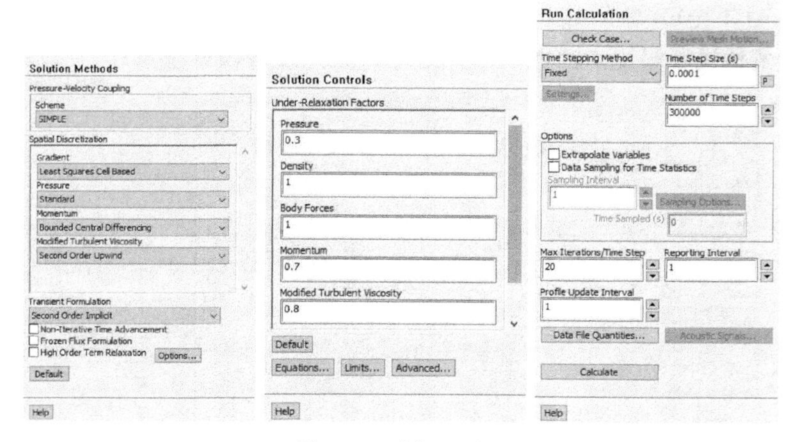

图 4.10　求解器设置

表 4.1　操作条件及参数

	参数	单位
密度 ρ	1.225	kg/m^3
动力黏度 μ	1.7894×10^{-5}	Pa·s
圆球截面积 A	0.00785	m^2
当量直径 L	0.1	m
出口压力 p	0	Pa

本次计算采用 SIMPLE 算法，压力的离散格式采用中心差分法，动量的离散采用精度较高的二阶迎风差分方法，瞬态项采用二阶隐式的离散格式，各求解变量中速度、压力和连续性收敛标准设置为残差值小于 10^{-3}。时间步长 $\Delta t \leqslant 0.02d/u$，其中 d 为圆球直径，u 为来流速度。计算中 Δt 取值分别为 0.01s（Re=1000）、0.001s（Re=5000）、0.0001s（Re=50000）、5×10^{-6}s（$Re=10^6$）。待计算稳定，开始统计圆球表面的阻力和升力，并在圆球后方 0.2m 处设置压力监测点检测压力波动。全部计算均在六核心工作站上完成。

4.5　计算结果及数据后处理分析

1. Re=1000

首先进行速度场分析，图 4.11 为 Re=1000 时不同时刻的速度云图。由图可以看出，圆球的迎流面处速度很低，中心点由于出现了滞止而速度为 0；当 t=20s 时，圆球背流面出现对称的两个漩涡，并且没有脱离；当 t=25s 时出现涡脱离现象；当 t=75s 时，圆球背流面两侧均匀交替涡脱落，从图 4.12 的升力图也可以验证；从升力图也可以发现 t=87s 和 t=89.5s 为升力系数 C_L 正负峰值，从图 4.11(c) 和 (d) 可以看出两点速度分布对称。

计算斯特劳哈尔数 Sr。先根据升力图以及相应数据点计算出稳定后的脱涡频率：

$$f = \frac{7}{95.05 - 76.39} = 0.3751\text{Hz} \tag{4-7}$$

再根据式 (4-8) 计算 Sr 数：

$$Sr = \frac{fd}{v} = \frac{0.3751\times 0.1}{0.146} = 0.257 \tag{4-8}$$

计算结果与理论值的误差：

$$\varepsilon = \frac{0.257 - 0.22}{0.22} \times 100\% = 16.8\% \tag{4-9}$$

分离角是描述边界层分离的重要参数，与圆柱绕流的阻力系数密切相关，且对圆球表面的压力分布有很大影响。在本例中，选取涡脱落稳定后多个 C_L 峰值点的速度矢量测量其分离角。图 4.13 为 t=76.4s 以及 t=79.0s 时圆球附近的速度矢量图。经测量，其分离角分别为 102°、103°、100°、98°，取平均值：

$$\theta = \frac{102 + 104 + 100 + 98}{4} = 101° \tag{4-10}$$

与理论值误差为 1%。

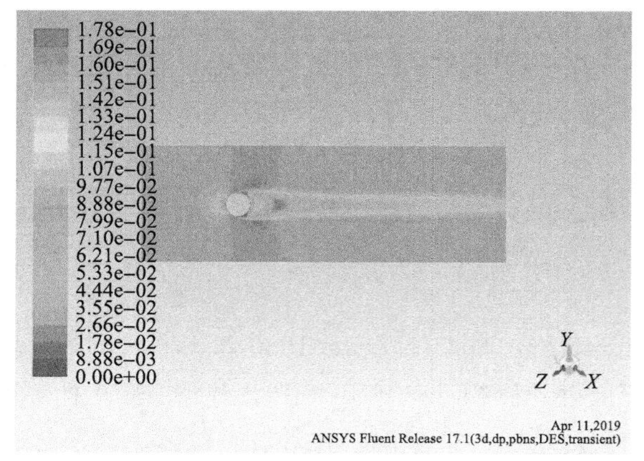

(a) t=20s

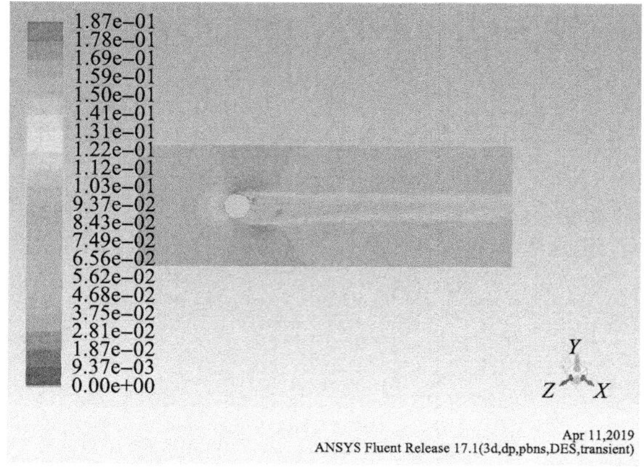

(b) t=25s

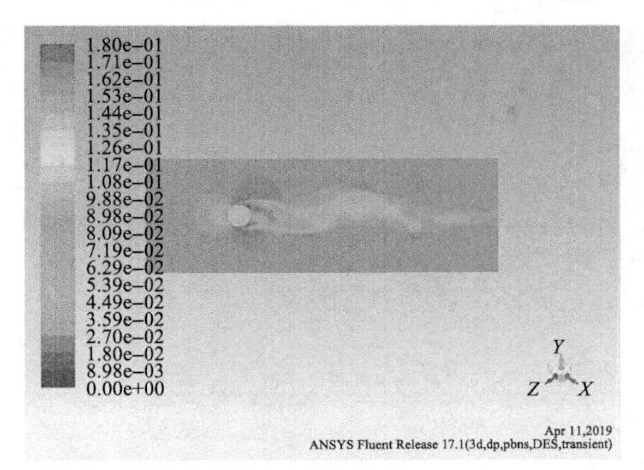

(c) t=87s

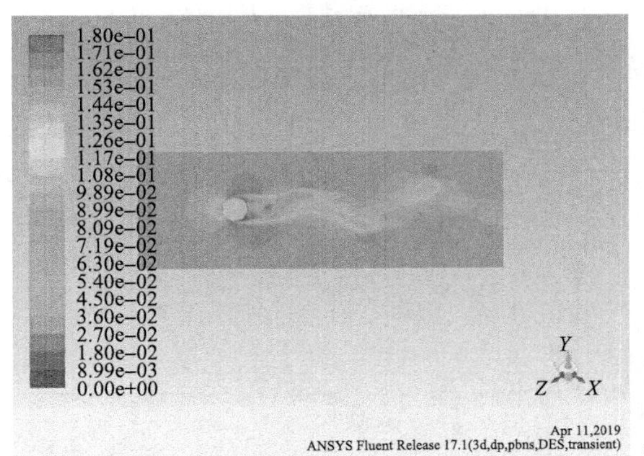

扫码见彩图

(d) t=89.5s

图 4.11　不同时刻速度云图(Re=1000)

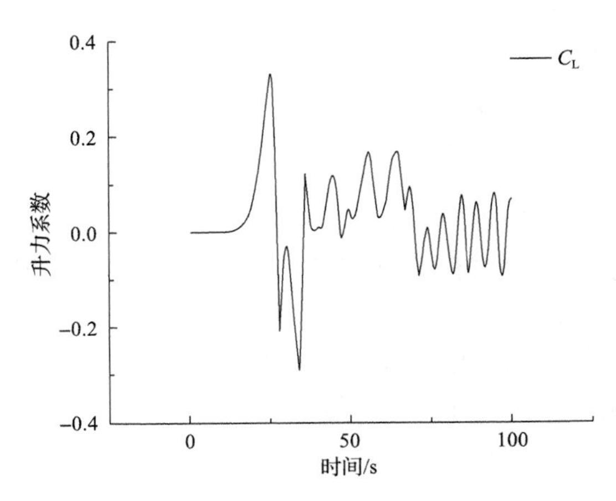

分离角	平均C_L
86.96	−0.081969200
86.97	−0.082028800
86.98	−0.082081600
86.99	−0.082100000
87.00	−0.082099100
87.01	−0.082073800
87.02	−0.082035300
89.41	0.063307200
89.42	0.063342500
89.43	0.063356100
89.44	0.063380400
89.45	0.063337000
89.46	0.063353300
89.47	0.063286000

图 4.12　Re=1000 升力(C_L)图

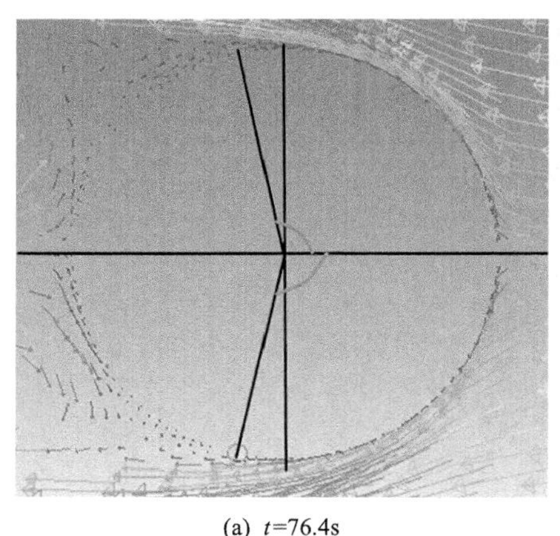

(a) t=76.4s

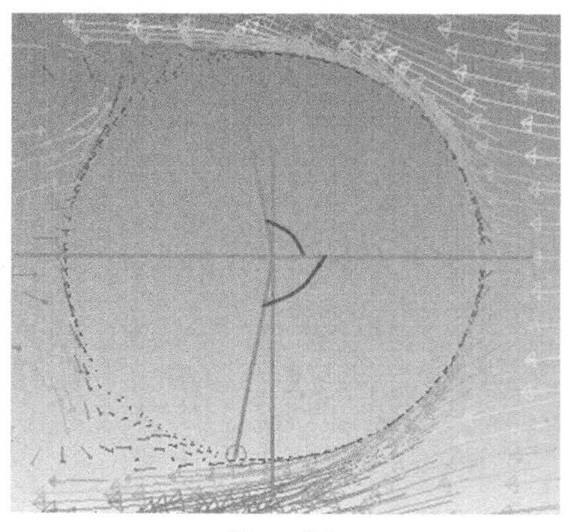

(b) t=79.0s

扫码见彩图

图 4.13　不同时刻速度矢量图(Re=1000)

阻力系数图如图 4.14 所示。根据之前确定的稳定脱涡周期以及获得的阻力系数 C_d 值取平均值得 0.55，与理论值 0.48 相比偏大，误差为 14.6%。

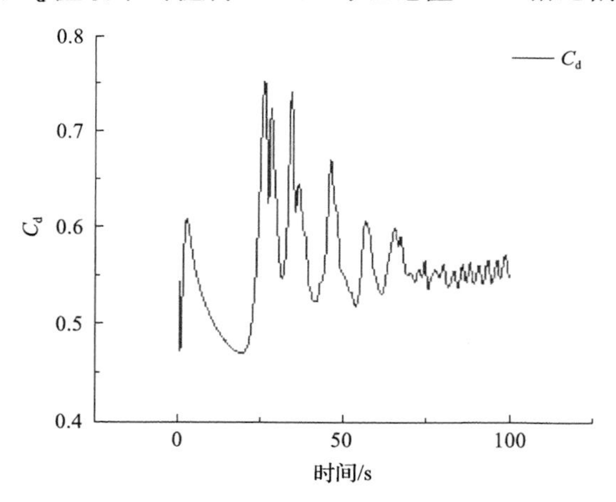

分离角	C_d	平均C_d
92.02	0.54370	
92.03	0.54393	
92.04	0.54400	
92.05	0.54423	
92.06	0.54431	
92.07	0.54454	
92.08	0.54462	
92.09	0.54488	
92.10	0.54496	
92.11	0.54523	
92.12	0.54530	
92.13	0.54562	
92.14	0.54569	
92.15	0.54598	
92.16	0.54606	0.550539

图 4.14　Re=1000 阻力系数(C_d)图

2. $Re=10^6$

首先，取 $t = 0.1$s 时的计算结果进行分析，此时绕流的流动已经达到充分发展状态，结果如图 4.15 所示。

从速度和压力的云图中看到，在超临界雷诺数($Re=10^6$)下，绕流的尾流场明显出现了偏离中心轴的情况，这与 Taneda 在圆球尾流场的可视化实验发现的流场偏置且出现不为 0 侧向力的情况相吻合。

分析速度压力云图可以发现，圆球的迎流面处速度很低，中心点由于出现了滞止而速度为 0，压力随之陡增，在圆球的两侧出现了高速低压区，而在尾流区域，呈现强烈的不规则湍流流动。

对比涡量云图 4.16 可以发现，涡量云图的分布与速度云图的分布极为相似，这证明了圆球绕流尾部有涡的脱落，但是涡形状不规则并且没有形成涡街。随着尾流向流场末端靠近，涡的强度由于发生耗散而变得越来越低，但是涡的尺寸变大，尾流场变宽。

为了观察尾流方向随着流动的变化情况，分别在不同时间点截得 $z = 0$、$y = 0$ 平面的速度云图，如图 4.17 所示。

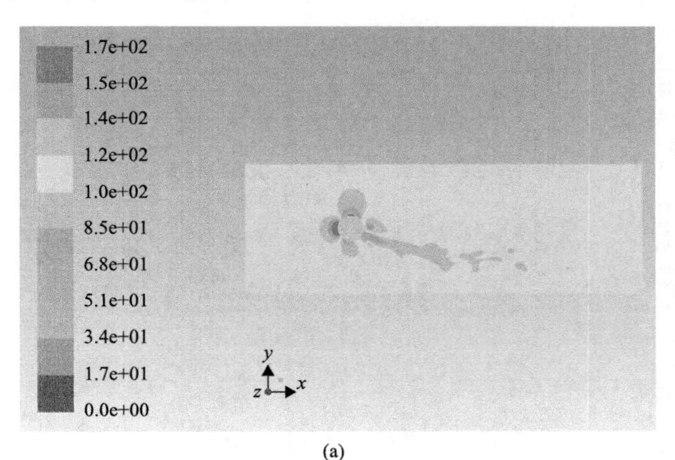

(a)

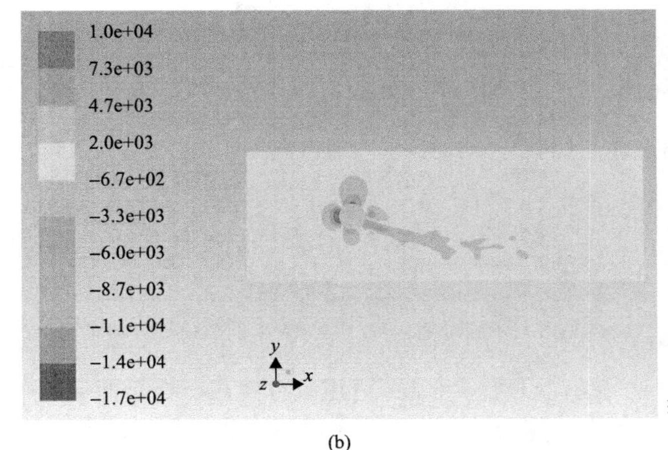

扫码见彩图

(b)

图 4.15　t =0.1 时刻 z=0 平面的速度和压力分布云图

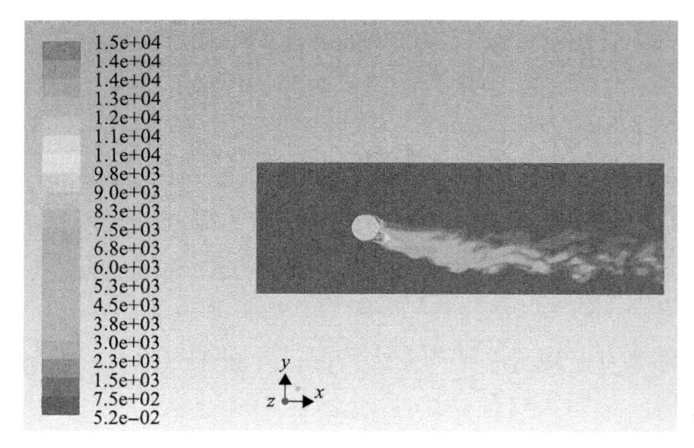

图 4.16　$t = 0.1$ 时刻 $z = 0$ 平面的涡量分布云图

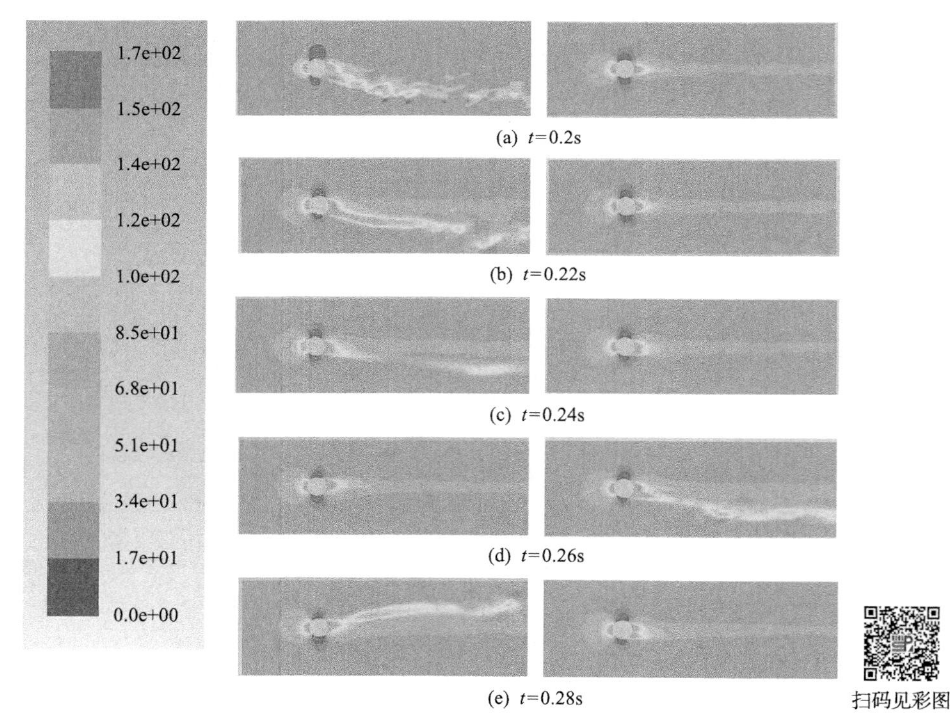

图 4.17　不同时刻 $z = 0$ 和 $y = 0$ 平面的速度分布云图

从图 4.17 中看出，开始 t=0.22s 时尾流方向在 z=0 平面偏离中心轴靠下，逐渐地随着时间的增加，尾流方向在 z=0 平面向中心轴靠近，并在 t=0.28s 时变为偏离中心轴靠上，这与开始相反。同样，在 y=0 平面也有类似的情况，开始尾流方向位于中心轴上，然后偏离中心轴，最后又回到中心轴。这一组图片反映了超临界绕流尾流方向的不稳定性，尾流方向偏离中心轴，并且由于涡脱落产生的扰动在不同方向上随机波动，而这种现象在低雷诺数甚至亚临界绕流中是观察不到的，这也与实验相符合。

4.5.1　升、阻力系数

由于尾流场的偏置，在圆球上会产生较大的侧向力，表现为升力系数不为 0，对圆球的升力系数进行检测统计得到如图 4.18 所示 C_L 随时间波动的图。

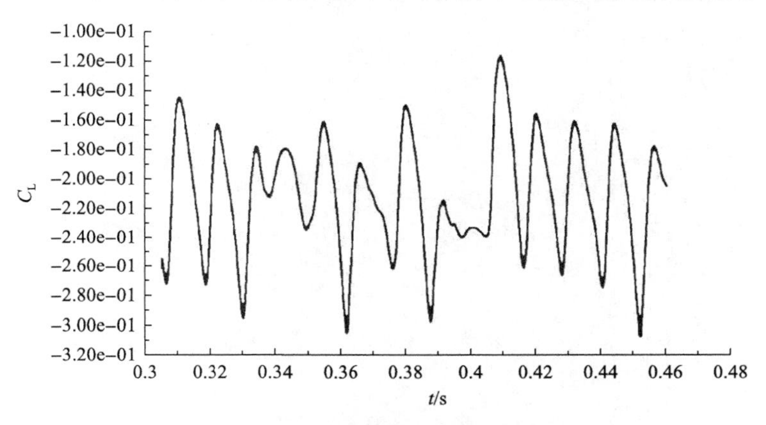

图 4.18　升力系数随时间波动的图

对所得数据做平均可以得到，$C_L = 0.213$，可以看到超临界情况下圆球绕流已经产生了极大的侧向力，且由于涡脱落以及尾流场的波动，侧向力的数值存在较大波动。

同样，对图 4.19 中阻力系数波动图中的数据取平均得到，$C_d = 0.278$，与升力系数 $C_L = 0.213$ 对比发现，此时圆球受到的阻力和升力基本相当，且二者波动都很大。

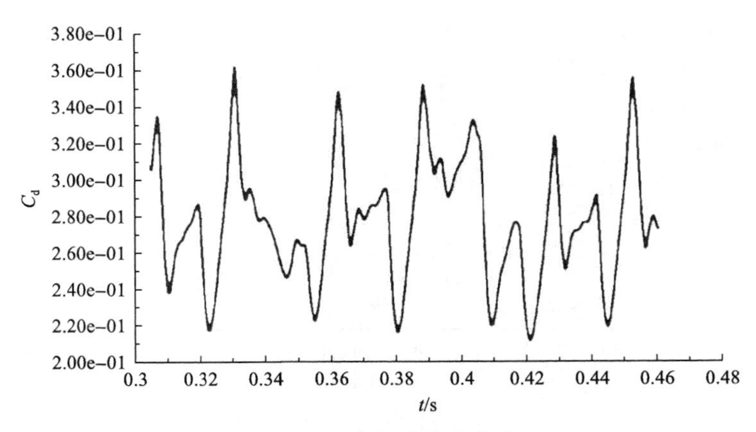

图 4.19　阻力系数波动图

4.5.2 涡脱落频率

由图 4.20 可以发现，圆球绕流尾部形成了一上一下两个即将脱落的涡，且由于流场的偏置，两个涡并不是关于中心轴线对称，而是与中心轴线成一定角度。将压力监测点的压力随时间变化的监测数据，通过 FFT 变化转化为频率图像，从而得到有关涡脱落的重要特征——涡脱落频率，如图 4.21 所示。

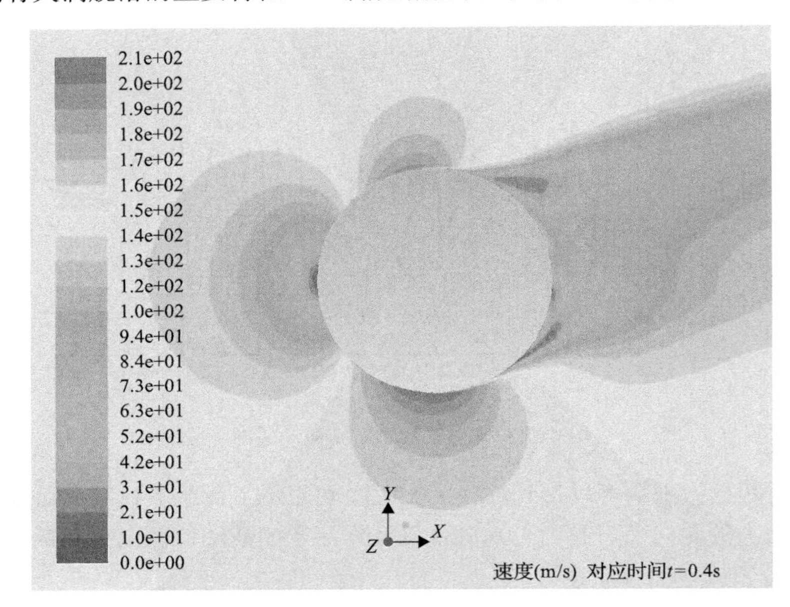

图 4.20 圆球附近流场速度云图

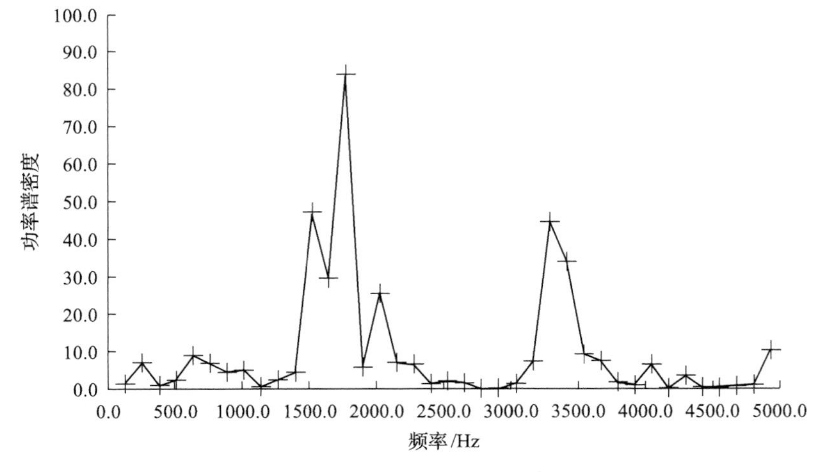

图 4.21 FFT 变换频率功谱图

频率峰值集中在 1800Hz 和 3300Hz 左右，根据斯特劳哈尔数 Sr 公式(4-8)，计算得 $Sr = 1.2$ 和 2.2，高于涡脱落对应的 $Sr = 0.2$，这可能是由于 $Re = 10^6$ 的超临界绕流边界层不稳定，产生了高于涡脱落频率的脉动。

4.5.3　分离角

分离角是描述边界层分离的重要参数，与圆柱绕流的阻力系数密切相关，且对圆球表面的压力分布有很大影响，图 4.22 描述的是圆球周围流速矢量分布。

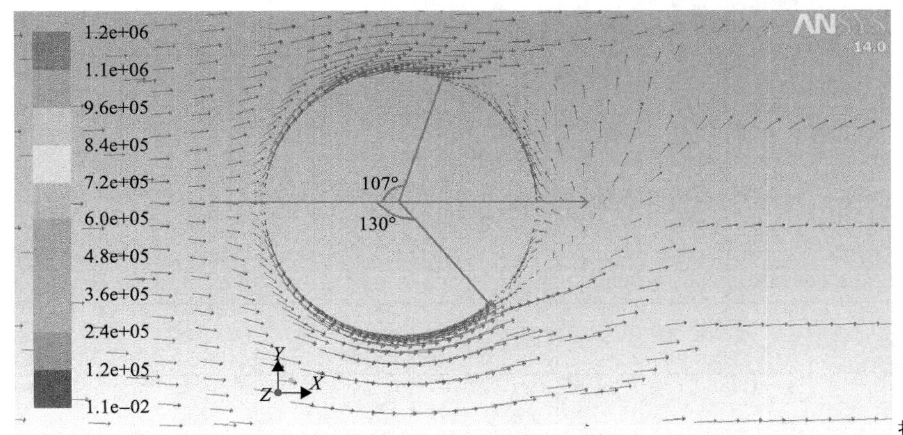

扫码见彩图

速度矢量(以涡量大小显示)(1/s)　Jun 07,2018
对应时间t=0.4s　ANSYS FLUENT 14.0 (3d,dp,pbns,DES,transient)

图 4.22　圆球周围流速矢量分布图

由图 4.22 可以大致测算分离角，因为流场的偏置，上下两个分离角并不对称，因此取上下两分离角的平均 $\theta = 118.5°$，可见分离点在尾部流场背流面，Constantinescu 通过 DES 得到的边界层分离角为 117°，和本模拟计算值相近。分离点沿球面向后移动是因为高雷诺数下的湍流边界层更不容易分离，湍流边界壁面附近的流体质点因强脉动更容易与外层流速较高的流体质点发生动量交换，从而获得更多的动量以克服逆压的影响向前运动，从而延缓边界层的分离。

4.6　不同雷诺数流动的模拟分析

从低雷诺数到高雷诺数，再到亚临界雷诺数以及超临界雷诺数的圆球绕流($Re = 1\times10^2$，1×10^3，1×10^4，3×10^5，5×10^5，1×10^6)，分别模拟计算，计算结果与标准阻力系数曲线比较如图 4.23 所示。随着雷诺数的增加，阻力系数不断减小，并在 3×10^5 处产生阻力危机，这是由于边界层从层流转捩到湍流，黏性阻力增大，但是近壁面的流体更加容易获得动能，因此分离点延后至背流面，压差阻力急剧减小，而此时总阻力由压差阻力决定，因此绕流阻力大幅减小。阻力系数的计算与实验值比较接近，阻力危机产生对应的雷诺数较实验值提前。

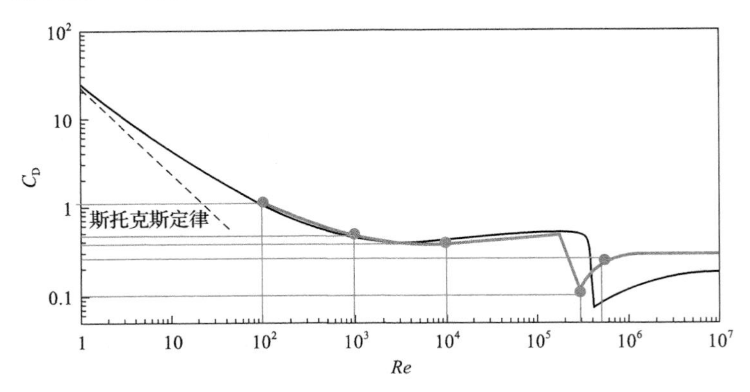

图 4.23　圆球绕流阻力系数模拟值与实验曲线对比

第 5 章　气泡上升过程的直接数值模拟

5.1　单个气泡上升问题描述

气泡在液体中的力学特性对能源动力工程、生物医学工程、环境工程、船舶工程甚至军事科技等领域均有重要的意义。即使是单个气泡，对其上升过程的定量描述也是一个很困难的流体力学问题，具有很高的研究价值，因此，模拟和分析单个气泡上升是计算流体力学中的经典研究课题。

无论是浮升气泡还是空化气泡，都包含了气相、液相和相界面，属于两相流范畴。由于数学上的困难，用纯解析方法只能解决一些小变形和稳定形状的问题。面对非线性很强的大变形问题和复杂流场的非定常问题，理论解析面临重重困难，目前仍依靠实验方法和数值方法。实验方法虽然直观，但难以同时测量气泡变形时的速度和压力变化等流场信息，对于很多场合，用实验方法只能测量某些特定的气、液系统，不能任意变化气液密度比，也不能测量高压、易燃易爆等复杂流场，具有很大的局限性。数值方法可以克服上述问题，为研究气液两相流问题提供了一个有效且方便的解决方案。

前人对单个气泡在黏性流体中的自由上升行为已经进行了大量的实验和理论研究。Grace 和 Clift 等提出单个气泡的形状可以用三个无量纲数进行表征，即 *Re*、*Eo* 和 *Mo*，Bhaga 和 Weber 据此作出了气泡形状图谱。但实验研究存在很多局限性，诸如不能给出气泡的三维形状、难以观测气泡尾涡流动细节和再现性较差等问题。

随着计算机性能的提高，计算流体力学已成为研究此类问题的主要手段之一。Level-Set 方法是 20 世纪年代初以来较流行的一种方法，它的概念非常清楚且应用起来非常简便，因此被迅速应用到了各种领域，同时得到了不同程度的改进。对两个气泡多种不同的气液密度比进行数值模拟，也可以得到一些非常有趣的现象。然而，在有较明显涡量或者界面变形很大的流场中，Level-Set 方法无法保证质量守恒，模拟精度较低，这对于模拟气泡问题是一个致命的弱点。为了解决这个问题，学者们提出了一些修正的方法。Sussman 首先提出了一种耦合的 Level-Set 和 VOF(CLSVOF)方法，由于 VOF 严格保证质量守恒，因此该耦合的方法可以保证至少二阶精度。Sussman 进一步完善了 CLSVOF 方法。本章采用 CLSVOF 方法，对单个气泡在黏性液体中自由上升现象进行模拟，对比不同 *Re*、*Eo*、*Mo* 时气泡的形状差异、上升速度变化、尾涡特性和气泡分裂现象，并与 Bhaga 和 Weber 的气泡形状图谱进行比较。

5.2　模型选择与求解步骤

VOF 法和 Level-Set 法均为相界面迁移过程中的模拟方法。VOF 方法定义一个流体体积函数 F，其表示的是某一计算网格内第 q 相体积与该单元格的体积比。F=0 表示该计算网格内不存在第 q 相；F=1 表示该计算网格充满第 q 相；$0<F<1$ 表示该网格内存在第 q 相和其他相流体的界面，通过确定 F 值的大小实现对自由面的追踪和重构。Level-Set 法则把气液相界面的传播用一个高阶函数 $\varPhi$ 的零值点表示，由 $\varPhi$ 的代数值来区分计算区域中的各相，即

$$\phi(x,t)=\begin{cases}<0, & x\text{为气相区}\\ =0, & x\text{为相界面}\\ >0, & x\text{为液相区}\end{cases} \tag{5-1}$$

Level-Set 函数为距离函数，利用这一性质可以方便地计算相界面的曲率、法向量等几何参数，从而将相界面上的表面张力用连续函数表示出来。在 CLSVOF 模型中，相界面的追踪由 Level-Set 法实现。式(5-2)给出了流场中 L-S 函数 ϕ 的迁移：

$$\frac{\partial\phi}{\partial t}+V\cdot\nabla\phi=0 \tag{5-2}$$

其中，V 表示流体的速度，如下所示：

$$V=\begin{cases}V_{\mathrm{g}}, & x\text{为气相区}\\ V_{\mathrm{g}}=V_{\mathrm{l}}, & x\text{为相界面}\\ V_{\mathrm{l}}, & x\text{为液相区}\end{cases} \tag{5-3}$$

对于单气泡上升过程的模拟，气泡外的液相速度和气泡内的气相速度可以由求解单相 N-S 方程获得

$$\frac{\partial\rho}{\partial t}+\nabla\cdot(\rho V)=0 \tag{5-4}$$

$$\frac{\partial\rho V}{\partial t}+\nabla\cdot(\rho VV)=-\nabla p+\nabla\cdot\tau+\rho g+F_{\sigma} \tag{5-5}$$

其中，F_σ 为表面张力，由连续表面力模型(CSF)给出：

$$F_\sigma=\sigma K_\sigma(\phi)\delta(\phi)\nabla\phi \tag{5-6}$$

其中，K_σ 为界面曲率，具体可写为 $\nabla\cdot(\nabla\phi/|\nabla\phi|)$。光滑函数 δ_β 定义为

$$\delta_\beta(\phi)\equiv\frac{\mathrm{d}H_\beta(\phi)}{\mathrm{d}\phi}=\begin{cases}\frac{1}{2}[1+\cos(\pi\phi/\beta)]/\beta, & |\phi|<\beta\\ 0, & |\phi|\geqslant\beta\end{cases} \tag{5-7}$$

其中，$H_\beta(\phi)$ 的值可由下式确定：

$$H_\beta(\phi)=\begin{cases}1, & \phi>\beta\\ 0, & \phi<-\beta\\ \frac{1}{2}\left[1+\frac{\phi}{\beta}+\frac{1}{\pi}\sin(\pi\phi/\beta)\right], & \phi\leqslant|\beta|\end{cases} \tag{5-8}$$

式(5-6)中的表面张力 F_σ 在界面的厚度上光滑连续变化。为了避免数值的不稳定性，界面中的流体性质如密度和黏度被认为连续过渡，计算如下：

$$\rho(\phi)=\rho_\mathrm{g}+(\rho_\mathrm{l}-\rho_\mathrm{g})H_\beta(\phi) \tag{5-9}$$

$$\mu(\phi)=\mu_\mathrm{g}+(\mu_\mathrm{l}-\mu_\mathrm{g})H_\beta(\phi) \tag{5-10}$$

本章选取的计算对象如图 5.1 所示。计算区域为一个长方体竖直通道，初始时刻气泡是直径为 d_b 的球形气泡，位于底面中心上方，高度为 d_b。研究表明，长方体通道横截面过小会对气泡的上升过程产生影响。为了消除壁面效应，长方体通道的长宽高分别设为 $5d_\mathrm{b}$，$5d_\mathrm{b}$ 和 $12d_\mathrm{b}$，初始时刻水面高度为 $10d_\mathrm{b}$。计算区域顶部为压力出口，压力为 101325Pa；其余采用无滑移壁面条件。

所采用的网格为六面体结构性网格，如图 5.2 所示。考虑到计算能力有限，网格尺寸被放大到 $0.125d_\mathrm{b}$，即在气泡的直径上至少存在 8 个网格，网格总数为 153600。采用 FLUENT15.0 进行计算，且所有计算均基于非稳态层流模型，多相流模型选用 CLSVOF 方法，并采用隐式体积力公式。为保证计算的收敛性，气相需采用理想可压缩气体模型并打开能量方程，求解器时间步长为 2×10^{-4}s。

为了研究液相性质及气泡大小对气泡上升过程的影响，本章计算了多个案例，具体计算条件如表 5.1 所示。

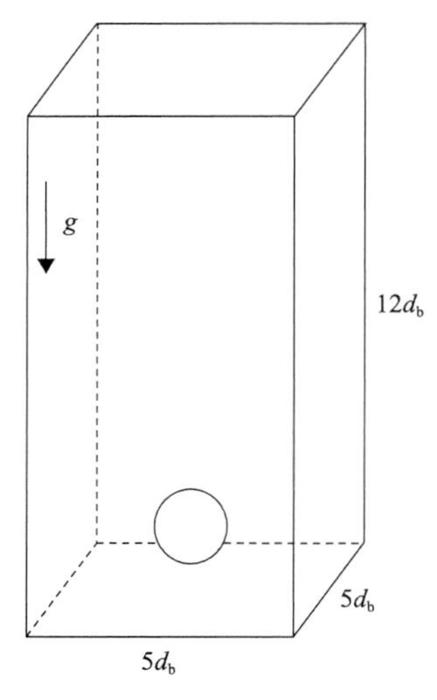

图 5.1　物理模型示意图

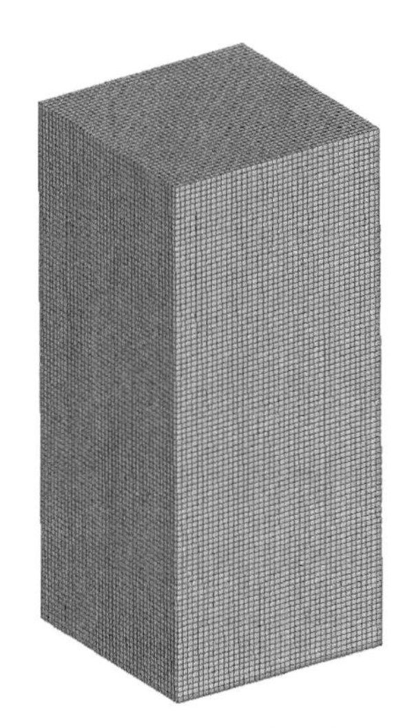

图 5.2　计算网格示意图

表 5.1　计算条件

案例	ρ_l/(kg/m^3)	μ_l/(Pa·s)	D_b/m	σ/(N/m)
A	1260	1.57×10^{-1}	4.00×10^{-3}	6.32×10^{-2}
B1	866	5.80×10^{-2}	6.00×10^{-3}	2.07×10^{-2}
B2	1206	5.29×10^{-2}	6.00×10^{-3}	6.59×10^{-2}
B3	1135	6.86×10^{-3}	6.00×10^{-3}	7.03×10^{-2}
C1	1270	1.96	2.00×10^{-2}	6.36×10^{-2}
C2	953	3.76×10^{-1}	2.00×10^{-2}	3.88×10^{-2}
D	1206	5.29×10^{-2}	1.50×10^{-2}	6.59×10^{-2}
E	1206	5.29×10^{-2}	4.00×10^{-2}	6.59×10^{-2}
F	1270	1.96	6.00×10^{-2}	6.36×10^{-2}

求解器设置如下：

(1)设置多相流模型(图 5.3)，打开能量方程、重力，使用 VOF + Level-Set 方法。

(2)设置两相参数(图 5.4)，第一相为液体，第二相为气体。设置液体参数及理想气体模型参数。设置表面张力，打开壁面接触角。

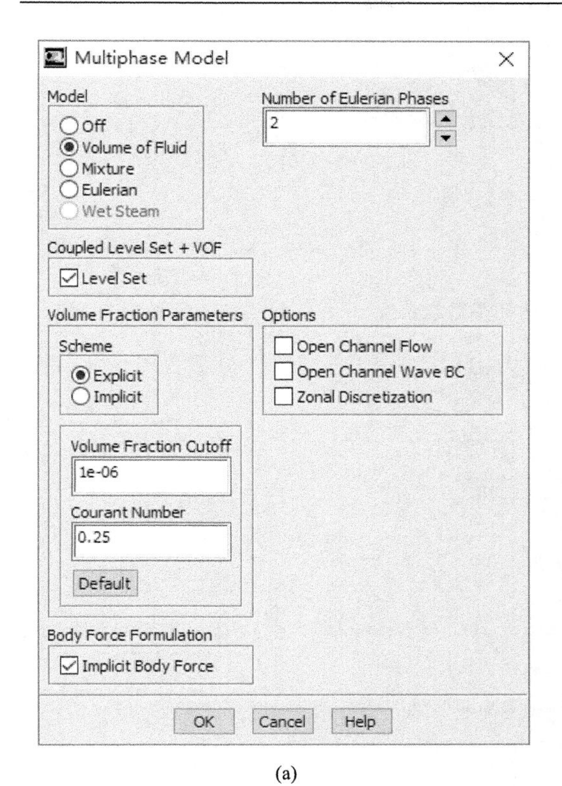

(a)

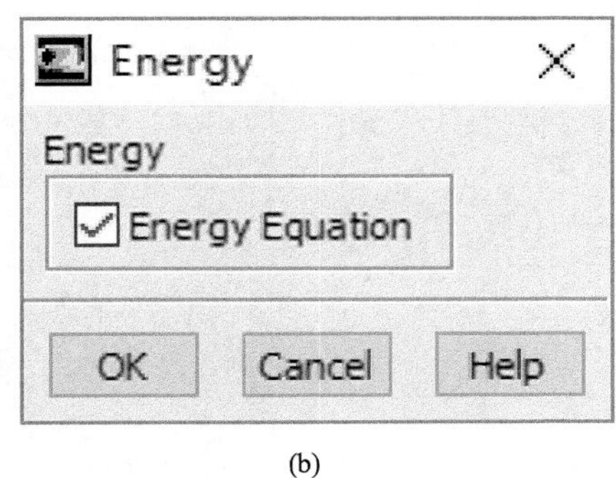

(b)

图 5.3　模型设置

(a)

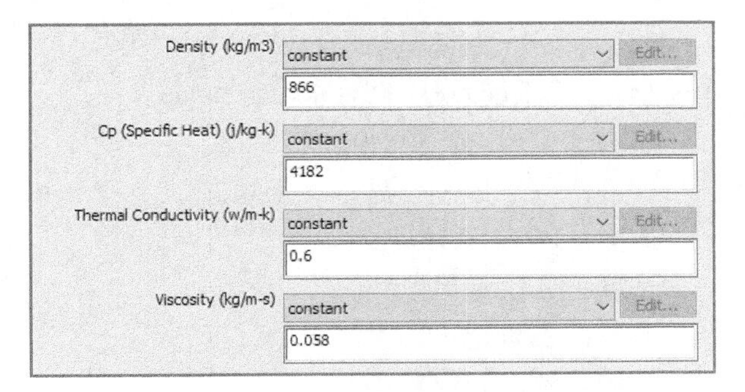

(b)

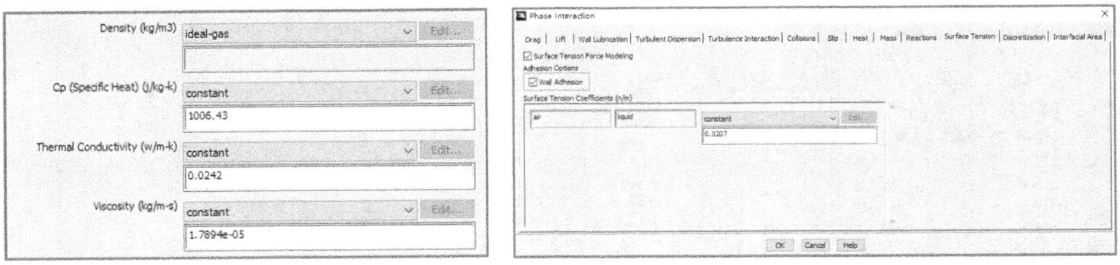

(c)

(d)

图 5.4　两相参数设置

(3) 设置边界条件(图 5.5)。使用压力出口，回流空气体积分数为 1。采用无滑移壁面，接触角为 90°。

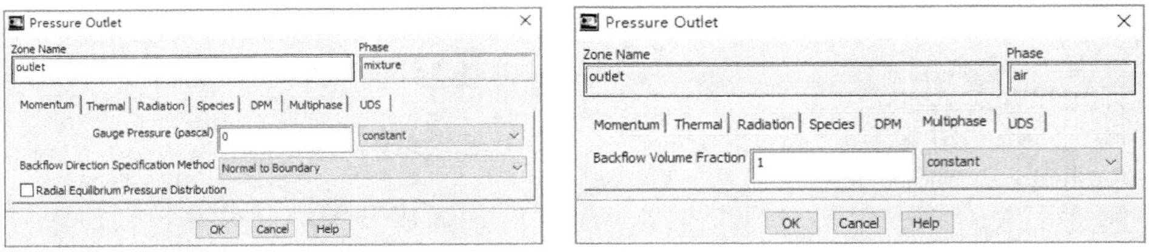

(a)

(b)

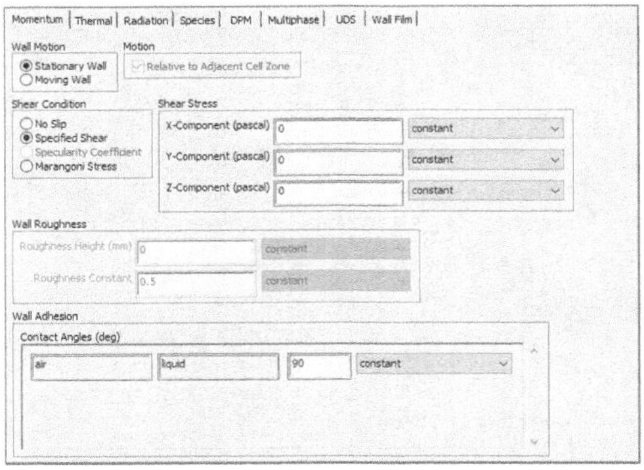

(c)

图 5.5　边界条件设置

(4) 设置求解算法(图 5.6 和图 5.7)。

压力速度耦合：SIMPLE。

梯度：基于控制体最小二乘法。

压力：PRESTO!

密度：二阶迎风。

动量：二阶迎风。

体积分数：几何重构。

能量：二阶迎风。

Level-Set 方程：一阶迎风。

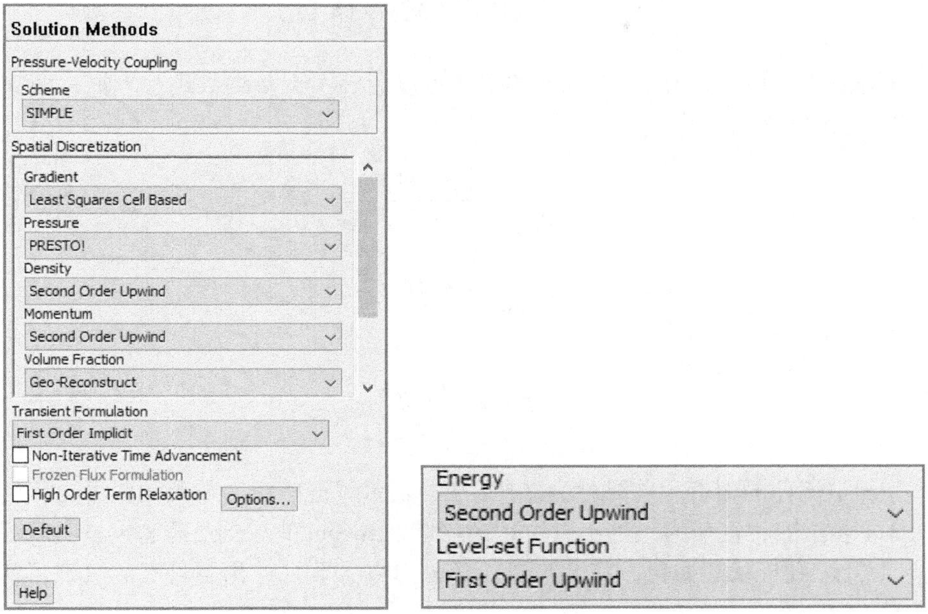

Solution Methods
Pressure-Velocity Coupling
Scheme
SIMPLE
Spatial Discretization
Gradient
Least Squares Cell Based
Pressure
PRESTO!
Density
Second Order Upwind
Momentum
Second Order Upwind
Volume Fraction
Geo-Reconstruct
Transient Formulation
First Order Implicit
Non-Iterative Time Advancement
Frozen Flux Formulation
High Order Term Relaxation
Options...
Default
Help
Energy
Second Order Upwind
Level-set Function
First Order Upwind

(a)　　(b)

图 5.6　计算求解设置

松弛因子：N/A。

时间步长：2×10^{-4}s。

单时间步长最大迭代次数：20。

Solution Controls
Under-Relaxation Factors
Pressure
0.3
Density
1
Body Forces
1
Momentum
0.7
Energy
1
Default
Equations...
Limits...
Advanced...
Help
Max Iterations/Time Step
20
Reporting Interval
1
Profile Update Interval
1
Time Step Size (s)
0.0002
Number of Time Steps
1e+06

(a)　　(b)　　(c)

图 5.7　计算设置

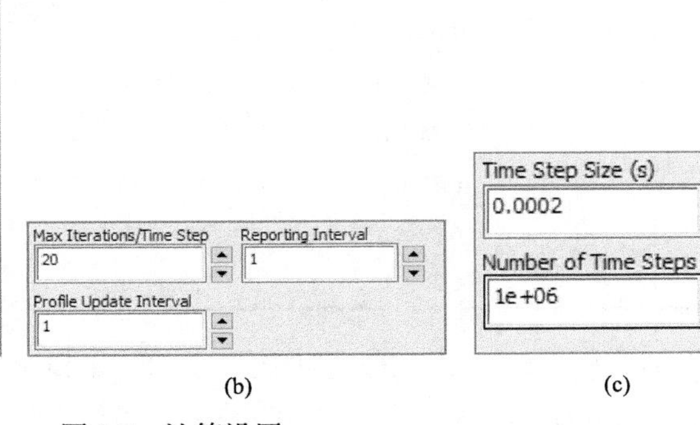

5.3 气泡的变形特性

Grace 和 Clift 等提出单个气泡的形状可以用三个无量纲数进行表征，即 Re、Eo 和 Mo，定义如下：

$$Re = \frac{\rho_l U_b D_b}{\mu_l} \tag{5-11}$$

$$Eo = \frac{\rho_l g D_b^2}{\sigma} \tag{5-12}$$

$$Mo = \frac{g \mu_l^4 \Delta\rho}{\rho_l^2 \sigma^3} \tag{5-13}$$

Re 是流体的惯性力与黏性力之比；Eo 表示气泡的浮力与表面张力之间的关系；Mo 表示液相性质对气泡上升过程的影响。Bhaga 和 Weber 通过大量实验观察气泡上升过程形状的变化，将其与 Re、Eo、Mo 关联，作出了著名的气泡形状图谱(图 5.8)。

本章计算了 A～F 共 9 种工况下气泡的上升过程，选取气泡稳定上升且未发生分裂时的速度计算终了雷诺数，同时整理了各工况下的 Eo 和 Mo，列于表 5.2。可以看出，覆盖的流动范围相当广泛，Eo 为 O(0)～O(2)，Mo 为 O(–8)～O(2)。

表 5.2 各工况的无量纲条件

工况	σ/(N/m)	Eo	Mo	Re
A	6.32×10^{-2}	3.12	1.87×10^{-2}	2.57
B1	2.07×10^{-2}	1.48×10	1.44×10^{-2}	1.34×10
B2	6.59×10^{-2}	6.46	2.22×10^{-4}	2.74×10
B3	7.03×10^{-2}	5.70	5.50×10^{-8}	2.73×10^{2}
C1	6.36×10^{-2}	7.83×10	4.42×10^{2}	1.97
C2	3.88×10^{-2}	9.63×10	3.51	1.22×10
D	6.59×10^{-2}	4.04×10	2.22×10^{-4}	9.23×10
E	6.59×10^{-2}	2.87×10^{2}	2.22×10^{-4}	2.56×10^{2}
F	6.36×10^{-2}	7.04×10^{2}	4.42×10^{2}	1.67×10

将 A～F 9 种工况下的模拟结果与 Bhaga 和 Weber 所作的气泡形状图谱做对比。以 Eo 为横轴，Re 和 Mo 为纵轴，将各工况所对应的点标注在气泡形状图谱

上，如图 5.8 所示。对比气泡形状图谱中各点的 *Mo* 与表 5.2 中的 *Mo*，可以发现结果较为接近。模拟所得无量纲条件与实验数据的吻合证明了 CLSVOF 法在单气泡上升过程模拟中的可靠性。

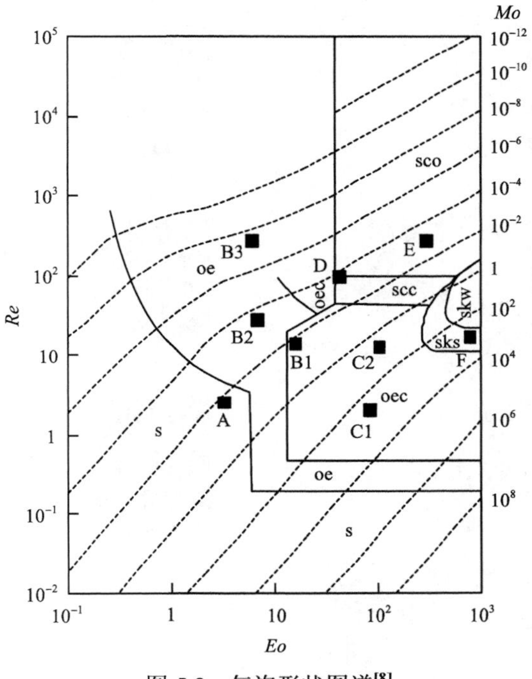

图 5.8 气泡形状图谱[8]

图 5.9 为不同工况的模拟结果与对应气泡区实验结果的对比。模拟结果选取的是流场中心剖面，故与实验拍摄结果略有差异，但仍可以判断模拟结果的合理性，以及气泡形状随 *Eo*、*Mo* 的变化。

当 *Eo* 较小，*Mo* 为 O(–2) 数量级时，按照 Bhaga 和 Weber 的气泡图谱，气泡形状应该为球形(spherical)。由于计算工况 A 与扁球形区域十分接近，气泡存在一定的偏心度，但气泡底部并未出现明显的向上凹陷，可近似认为其为球形气泡。

当 *Eo* 维持在 O(0) 数量级，而 *Mo* 很小时，气泡终端形状为扁椭球形(oblate spherical)。工况 B3 与 B2 的 *Eo* 相近，B3 的 *Mo* 小于 B2，气泡形状更扁，由此证明 *Mo* 越小，气泡越扁。

工况 C1、C2 的 *Eo* 在 O(1) 数量级，*Mo* 处于 O(0)～O(2) 数量级时，气泡终端形状为扁椭球帽形(oblate spherical cap)，此形态下气泡下表面向里凹陷，并且随着 *Mo* 的减小，凹陷程度加大。在工况 C2 的基础上进一步增加 *Eo*(即工况 F)，由于凹陷面积越来越大，气泡变形为裙状，且由于表面张力较大，此时的气泡形态仍维持稳定，并未破裂。

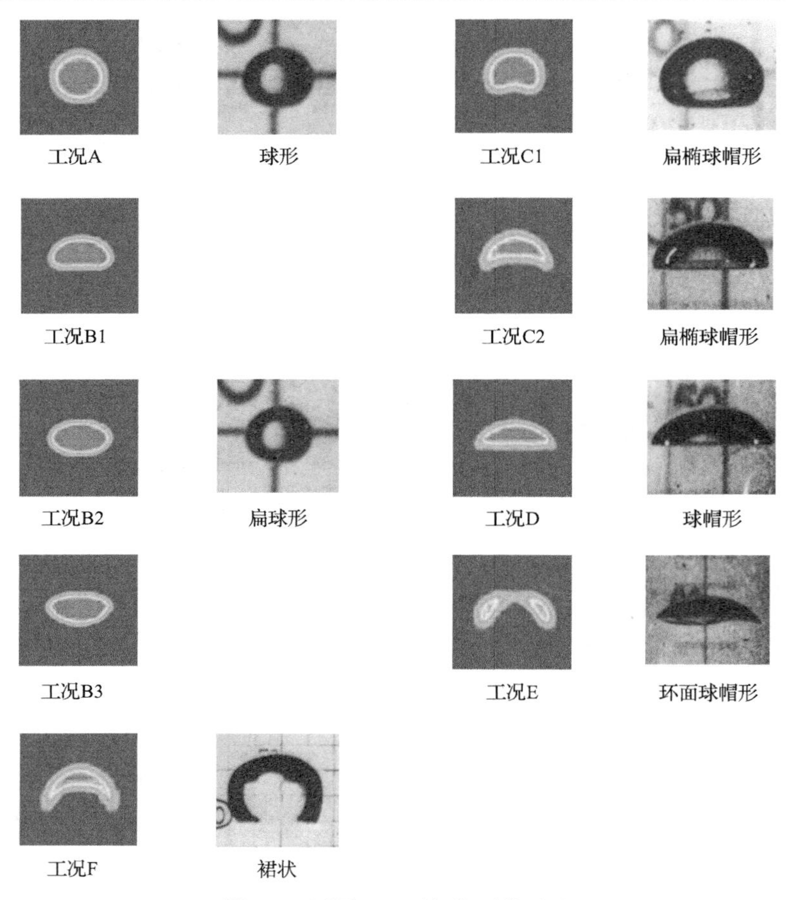

图 5.9　不同工况下气泡形状对比

工况 D 处在扁椭球、扁椭球帽形和环面球帽形三个流动范围的中间区域，气泡最终形态呈现为球帽形；而工况 B1 处在球形、扁椭球形、扁椭球帽形之间，其形状很难界定，呈现过渡状态。

工况 E 的气泡在破碎前呈现环面球帽形，气泡中大多数气体处于气泡外环处，顶部为非常薄的气膜。在随后的上升过程中，顶部气膜无法承受气泡下部液体的撞击最终发生破裂，气泡变为环形继续上升，并继续发生破裂，最终成为多个小气泡浮出水面。

5.4　气泡上升速度及阻力变化

选取气泡顶点作为当前时刻气泡位置的标记，利用中心差分法可以求出气泡上升的速度，图 5.10 为不同工况下气泡自由上升的速度曲线。

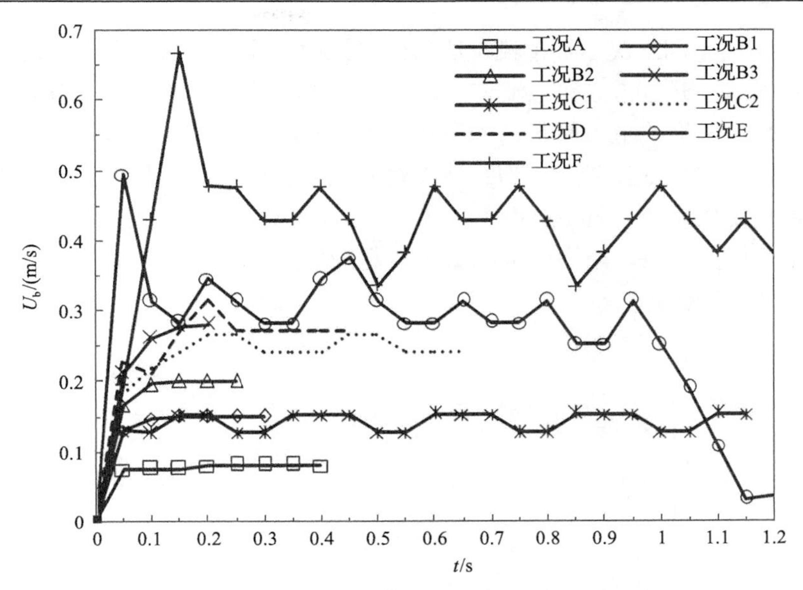

图 5.10 不同工况下气泡自由上升的速度曲线

对比 A、B1、B2、B3 各工况下气泡上升速度曲线，可以发现：气泡均是先经历一个加速过程，随后速度达到最大值，最终以恒定速度浮出水面；随着 *Mo* 的变小(即液相黏度相对减小)，气泡终端上升速度变得越大，越早浮出水面。*Mo* 变大后气泡加速过程持续变长，这是因为液相相对黏度降低，对气泡速度变化的阻尼变弱，不会过早到达终端速度。

C2、D、E、F 工况下气泡上升速度先迅速达到最大值，随后振荡衰减并稳定在一个稍小的速度附近，这种现象与 Manoj 和 Kirti 等观测到的现象一致。在 C1、C2、F 工况下，气泡终端上升速度会进入一个周期性振荡状态，同时气泡形状也发生周期性变化。

E 工况下气泡在开始时刻上升速度很快，周围的流体产生较大的剪切力，表面张力无法维持气泡形态，气泡发生破碎。破碎后的小气泡上升速度很慢，不再发生分裂。

Grace 和 Clift 将气泡的阻力系数定义为

$$C_\mathrm{d} = \frac{4gd_\mathrm{b}}{3U^2} \tag{5-14}$$

Bhaga 和 Weber 从大量实验中总结出系数 U 的经验公式：

$$U = \frac{\arcsin e - e(1-e^2)^{\frac{1}{2}}}{e^3}(gb)^{\frac{1}{2}} \tag{5-15}$$

图 5.11 为不同工况下数值模拟所得的气泡阻力系数与经验公式对比。可以看出，随着气泡上升，雷诺数逐渐增大，气泡的阻力系数逐渐降低。当上升速度达到稳定值时，气泡的阻力系数基本不变，此时气泡的形状也基本固定不再发生变化。对于 C1、C2、F 工况，气泡最终会进入周期振荡状态，此时阻力系数也随着气泡的形状发生波动，但振幅很小。从图 5.11 可以看出，本章数值模拟所得结果与实验结果较为一致，阻力系数随着雷诺数的增加而降低，气泡形状也由球形逐渐向裙状气泡变化。

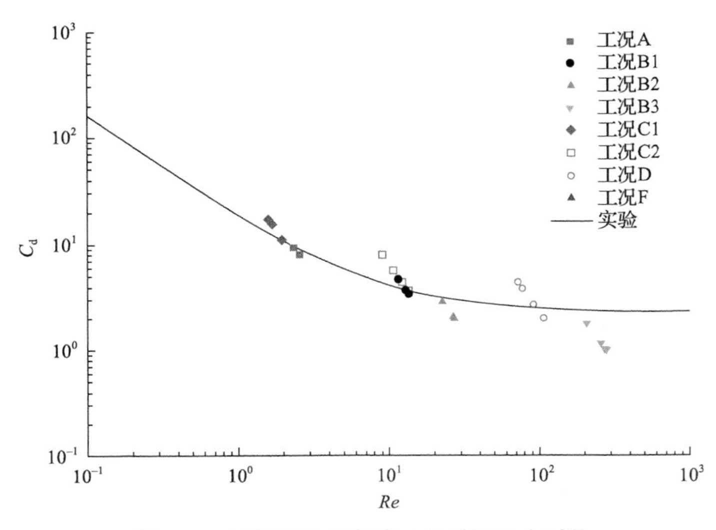

图 5.11　不同工况下气泡上升过程阻力系数

5.5　气泡周围流场

图 5.12 为工况 B1 下气泡周围的迹线分布，可以看出：气泡上升过程中，气泡周围的液体在气泡周围做回旋运动，呈现出三维环状涡结构，涡的中心位于气泡的下方且呈中心轴对称分布。气泡上表面的液体先沿周向运动，靠近壁面时向下流动，随后回到轴心处向上流动且速度加快，由此产生向上的动量使气泡底部向内凹陷，最终使得气泡呈椭球帽状向上浮升。

对于工况 C1（图 5.13），涡的中心远离气泡，呈现更大尺度的漩涡。气泡后方的液体主要沿着气泡外侧向上运动，而轴心处向上运动的液体动量减小，弱化了对气泡底部的挤压作用，气泡向内凹陷减轻，更接近椭球形。

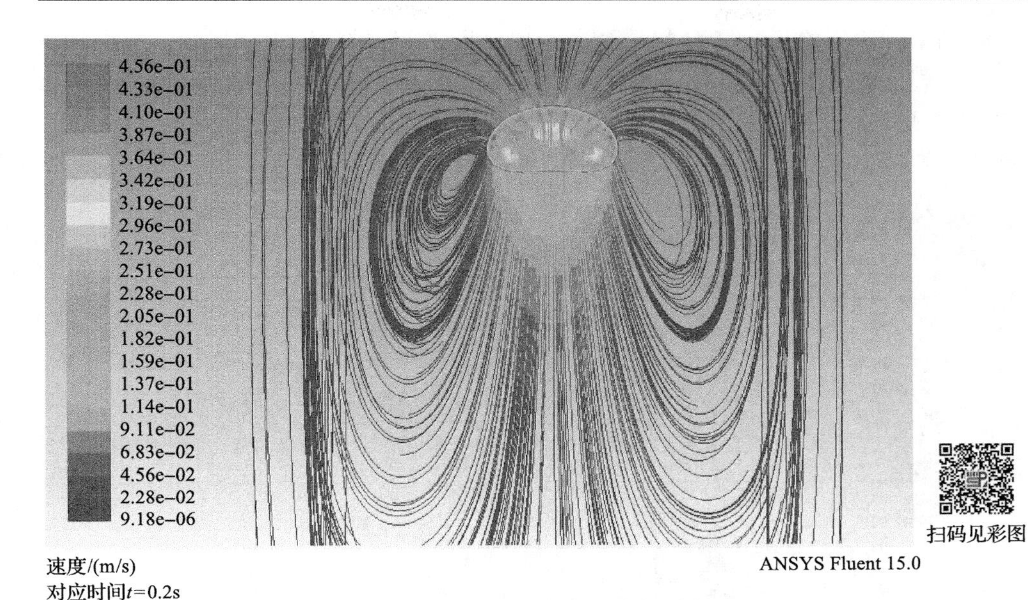

图 5.12　工况 B1 气泡周围流场

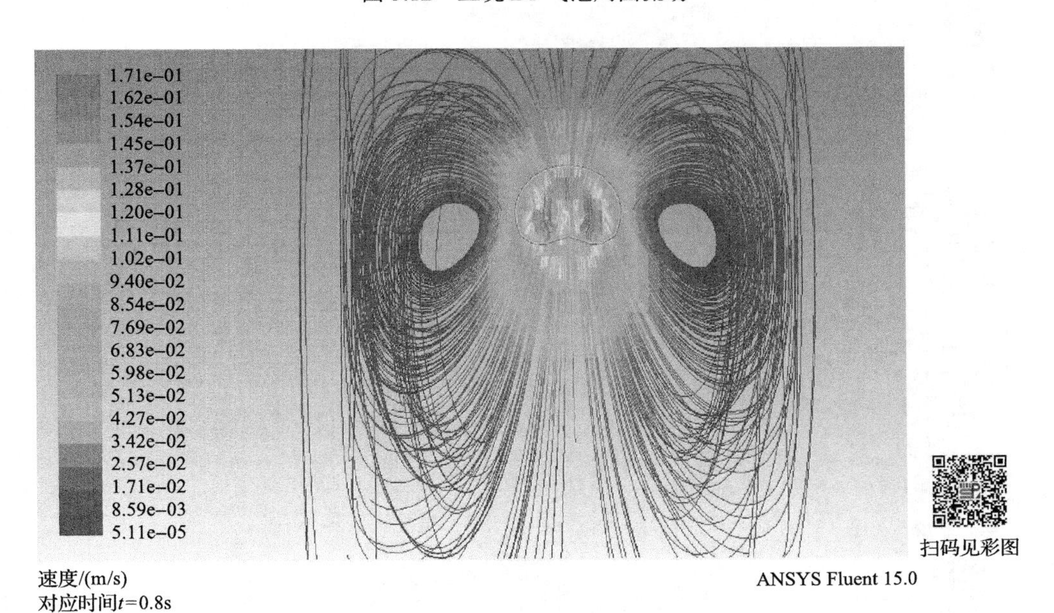

图 5.13　工况 C1 气泡周围流场

图 5.14、图 5.15 为工况 E 气泡周围的迹线分布。如图 5.14 所示裙状气泡未发生破裂时，几乎所有的迹线均经过气泡的底部，其向上的冲量使裙状气泡下表面凹陷，大多数气体聚集到气泡边缘的环状区域。动量较大的液体撞击下界面时，驻

点处动量转化为静压，气泡上下压差变大，界面难以维持原来的形状，从中心处发生破裂。裙状气泡演变为环状气泡后，液体从中间穿过，形成闭环的迹线，如图 5.15 所示。通过本案例发现，裙状气泡的上升过程对周围流场影响范围很大，尺寸为 $5d_b \times 5d_b$ 的流域截面仍然过小，显示壁面对气泡的影响。

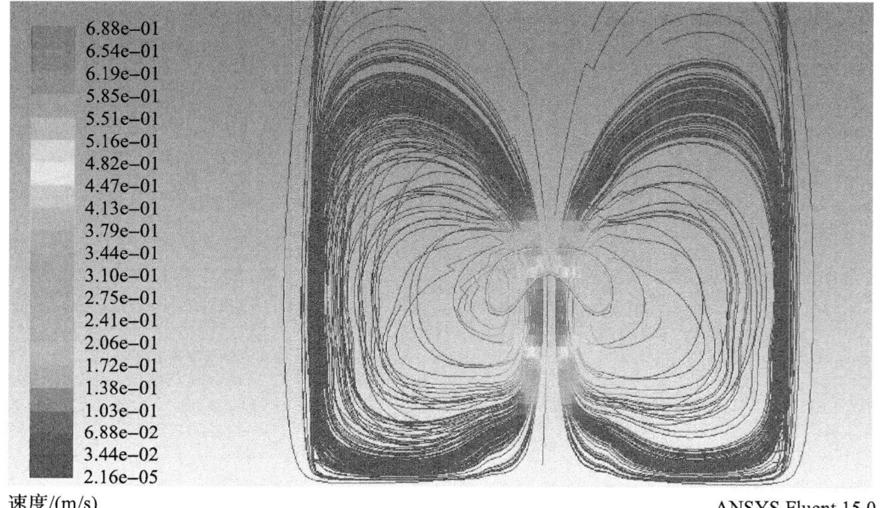

图 5.14　工况 E 气泡周围流场(未分裂)

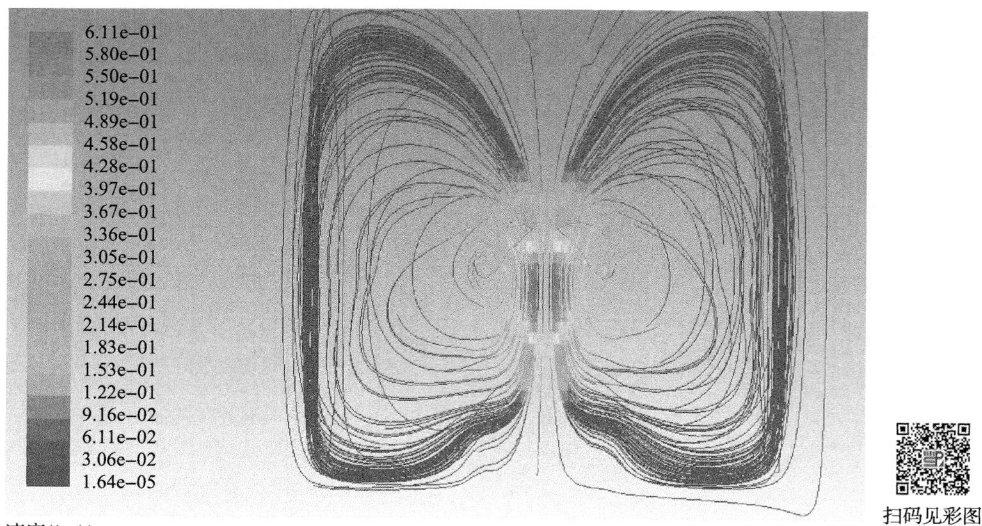

图 5.15　工况 E 气泡周围流场(分裂中)

以上模拟结果表明，CLSVOF 法可以模拟再现单气泡上升，模拟形状与实验观察一致。改变 *Mo*、*Eo*、*Re*，模拟气泡大小、液相性质、表面张力对气泡上升过程中形状、速度、流场特征的影响。受计算资源的限制，模拟结果的精度还有待提升，读者可以调整网格疏密程度、扩大计算域，获得更精确的模拟结果。

第 6 章　气液两相群体平衡气泡模拟

6.1　问题的提出

早期对气液两相流中气泡尺寸的模拟一般采用单一尺寸气泡模型，局限于低表观气速下的均匀鼓泡流。随着表观气速的增加，鼓泡塔内的流动变得复杂，气泡尺寸分布随之变宽，平均尺寸气泡模型不能够反映塔内气泡尺寸分布情况。因此，Krishna 等根据床层崩塌气泡分离实验现象，提出了双尺寸气泡模型，即按照气泡尺寸范围把气泡分为大、小两组。与单一尺寸气泡模型相比，双尺寸气泡模型虽大大拓宽了表观气速的应用范围，但该模型没有考虑气泡间的质量及动量传递，其合理性遭到了质疑。大量实验研究表明，气泡在鼓泡塔内发生剧烈的合并与分裂，气泡的尺寸倾向于呈现正态分布或对数律正态分布。用群体平衡模型(population balance model，PBM)描述气泡尺寸及其数密度随时间的变化，在一定程度上较为成熟。但是，求解气泡数密度随时间变化的微分方程需要事先给出气泡的合并与分裂速率模型。

研究者对鼓泡塔内气泡合并及分裂现象的内在机制进行探究，提出不同的气泡合并分裂机制模型。气泡合并模型一般分解为气泡碰撞频率和合并效率两个机制。其中，气泡的碰撞频率的影响因素有：湍流涡体随机运动、浮升力大小不同、速度梯度差异、大气泡尾涡夹带、大湍流涡捕获等因素诱导气泡间相互碰撞。气泡的合并效率模型包括：液膜排水模型、能量守恒模型、临界速度模型等。气泡分裂模型主要包括破碎频率和子代气泡尺寸分布。引起气泡破碎的主要因素有：湍流涡撞击、大气泡界面不稳定、速度梯度剪切等因素诱导气泡破碎。子代气泡尺寸分布模型可分为统计模型类的正态分布、Beta 分布及非均布分布和逻辑现象学类的钟状分布、U 形分布及 M 形分布。

本章描述 PBM 模型方程及其离散化，对气泡的合并及分裂速率模型进行分类，并选取三种有代表性的合并分裂模型进行分析，为模型的改进提供思路。

6.2　群体平衡气泡模型方程

群体平衡气泡模型是描述多相体系中离散相尺寸大小分布的通用方法，它基于离散相质量守恒方程和描述气泡数密度随时间变化率微分方程组，对离散相尺寸的动态变化进行模拟。本书采用双气泡相群体平衡气泡模型，系统考察气泡合并与分裂对气泡尺寸及其分布的影响。双气泡相群体平衡气泡模型又称非均相 PBM，首先将连续尺寸范围的气相离散成一系列的气泡组，再将这些气泡组进一步分为大气泡相和小气泡相两组。其中，大、小气泡相组的区分是根据 Tomiyama 等的研究成果，以气泡所受升力方向转变作为依据，对应的气泡尺寸为 5.8mm。对于当前模型，气泡相被人为地分为 16 组，如表 6.1 所示。气泡尺寸从 1.15mm 到 5.80mm 属于小气泡相组，从 5.80mm 到 29.23mm 属于大气泡相组。第 i+1 组气泡与第 i 组气泡满足体积比 $v_i = 2v_{i-1}$。

表 6.1　各离散气泡组的尺寸

组序	1	2	3	4	5	6	7	8
气泡尺寸/mm	1.15	1.45	1.83	2.30	2.90	3.65	4.60	5.80
组序	9	10	11	12	13	14	15	16
气泡尺寸/mm	5.80	7.31	9.21	11.60	14.62	18.41	23.20	29.23

大、小气泡尺寸组的气泡群体数密度守恒方程分别表示如下：

$$\begin{cases} \dfrac{\partial \alpha_{\text{small}}}{\partial t} + \nabla \cdot (\alpha_{\text{small}} u_{\text{small}}) = \sum\limits_{i=1}^{N_{\text{small}}} S_i \\ \dfrac{\partial \alpha_{\text{large}}}{\partial t} + \nabla \cdot (\alpha_{\text{large}} u_{\text{large}}) = \sum\limits_{i=1}^{N_{\text{large}}} S_i \end{cases} \tag{6-1}$$

其中，α、u、N 分别表示气泡的体积分数、速度和组数；S_i 表示由第 i 相气泡组合并或分裂产生的源项，表达如下：

$$\frac{S_i}{V_i} = C_{B,i} - C_{D,i} + B_{B,i} - B_{D,i} \tag{6-2}$$

其中，$C_{B,i}$，$C_{D,i}$，$B_{B,i}$，$B_{D,i}$ 分别表示第 i 相气泡的合并产生(第 j 相气泡与第 k 相气泡合并产生)、合并消失(与第 j 相气泡合并产生)、分裂产生(第 j 相气泡分裂产生、i+1 相气泡分配产生、i 相气泡分配产生)、分裂消失(i 相气泡的分裂)。特别地，最小尺寸组的气泡(i=1)不发生分裂，最大等级尺寸组(i=N)不发生合并。

群体平衡气泡模型的难点是气泡合并与分裂模型，为了简化模型，研究者通常只考虑气泡两两合并过程及一分为二的气泡分裂过程。图 6.1 是第 i 相气泡的产生及消失情况。具体公式根据 Heagether 等方法计算：

(a)
$$C_{B,i} = \frac{1}{2}\sum_{j=1}^{i}\sum_{k=1}^{i} c(v_j, v_k) x_{jk} \xi_{jk} n_j n_k \tag{6-3}$$

(b)
$$C_{D,i}=\sum_{j=1}^{N-1}c(v_i,v_j)n_in_j \tag{6-4}$$

(c)
$$\begin{aligned}B_{B,i}=&\sum_{j=i+1,i\neq N}^{N}b(v_j:v_i)n_j+\sum_{j=1,i\neq N}^{i}y_{i+1,j}b(v_{i+1}:v_j)n_{i+1}\\&+\sum_{j=1,i\neq N}^{i-1}(1-y_{i,j})b(v_i:v_j)n_i\end{aligned} \tag{6-5}$$

(d)
$$B_{D,i}=\sum_{j=1}^{i-1}b(v_i:v_j)n_i \tag{6-6}$$

其中，v 为体积分数；n 为气泡数密度；$c(v_i,v_j)$ 表示体积为 i 和体积为 j 的气泡之间的合并速率；$b(v_i:v_j)$ 表示体积为 i 的气泡分裂成体积为 j 的气泡的速率，具体描述将在 6.3 节展开。

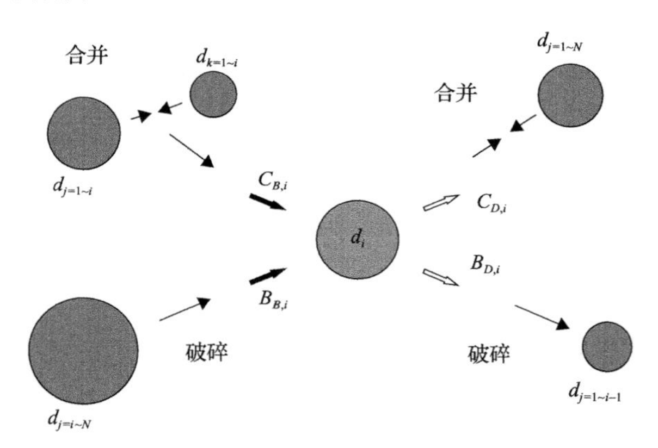

图 6.1　合并/分裂所产生/消失的第 i 相气泡

合并或分裂产生的原始气泡还需要再分配到预先给定的气泡组中。图 6.2 显示了在保证质量守恒的前提下，气泡的合并及再分配过程。假定体积为 2（v_1）的气泡与体积为 8（v_i）的气泡合并产生体积为 10（v_{jk}）的气泡；由于体积为 10（v_{jk}）的气泡处于体积 8（v_i）和 16（v_{i+1}）之间，需要根据权重分配到 v_i 和 v_{i+1} 气泡中。比如，若合并生成了 100 个体积为 10（v_{jk}）的气泡，则分配 75 个气泡体积为 8（v_i）、25 个气泡体积为 16（v_{i+1}）的气泡。因此，每次的合并及破碎并非一步到位，即需要经历一个再分配的过程。气泡的分裂及再分配过程与合并过程具有相似性，如图 6.3 所示。由式(2-5)可知，第 i 等级气泡的分裂产生可分为三种情况，即第j相气泡分裂产生、i+1相气泡分配产生、i相气泡分配产生。假定体积为16的气泡破碎成为体积为2的气泡和体积为14的气泡。由于体积为14的气泡在体积为8和体积为16之间，则需要根据权重继续分配到预先给定气泡中。

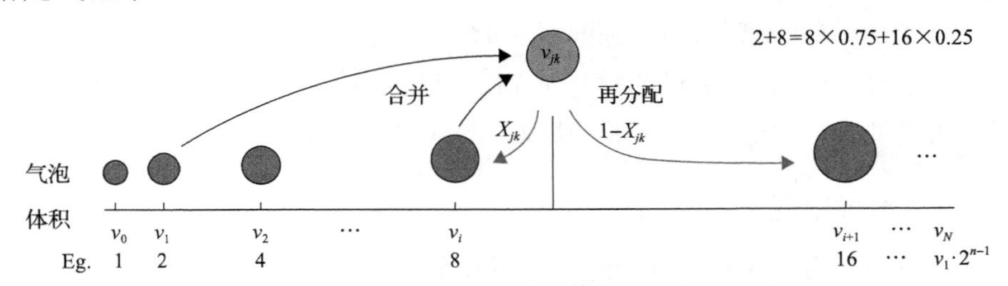

图6.2　气泡的合并及再分配过程

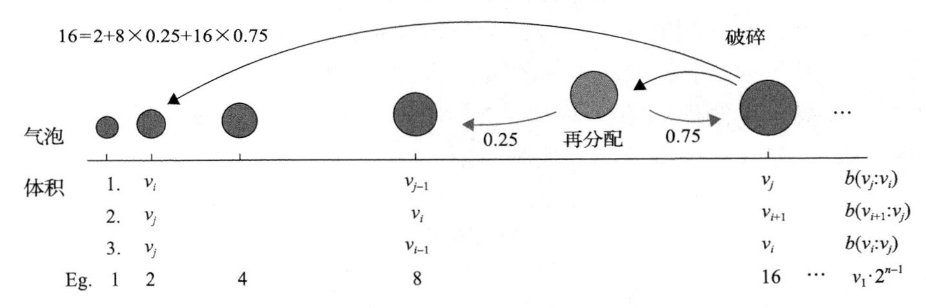

图6.3　气泡的分裂及再分配过程

式(6-3)～式(6-6)中的再分配系数ξ、x和y可分别定义如下。

判定气泡体积是否属于某一特定气泡：

$$\xi_{jk}=\begin{cases}1, & v_{i-1}<v_{jk}<v_{i+1}\\ 0, & 其他\end{cases} \tag{6-7}$$

气泡的权重分配系数求解，其中最大气泡不发生合并：

$$x_{jk}=\begin{cases}(v_{jk}-v_{i-1})/(v_i-v_{i-1}), & v_{i-1}<v_{jk}\leqslant v_i\\ (v_{jk}-v_{i+1})/(v_i-v_{i+1}), & v_i<v_{jk}<v_{i+1}\\ v_{jk}/v_N, & v_N<v_{jk}\end{cases} \tag{6-8}$$

气泡分裂产生的非特定子气泡权重分配系数求解：

$$y_{i+1,j}=\frac{(v_{i+1}-v_j)-v_{i+1}}{(v_i-v_{i+1})}=\frac{v_1\cdot 2^j}{v_1\cdot 2^i}=2^{j-i} \tag{6-9}$$

6.3　气泡合并分裂模型的对比

由 6.2 节可知，群体平衡气泡模型能否正确描述气泡的尺寸及其分布，不仅取决于连续性方程的离散，而且和气泡的合并及分裂速率密切相关。本节对气泡的合并速率 $c(v_i, v_j)$ 和分裂速率 $b(v_i : v_j)$ 模型进行详细的分析与讨论，选取几种有代表性的模型进行数值分析，为后续模型改进提供基础。

6.3.1　气泡合并模型

对气泡合并模型的研究分为理论分析和实验研究两个方面(图 6.4)。实验模型比较直观，但是，一般要根据实验现象发展理论模型。在气泡合并理论模型研究方面，对气泡合并过程的研究一般分为气泡碰撞频率和合并效率两个方面。碰撞导致气泡合并的因素有：湍流涡体随机运动、浮升力大小不同、大气泡尾涡夹带、速度梯度差异、大湍流涡捕获等因素诱导碰撞。典型的合并效率模型包括：液膜排水模型、能量守恒模型、临界速度模型等。

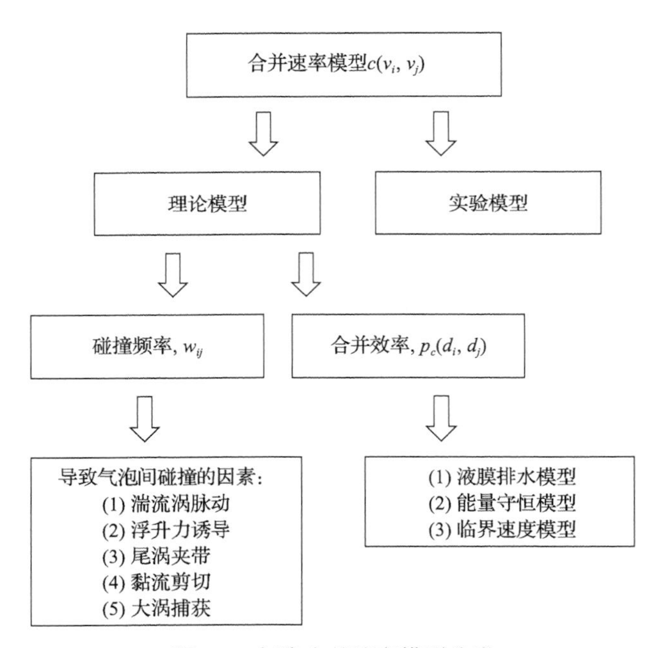

图 6.4　气泡合并速率模型分类

对于上述子模型，本节选取 Prince 和 Blanch、Luo 和 Svendsen 及 Lehr 等提出的三种气泡的合并速率模型进行分析。这三组气泡合并模型中的合并效率模型分别采用液膜排水模型、能量守恒模型、临界速度模型，具有代表性。

(1) Prince 和 Blanch 合并模型：考虑了湍流涡随机运动诱导、大小气泡浮升力不同以及速度梯度差异三种不同的诱导碰撞因素；合并效率采用 Coulaloglou 等提出的液膜排液模型。该模型将气泡间由于湍动所引起的碰撞与理想气体分子间的相互碰撞过程进行类比，用气体分子运动论的方法求解气泡间的碰撞频率。由湍流涡随机运动诱导碰撞的频率可表达如下：

$$w_{ij}^{\mathrm{T}}=\frac{1.43\pi}{16}n_in_j(d_{bi}+d_{bj})^2\varepsilon^{1/3}(d_{bi}^{2/3}+d_{bj}^{2/3})^{1/2} \tag{6-10}$$

气泡的尺寸不同导致上升速度具有差异，则大气泡与小气泡间由于浮升力不同所引起的碰撞频率为

$$w_{ij}^{\mathrm{B}}=\frac{\pi}{16}n_in_j(d_{bi}+d_{bj})^2|u_{bi}-u_{bj}| \tag{6-11}$$

其中，Clift 等在空气-水实验中测得了不同尺寸的气泡上升速度，拟合出单个气泡的浮升速度为 $u_{bi}=(2.14\sigma/\rho_l d_i+0.505gd_i)^{1/2}$。

气泡在液体中运动，并带动液体进行着大尺度液相循环，液体间存在的速度梯度所引起的气泡间碰撞频率为

$$w_{ij}^{\mathrm{LS}}=\frac{1}{6}n_in_j(d_{bi}+d_{bj})^3\left(\frac{\mathrm{d}u_{\mathrm{L}}}{\mathrm{d}r}\right) \tag{6-12}$$

其中，液体的速度梯度为

$$\frac{\mathrm{d}u_{\mathrm{L}}}{\mathrm{d}r}\approx\frac{u_{\mathrm{L}}}{D_{\mathrm{C}}/2}=\frac{0.787(gD_{\mathrm{C}}u_{\mathrm{g}})^{1/3}}{D_{\mathrm{C}}/2}$$

气泡合并的前提是碰撞，但并不是每次碰撞都能够诱导合并，碰撞后导致合并的可能性称为合并效率。Prince 和 Blanch 认为当两个气泡碰撞时，接触部分产生高压促使液膜之间的液体受到排挤。合并效率取决于气泡间的接触时间 t_{contact} 与液膜的排液时间 t_{drainage}。合并效率采用指数形式，可表达如下：

$$p_{c,ij}=\exp\left(-\frac{t_{\mathrm{drainage}}}{t_{\mathrm{contact}}}\right)=\exp\left(-\frac{r_{ij}^{5/6}\rho_l^{1/2}\varepsilon^{1/3}}{4\sigma^{1/2}}\ln\frac{h_0}{h_{\mathrm{f}}}\right) \tag{6-13}$$

其中，r_{ij} 为气泡的等效半径，表达式为 $r_{ij}=0.25d_{bi}d_{bj}/(d_{bi}+d_{bj})$；$h_0$，$h_{\mathrm{f}}$ 分别为初始液膜厚度和临界液膜厚度。根据 Shinnar 和 Church 的研究，对于空气-水系统，

气泡接触时初始液膜厚度 h_0 可近似为 10^{-4}m，当气泡达到临界液膜厚度 h_f=10^{-8}m 时即可认为液膜完全消失，气泡间已经发生合并。

气泡的总合并速率为总的碰撞频率乘以合并效率，则三种叠加碰撞机制诱导的合并频率为

$$c(v_i, v_j) = (w_{ij}^{\mathrm{T}} + w_{ij}^{\mathrm{B}} + w_{ij}^{\mathrm{LS}}) \cdot p_{c,ij} \tag{6-14}$$

(2) Luo 和 Svendsen 合并模型：仅考虑了湍流涡随机运动诱导碰撞的机制。与 Prince 和 Blanch 合并模型不同的是，该模型纠正了湍流涡诱导碰撞的投影碰撞系数计算上所存在的误差，则湍流涡诱导气泡间碰撞频率为

$$w_{ij}^{\mathrm{T}} = \frac{1.43\pi}{4} n_i n_j (d_{bi} + d_{bj})^2 \varepsilon^{1/3} (d_{bi}^{2/3} + d_{bj}^{2/3})^{1/2} \tag{6-15}$$

合并效率采用能量守恒模型，即考虑湍流涡体所携带的湍流动能转化为气泡的表面能：

$$p_{c,ij} = \exp\left(-\frac{E_\sigma}{E_{\mathrm{kin}}}\right) = \exp\left\{-\frac{[0.75(1+x_{ij}^2)(1+x_{ij}^3)We_{ij}]^{1/2}}{(\rho_g / \rho_l + C_{VM})^{1/2}(1+x_{ij})^3}\right\} \tag{6-16}$$

其中，We 为气泡的韦伯数，$We_{ij} = \dfrac{\rho_l d_{bi} \overline{u}_{ij}^2}{\sigma}$；$\overline{u}_{ij} = 1.43\varepsilon^{1/3}(d_{bi}^{2/3} + d_{bj}^{2/3})^{1/2}$；两相撞气泡的相对尺寸比为 $x_{ij} = d_{bi} / d_{bj}$；C_{VM} 为虚拟质量力，默认取值为 0.5。

气泡的总合并速率为

$$c_{ij} = w_{ij}^{\mathrm{T}} \cdot p_{c,ij} \tag{6-17}$$

(3) Lehr 等合并模型：该模型同时考虑了湍流涡随机运动诱导碰撞和低于临界速度直接合并的机制。气泡的总合并速率为

$$c_{ij} = \frac{\pi}{4} n_i n_j (d_{bi} + d_{bj})^2 \min(u', u_{\mathrm{crit}}) \cdot \exp\left[-\left(\frac{\alpha_{\max}^{1/3}}{\alpha_{\mathrm{g}}^{1/3}} - 1\right)^2\right] \tag{6-18}$$

其中，特征速度 $u' = \max\left[\sqrt{2}\varepsilon^{1/3}(d_{bi}^{2/3} + d_{bj}^{2/3})^{1/2}, |u_{bi} - u_{bj}|\right]$；$u_b$ 为单个气泡上升速度，即碰撞后发生合并与否取决于临界速度。Lehr 等通过实验总结，当气泡间垂直于接触面的相对速度小于临界速度时气泡即可合并，大于临界速度则会弹跳开。对于空气-水系统，临界速度 u_{crit} 为 0.08m/s。此外，该模型还考虑了气泡所占体积

对气泡碰撞频率的影响。

除了上述计算方法，其他研究者也对气泡所占体积对提高气泡碰撞频率的影响进行了修正，如表 6.2 所示。即在碰撞频率前直接加上修正因子，比较典型的有 Wu 等[45]、Hibiki 和 Ishii[46,47]、Lehr 等[48]、Wang 等[49]。修正因子的加入，使得气泡间的碰撞可能性大为增加，虽然所修正的表达式各不相同，标准也是众说纷纭，但是比较一致的说法是，修正因子与气泡的气含率密切相关。

表 6.2　气泡所占体积对气泡碰撞频率的影响

文献	实验	$\alpha_{\max}$
Wu 等[45]	$1/\left[\alpha_{\max}^{1/3}\left(\alpha_{\max}^{1/3}-\alpha_{g}^{1/3}\right)\right]$	0.8
Hibiki 和 Ishii[46,47]	$1/(\alpha_{\max}-\alpha_{g})$	0.51 \0.741
Lehr 等[48]	$\exp\left[-\left(\alpha_{\max}^{1/3}/\alpha_{g}^{1/3}-1\right)^{2}\right]$	0.6
Wang 等[49]	$\alpha_{\max}/(\alpha_{\max}-\alpha_{g})$	0.8

分析上述三种合并速率模型不难发现，Prince 和 Blanch 合并模型中，湍流涡随机运动诱导碰撞起主要作用，而浮升力和层流剪切的作用微小；该模型碰撞频率较低，但合并效率较高，总的合并速率较低。与 Prince 和 Blanch 模型[50]相比，Luo 和 Svendsen[51]合并模型碰撞频率较高，但合并效率很低，整体合并速率不高，但小气泡与大气泡之间的合并占有绝对优势。Lehr 等[52]的合并模型中，无论是碰撞频率还是合并效率都较高，并且趋向于大气泡间的合并。

当湍流耗散率取一特定值(ε=1.0m^2/s^3)时，气泡的合并速率与两相撞气泡之间的关系如图 6.5 所示。由图可知，Prince 和 Blanch 模型中，合并速率较高，大气泡与其他气泡的合并占有主要作用；Luo 和 Svendsen 模型合并速率最低，趋向于大气泡与小气泡之间的合并；Lehr 等的模型合并速率最大，趋向于大气泡间的合并。

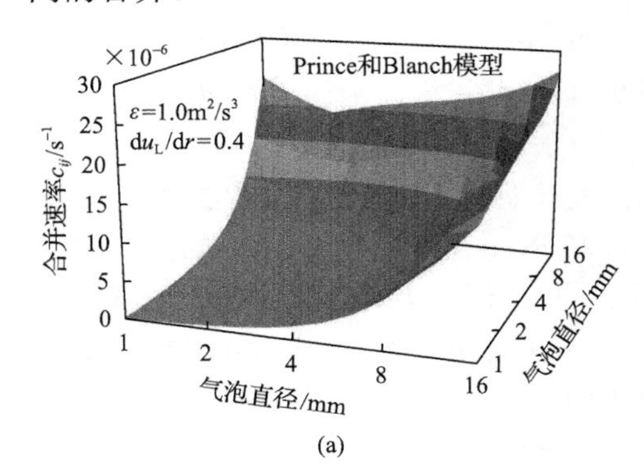

(a)

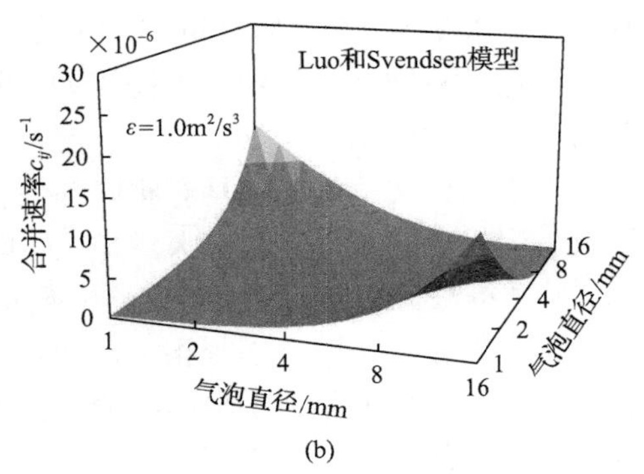

(b)

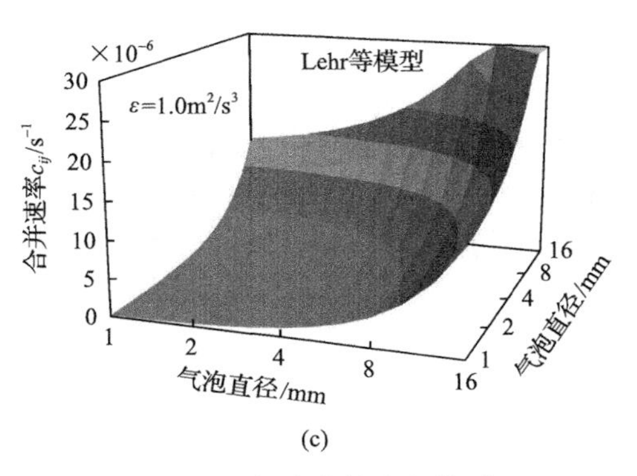

(c)

图 6.5　气泡合并速率模型

对于气泡合并过程，前人虽提出了多种不同的机制，但是，最广泛接受的是 Shinnar 和 Church 提出的液膜排液模型，该模型假定高压促使两气泡相互接触，接触后气泡间形成液膜，进而液膜开始排液使液膜变薄，最终导致气泡合并。如果压力不足以克服液膜的黏性力，气泡将弹跳开，即不发生合并。气泡的合并可能性决定于气泡间固有的接触时间和液膜排液时间。Howarth 等认为，与湍流相互作用力相比，两碰撞接触气泡间的吸引力太弱而不能够主导气泡发生合并，因此 Howarth 等推断碰撞发生合并是由离散气泡的属性决定的。特别地，当两碰撞气泡间的速度在临界值以内，气泡间发生碰撞后立即合并，不形成液膜或者液膜排液过程。Lehr 等通过实验观察总结出临界速度模型。在上述气泡合并过程机制中，接触碰撞是气泡合并的前提。气泡间的碰撞一般由不同机制的相对速度造成。Prince 和 Blanch 考虑了湍流涡随机运动诱导、大小气泡浮升力不同及速度梯度差异三种不同的诱导碰撞因素。在某些条件下，气泡浮升力差异及速度梯度差不同所诱导的气泡间碰撞影响很小，因此，Luo 和 Svendsen 对模型进行简化，仅考虑了湍流涡随机运动诱导碰撞的机制。Lehr 等考虑了湍流涡诱导碰撞和临界速度导致直接合并的机制。碰撞是否进行合并取决于临界速度；当气泡间垂直于接触面的相对速度小于临界速度时气泡即可合并。对于空气-水系统，Lehr 等通过实验得到，临界速度为 0.08m/s。Liao 和 Lucas 对文献中已有的诱导气泡碰撞合并机制进行了综述，总结诱导气泡进行碰撞的多种因素，并提出一个通用模型，应用于离散的泡状流的模拟。

由于相近尺寸的气泡具有相同的性质，大气泡与小气泡之间上升速度的差异，导致气泡间合并的可能性大大增加，而 Luo 和 Svendsen 合并模型从物理意义上来说，与之符合。Prince 和 Blanch 合并模型中，虽然浮升力和层流剪切的作用微小，但是考虑得较为全面。必须指出，由于数据分析采用的是定湍流耗散率值，浮升力诱导碰撞和层流剪切诱导碰撞的作用发挥不明显。在后续多相流模拟中，由表观气速控制的气液流区不同，该作用的效果将会逐渐显现。因此，在下一节中改进气泡合并分裂模型也将考虑这些因素。

6.3.2 气泡分裂模型

在湍流分散系统中分散着不同尺度、携带能量的涡，这些涡每到达气泡表面一次，液体速度则脉动一次。研究者普遍认为，气泡的破碎与湍流涡的碰撞紧密相关；携带能量的特定尺度的湍流涡在气泡表面产生不均匀压力分布导致气泡破碎。假定破碎为二元任意尺度破碎，则子代气泡呈现一定的分布。所以，在气泡分裂模型方面，研究者主要研究破碎频率及子代气泡尺寸分布。图 6.6 对气泡分裂速率模型进行了分类。由图可知，导致气泡破碎的因素有：湍流涡碰撞、界面不稳定、黏流剪切等。破碎效率模型主要的区别为，破碎由能量控制还是由压力控制。子代气泡尺寸分布模型主要分为统计模型中的正态分布、Beta 分布和逻辑现象学中的 U 形分布、钟状分布、M 形分布及均匀分布等。

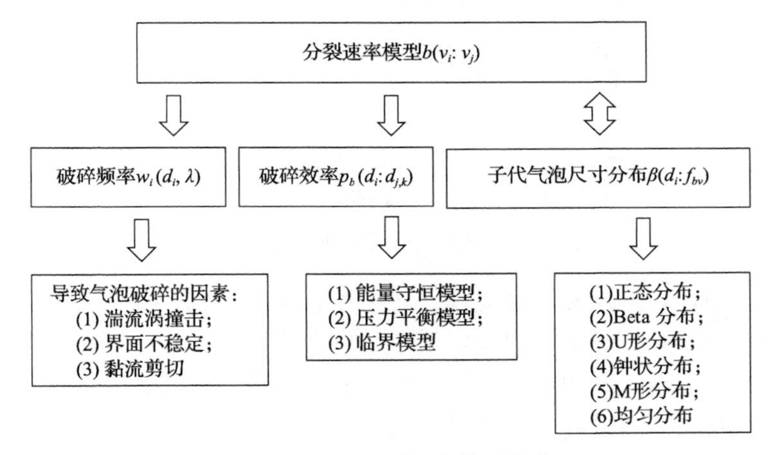

图 6.6 气泡分裂速率模型分类

对于上述子模型，依然选取三种经典的气泡的分裂速率模型，Prince 和 Blanch[50]、Luo 和 Svendsen[51]及 Lehr 等[52]进行分析。由于这三组气泡分裂模型中子代气泡尺寸分布模型分别为均布分布、U 形分布和 M 形分布，因此模型具有代表性。

(1) Prince 和 Blanch 分裂模型：假定湍流涡与特定尺度气泡之间的碰撞导致气泡破碎；小于 0.2 倍气泡尺寸的涡没有足够的能量导致气泡破碎，大于 1 倍气泡尺寸的涡只能夹带气泡流动而不会使气泡破碎。总的破碎频率为

$$b(d)=\frac{0.0715\pi\varepsilon^{1/3}}{d_{\mathrm{b}}^{2/3}}\int_{0.2}^{1}\frac{(1+\xi)^2(1+\xi^{2/3})^{1/2}}{\xi^4}\exp\left(-\frac{We_{\mathrm{crit}}\sigma}{1.43^2\varepsilon^{2/3}\xi^{2/3}\rho_{\mathrm{l}}d_{\mathrm{b}}^{5/3}}\right)\mathrm{d}\xi \tag{6-19}$$

其中，临界韦伯数取$We_{crit}=2.3$；涡与气泡的尺寸比$\xi=\lambda/d$，λ为波长。此外，该模型没有考虑母气泡破碎后子代气泡尺寸的分布，即气泡尺寸呈现均布分布。如图 6.7 所示，对于任意尺度的气泡，气泡的破碎尺度比为任意且均等。由于 Prince 和 Blanch 分裂模型根据统计学观测，规定了小于 0.2d 的涡不能导致气泡破碎，模型虽然得到简化，但从子代气泡尺寸分布上，子气泡的均布尺寸分布并不合理。

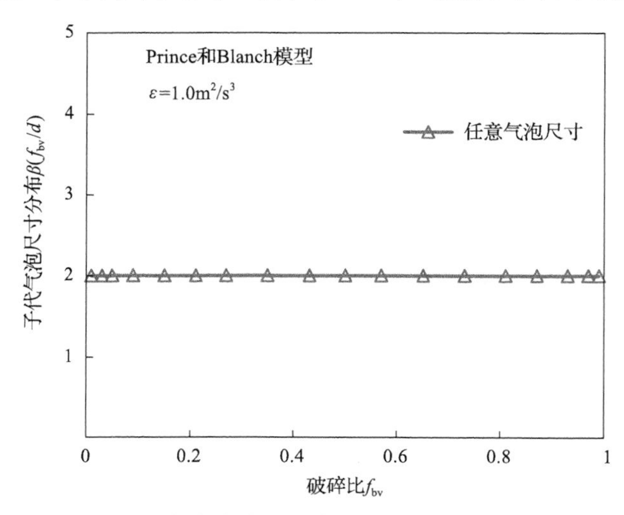

图 6.7　不同母代气泡分裂所产生的子代气泡尺寸分布情况

(2) Luo 和 Svendsen 分裂模型：该模型认同气泡与湍流涡之间的相互碰撞导致气泡破碎，并考虑了表面能增量对子气泡尺寸的约束。湍流涡的撞击使气泡变形，进而增加气泡的表面能，当湍流涡体所携带的湍流动能大于气泡破碎所引起的表面能增加量时即可导致气泡破碎。对于特定的破碎比，气泡的破碎频率为

$$b(f_{\mathrm{bv}}\mid d)=0.9238(1-\alpha_{\mathrm{g}})\left(\frac{\varepsilon}{d_{\mathrm{b}}^{2}}\right)^{1/3}\int_{\xi_{\min}}^{1}\frac{(1+\xi)^{2}}{\xi^{11/3}}\exp\left(-\frac{12c_{\mathrm{f}}\sigma}{\beta\rho_{\mathrm{l}}\varepsilon^{2/3}d_{\mathrm{b}}^{5/3}\xi^{11/3}}\right)\mathrm{d}\xi \tag{6-20}$$

其中，ξ为涡尺度λ与母气泡的尺寸比，$\xi=\lambda/d$。最小尺寸比取$\xi_{\min}=\lambda_{\min}/d$，$\lambda_{\min}$取 11.4 倍的 Kolmogorov 最小涡尺寸；β为常数，取值 2.047。假设气泡进行二进制破碎，破碎比为$f_{\mathrm{bv}}=\dfrac{v_i}{v}=\dfrac{d_i^3}{d^3}=\dfrac{d_i^3}{d_i^3+d_j^3}$，则表面能增加量为

$$c_{\mathrm{f}}=f_{\mathrm{bv}}^{2/3}+(1-f_{\mathrm{bv}})^{2/3}-1$$

由于破碎比是任意的，所以总的破碎频率为

$$b(d)=\int_0^{0.5} b(f_{bv}\mid d)\mathrm{d}f_{bv} \tag{6-21}$$

此外，该模型还定义了子代气泡尺寸分布：

$$\beta(f_{bv}\mid d)=\frac{2b(f_{bv}\mid d)}{v\cdot\int_0^1 b(f_{bv}\mid d)\mathrm{d}f_{bv}} \tag{6-22}$$

Luo 和 Svendsen 将能谱与涡能量进行结合，认为涡不仅具有尺度，还具有能量。图 6.8(a)示意了特定尺寸的母气泡分裂所产生子代气泡尺寸分布情况。由图可知，Luo 和 Svendsen 分裂模型子代气泡的破碎概率呈现出 U 形分布，即气泡的均等破碎概率较低，不均等破碎概率大为增加。与 Prince 和 Blanch 分裂模型相比，Luo 和 Svendsen 分裂模型的子代气泡尺寸分布有所改善，但当破碎比趋于 0 时，表面能增加量也将趋于 0，破碎率也越大。但由于增大的趋势没有限制，意味着所有尺寸小于 d_i 的湍流涡体的碰撞都能导致气泡破碎，这显然与实际情况是不符合的。所以，在破碎比为 0.05～0.95 时，该模型的子气泡分布比较合理。图 6.8(b)示意了涡尺寸对破碎频率的影响。由图可知，0.4～0.8 倍气泡直径的涡对气泡破碎的贡献最为显著，这与实际情况比较吻合。另一方面，小于 0.2 倍气泡尺寸的涡对气泡贡献并不显著，也从侧面印证了 Prince 和 Blanch 分裂模型的简化有一定的合理性。

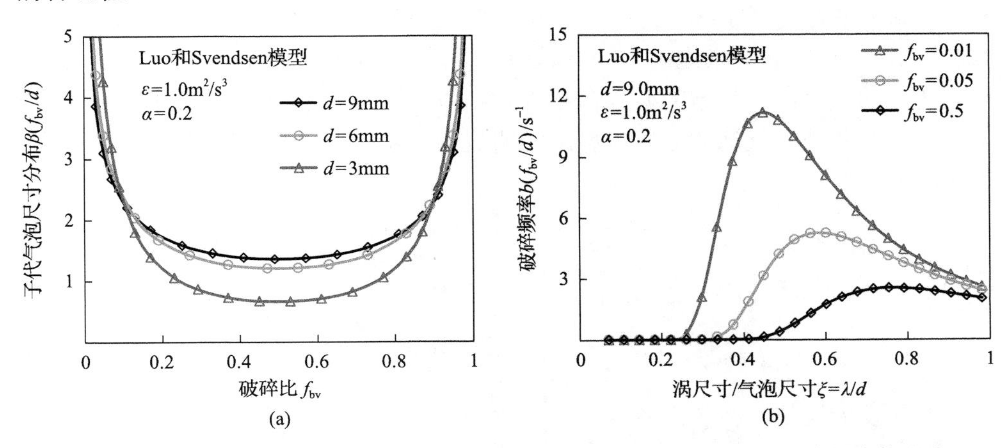

图 6.8　(a)特定母气泡分裂产生子气泡尺寸分布情况；(b)涡尺寸对破碎频率的影响

(3) Lehr 等分裂模型：该模型是基于力平衡及湍流涡能量密度约束条件建立的，假定湍流涡体的能量密度 $0.5\rho_1\overline{u}_\lambda^2$ 大于气泡的附加压力 σ/d'（d' 为母气泡破碎后产生的较小的子气泡），气泡即可破碎。该分裂模型子代气泡的破碎概率呈现出 M 形分布。对于特定的破碎比，气泡的破碎频率为

$$b(f_{\mathrm{bv}}\mid d)=\frac{1.19\sigma}{\varepsilon^{1/3}d_{\mathrm{b}}^{7/3}\rho_{\mathrm{l}}f_{\mathrm{bv}}^{1/3}}\int_{\xi_{\min}}^{1}\frac{(1+\xi)^2}{\xi^{13/3}}\exp\left(-\frac{2We_{\mathrm{crit}}\sigma}{\rho_{\mathrm{l}}\varepsilon^{2/3}d_{\mathrm{b}}^{5/3}f_{\mathrm{bv}}^{1/3}\xi^{2/3}}\right)\mathrm{d}\xi \tag{6-23}$$

其中，We_{crit} 为极限韦伯数，默认取值为 0.1。

此外，总的破碎频率和子代气泡尺寸分布分别表达如下：

$$b(d)=\int_0^{0.5}b(f_{\mathrm{bv}}\mid d)\mathrm{d}f_{\mathrm{bv}} \tag{6-24}$$

$$\beta(f_{\mathrm{bv}}\mid d)=\frac{2b(f_{\mathrm{bv}}\mid d)}{v\cdot\int_0^1 b(f_{\mathrm{bv}}\mid d)\mathrm{d}f_{\mathrm{bv}}} \tag{6-25}$$

Lehr 等分裂模型基于力平衡约束条件建立了新的气泡破碎模型，虽然形式上与 Luo 和 Svendsen 分裂模型相似，但针对子代气泡尺寸分布，对 Luo 和 Svendsen 分裂模型的缺陷进行了弥补，特别是在破碎比为 0～0.05 的区间。图 6.9(a)示意了特定尺寸的母气泡分裂所产生子代气泡尺寸分布情况。由图可知，Lehr 分裂模型子代气泡的破碎概率呈现出 M 形分布，小尺度的气泡倾向于均等破碎，大尺寸的气泡倾向非均等破碎，且破碎比越小，气泡的附加压力越高，对湍流涡体的能量密度要求越高，所以破碎概率就越小。Lehr 等基于压力能约束条件可解决气泡的小破碎比的无限破碎问题，但该模型没有考虑气泡破碎所需要的表面能约束条件，也就是没有能量守恒。图 6.9(b)示意了涡尺度对破碎频率的影响，由图可知，0.2 倍气泡尺寸的涡对气泡破碎的贡献最为显著，这与实际情况大相径庭。并且，对于所有的破碎比，气泡的破碎分布大体相似，这与该模型没有遵循能量守恒有很大关系。此外，气泡的破碎频率之间的数量级差距明显，表明气泡分裂模型还远不成熟。

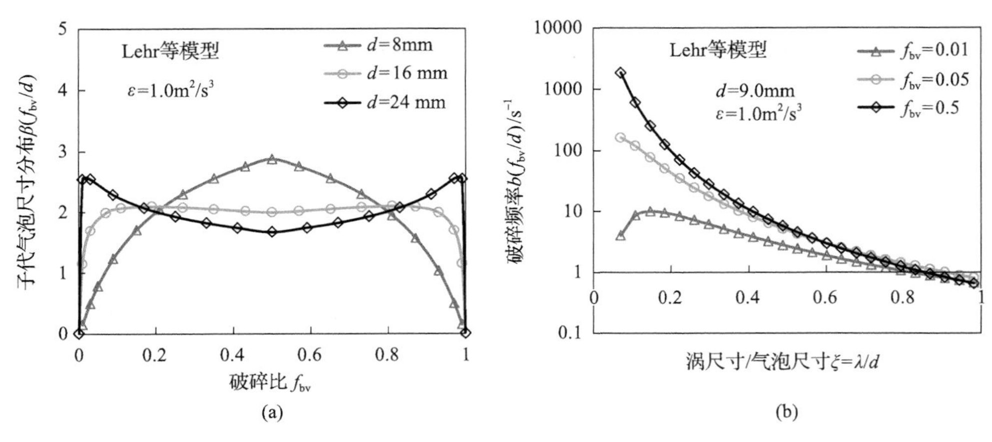

图 6.9　(a)特定尺寸母气泡分裂产生子气泡尺寸分布情况；(b)涡尺寸对破碎频率的影响

图 6.10 比较了以上三种气泡分裂模型在空气-水系统中气泡分裂速率随气泡尺寸的变化趋势。由图可知，在空气-水系统中，当采用特定的湍流耗散率时，三种模型的气泡的破碎频率之间有较大的差异。首先表现在量级上，由于速率量级差异较大，所以纵坐标采用对数刻度进行表示。Prince 和 Blanch 分裂模型破碎速率较大；Luo 和 Svendsen 分裂模型的破碎速率最小，小气泡破碎速率较低，大气泡破碎速率逐渐增加；Lehr 等分裂模型的破碎速率最大，小气泡的破碎速率很大，而大气泡的破碎速率反而降低。气泡的大小不是仅仅取决于气泡的破碎速率，而是由气泡的合并及分裂速率共同决定，所以单一讨论气泡合并或者分裂速率大小是没有意义的。从物理意义上讲，小气泡破碎速率较低，大气泡破碎速率逐渐增加的趋势是正确的。

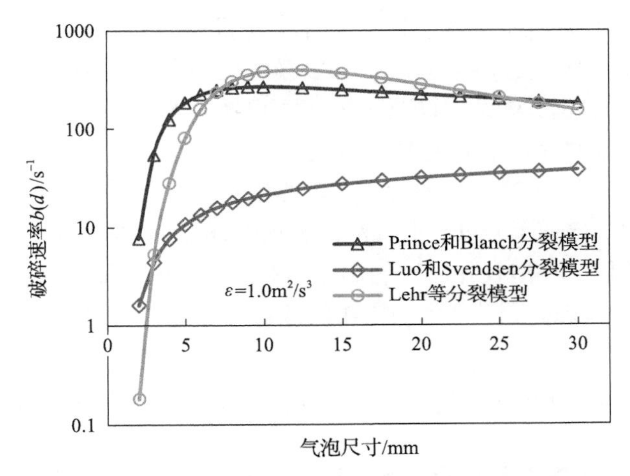

图 6.10　空气-水系统中，气泡破碎速率随气泡尺寸的变化趋势

根据液滴破碎理论，流体颗粒内部的力平衡被打破导致液滴变形进而发生破碎。对于气泡破碎过程，Coulaloglou 和 Tavlarides 首次提出由湍流主导的现象学气泡破碎模型。如果湍流涡携带的湍动能超过气泡的表面能，气泡立即发生破碎。Prince 和 Blanch 赞同气泡破碎是由涡碰撞导致的，并进一步提出湍流涡与特定尺度的气泡之间的碰撞才能导致气泡破碎；他们认为小于 0.2 倍气泡尺寸的涡仅使气泡变形而不发生破碎，而大于 1 倍气泡尺寸的涡只能夹带气泡流动而不会使气泡破碎，但没有考虑子代气泡尺寸分布。Luo 和 Svendsen 提出湍流涡不仅有尺度限制而且有能量限制。该模型认为小于 11.4 倍的 Kolmogorov 最小涡没有足够的能量导致气泡破碎，而大于 11.4 倍的 Kolmogorov 最小涡尺寸均有机会参与气泡破碎，大于 1 倍气泡尺寸的涡只能夹带气泡流动而不会使气泡破碎，在推导时考虑了表面能量守恒约束条件，认为气泡与湍流涡的相互碰撞导致破碎。湍流涡的撞击使气泡变形，进而增加气泡的表面能，当湍流涡体所携带的湍流动能大于气

泡破碎引起的表面能增加量时即可导致气泡破碎。对于湍流涡撞击气泡，气泡破碎与否不仅取决于湍流涡所携带的能量，还与气泡变形所增加的表面能有关。相较之下，该模型有了很大的改善。美中不足的是，在小破碎比的情况下，气泡的破碎速率没有得到限制。Lehr 等提出的模型在碰撞频率上与 Luo 和 Svendsen 的模型相似，不同在于最小的尺度涡由破碎的小气泡决定。Lehr 分裂模型是基于力平衡条件建立的。他认为只要湍流涡体的惯性力大于气泡的表面张力，气泡即可破碎。Lehr 分裂模型是基于湍流涡能量密度约束条件建立的新的气泡破碎模型。他认为只要湍流涡体的能量密度大于气泡的附加压力，气泡即可破碎。特别是，在小破碎比的情况下，破碎的速率受到了限制。基于 Luo 和 Svendsen 及 Lehr 等的研究，Wang 等提出了改进的分裂模型，总结了各自的优点，同时考虑了表面能增加约束条件和湍流涡能量密度约束条件，使得模型的理论性更强。Wang 等分裂模型在理论上有较大进步，但是其分裂模型的方程计算使得原本的二重积分变为三重积分，计算量非常大，以至于该模型仅在二维圆柱形鼓泡塔中进行验证。尽管如此，耦合能量及应力思想被后来的研究者广泛采用，如 Zhao 和 Ge 在三相流模拟中的应用，Liao 等在离散的泡状流中的应用。

由于小气泡破碎速率较低，大气泡破碎速率逐渐增加与物理意义较为符合；涡尺度在 0.4～0.8 倍的气泡尺寸区域的湍流涡对破碎影响贡献最大；子代气泡尺寸呈现 M 形分布更为合理。因此，下面提出的改进气泡分裂模型将同时考虑上述优点。

6.4　改进气泡合并分裂速率模型的提出

由 6.3 节对气泡的合并分裂速率模型的分析可知，各种模型之间存在差异，影响因素较多。但普遍认为，湍流涡诱导气泡间发生碰撞的影响最为显著，碰撞后气泡间产生液膜进而发生合并；气泡的破碎也主要由湍流涡轰击造成，破碎后的子气泡分布形式由能量及应力共同控制，使得子气泡的尺寸分布呈现出 M 形。

另一方面，气泡的大小不是由气泡的合并或分裂速率单方面主导，而是由合并和分裂速率共同决定。Chen 等发现，增大 10 倍的气泡分裂速率，才能得到与实验相匹配的气含率及液速分布。Krepper 等采用 0.05 倍的气泡合并速率匹配 0.025 倍的气泡分裂速率，得到与其实验相吻合的气泡尺寸分布。Xu 等认为气泡的合并速率合并太大，采用 0.5 倍的气泡合并速率，得到与实验吻合的流场分布。不难发现，只有气泡的合并和分裂速率间相互匹配才能更好地显示其应用价值。因此，本节提出改进的气泡合并分裂速率模型，旨在提高气泡模型的通用性[53]。

6.4.1　合并速率模型

气泡合并的前提是碰撞，但并不是每次碰撞都造成合并；碰撞后发生合并的可能性称为碰撞效率。本模型依旧假定气泡的合并频率由碰撞频率 w_{ij} 和合并效率 $p_c(d_i,d_j)$ 共同决定，则两相碰气泡 d_i 和 d_j 的合并可由如下通式表达：

$$c(v_i,v_j)=w_{ij}\cdot p_c(d_i,d_j)=A_{ij}\cdot u_{ij}\cdot p_c(d_i,d_j) \tag{6-26}$$

式中，A_{ij} 为气泡的影响面积；u_{ij} 为单位时间气泡在上升过程中所经过的路程。则碰撞频率可由单位时间内气泡的影响面积所经过的路程表示。如图 6.11 所示，直径为 d_i 的气泡与直径为 d_j 的气泡进行碰撞，则 d_i 气泡对周围的影响为半径为 d_i+d_j 的圆柱体，则碰撞频率为由单位时间内气泡的影响面积所扫过的路程，即圆柱体的体积。

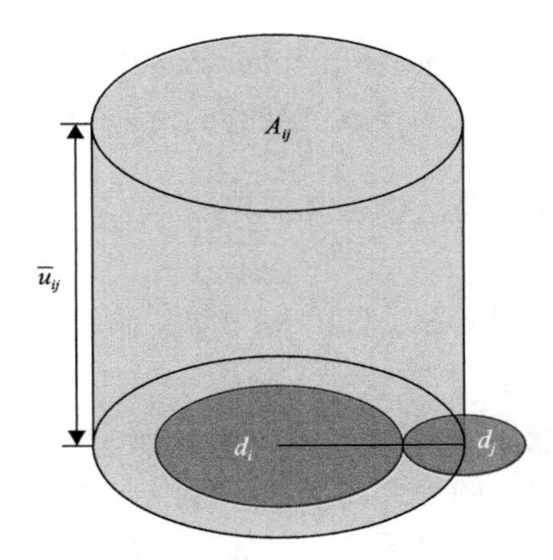

图 6.11　气泡的碰撞频率，即气泡单位时间所影响的体积

虽然气泡间的碰撞是任意的，但为了简化模型，研究者普遍假定气泡两两之间进行碰撞。本研究综合考虑了气泡两两碰撞的可能性，包括四种诱导气泡碰撞的因素：湍流涡脉动、浮升力驱动、大气泡的尾涡夹带和速度梯度差，见图 6.12。此外，研究者还提出大的湍流涡捕获气泡诱导气泡间发生碰撞，但由于该机制缺乏实验基础及理论表达式，所以该因素在当前的模型中并未被考虑。

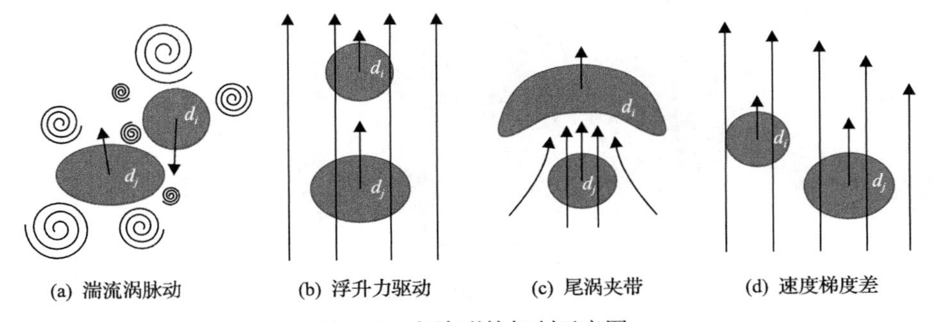

图 6.12　气泡碰撞机制示意图

(1) 湍流涡随机运动诱导碰撞：根据 Prince 和 Blanch 的研究，将气泡间相互碰撞与分子间的碰撞相类比，采用分子动理论对碰撞进行描述，则尺寸 d_i 的气泡与尺寸 d_j 的气泡之间的碰撞频率为

$$w_{ij}^{\mathrm{T}} = A_{ij}\overline{u}_{tij} = A_{ij}(u_{ti}^2 + u_{tj}^2)^{1/2} = \frac{\pi}{4}(d_i + d_j)^2 \cdot \sqrt{2}\varepsilon^{1/3}(d_i^{2/3} + d_j^{2/3})^{1/2} \tag{6-27}$$

其中，u_{ti} 为湍流涡的速度。根据 Rotta 的研究，湍流涡在惯性子区的速度为 $u_{ti} = \sqrt{2}(\varepsilon d_i)^{1/3}$。特别地，为了保持科学性，当前的公式纠正了 Prince 和 Blanch 原始文献中关于碰撞面积的错误描述，即由原文献的 $\pi/16$ 纠正为 $\pi/4$ (由图 6.11 圆柱体底圆的面积推导)。

(2) 浮升力差异诱导碰撞：根据 Friedlander 的研究，不同尺寸的气泡具有不同的上升速度，则由浮升力的差异导致气泡间的碰撞频率为

$$w_{ij}^B = 0.5 \cdot A_{ij}\Delta\overline{u}_{bij} = 0.5 \cdot \frac{\pi}{4}(d_i + d_j)^2 \cdot |u_{bi} - u_{bj}| \tag{6-28}$$

其中，u_{bi} 为单个气泡的上升速度。Clift 等通过实验对单气泡在液相中流动进行研究，拟合出单气泡的浮升速度为 $u_{bi} = (2.14\sigma / \rho_l d_i + 0.505 g d_i)^{1/2}$。图 6.13 示意了单个气泡的上升速度随气泡尺寸的变化情况。从图中可以观察到气泡在 5mm 以上时，气泡的速度随气泡尺寸的增大而增加；气泡在 2～5mm 之间时，气泡的速度随气泡尺寸增加反而降低。这是因为尺寸较小的单个气泡在液体中运动时，其周围液体对其影响较小，导致其可以自由上升，所以其速度较快；对于尺寸较大的气泡，气泡虽然受到阻力，但是其浮升力远大于阻力，导致其在液体中加速上升。

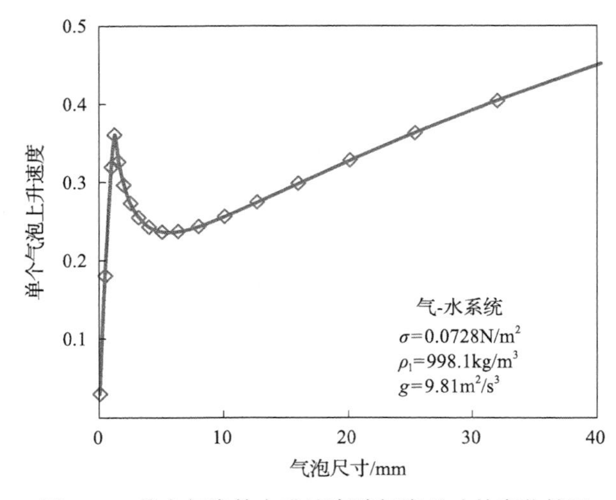

图 6.13　单个气泡的上升速度随气泡尺寸的变化情况

一般地，在湍流主导的流动中，群体气泡的速度呈现出随尺寸增大而增加的趋势。在气液流动系统中，大气泡的上升速度较快，小气泡的上升速度相对较慢，由于气泡分布的随机性，只有大气泡在后面追赶小气泡的情况下，才会导致气泡间碰撞，所以浮升力不同导致气泡间碰撞的可能性降低为 0.5。

(3) 大气泡的尾涡夹带诱导碰撞：Wang 等指出，大气泡在浮升的过程中会产生尾涡，由于尾部涡旋区的负压对周边的小气泡进行卷吸，气泡间的碰撞增强。Liao 等考虑了相碰气泡的随机性，并纠正了尾涡夹带速度 $u_{wi}=u_{b_i}C_{\mathrm{D}}^{1/3}$，推导出气泡间由于尾涡夹带诱导的气泡间碰撞频率为

$$w_{ij}^{W}=0.5\cdot A\overline{u}_{w}=0.5\times(A_i u_{wi}+A_j u_{wj})=0.5\times\frac{\pi}{4}(d_i^2\Theta_i u_{wi}+d_j^2\Theta_j u_{wj}) \tag{6-29}$$

其中，气泡的夹带系数 Θ_i 为

$$\Theta_i=\begin{cases}(d_i-0.5d_{\mathrm{c}})^6/\left[(d_i-0.5d_{\mathrm{c}})^6+(0.5d_{\mathrm{c}})^6\right], & d_i\geqslant 0.5d_{\mathrm{c}}\\ 0, & \text{其他}\end{cases} \tag{6-30}$$

Wang 等认为，只有足够大的气泡才具有夹带小气泡的能力，并根据 Ishii 和 Zuber 的研究，通过体积等效尺寸估算出对应的气泡临界尺寸可表达为 $d_{\mathrm{c}}=4(\sigma/[g\cdot(\rho_{\mathrm{l}}-\rho_{\mathrm{g}})])^{1/2}$。在空气-水系统中，对应的气泡直径为 10.91mm，该尺寸所对应气泡位于球帽区或者帽形区。图 6.14 示意了不同尺寸气泡的夹带能力大小。由图可知，气泡的尺寸越大，夹带能力越强。小于 7mm 的气泡不具有夹带小气泡的能力，大于 17mm 的气泡具有完全夹带能力，而在 6～17mm 之间的气泡，随气泡尺寸增大，夹带能力也有所增加。

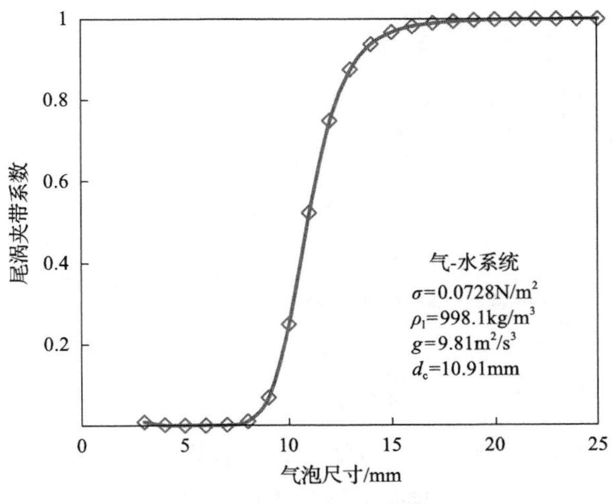

图 6.14　气泡的夹带系数

(4) 液体速度梯度差诱导碰撞：气泡位于液相速度场中，液体的瞬时速度梯度导致气泡间产生与液体运动垂直的作用力，进而导致气泡间发生碰撞：

$$w_{ij}^{v} = 0.5 \cdot A_{ij}\overline{u}_{vij} = 0.5 \times \frac{\pi}{4}(d_i + d_j)^2 \left[\frac{0.5}{\pi}(d_i + d_j)\gamma_l \right] \tag{6-31}$$

根据 Liao 等的推导，液速梯度可表达为 $u_{vi} = 0.5(d_i + d_j)\gamma_1 / \pi$。在液相湍流中，单位时间的液相瞬态梯度可表达为

$$\gamma_1 = \begin{bmatrix} 2\left(\dfrac{\partial u_1}{\partial x}\right)^2 + 2\left(\dfrac{\partial v_1}{\partial y}\right)^2 + 2\left(\dfrac{\partial w_1}{\partial z}\right)^2 \\ +\left(\dfrac{\partial u_1}{\partial y} + \dfrac{\partial v_1}{\partial x}\right)^2 + \left(\dfrac{\partial v_1}{\partial z} + \dfrac{\partial w_1}{\partial y}\right)^2 + \left(\dfrac{\partial w_1}{\partial x} + \dfrac{\partial u_1}{\partial z}\right)^2 \end{bmatrix}^{1/2} \tag{6-32}$$

图 6.15 示意了在空气-水系统中气泡尺寸与碰撞频率的关系。由图可知，随着气泡尺寸的增加，气泡的影响面积增大，导致气泡间的碰撞频率也随之增强。对比几种碰撞模型机制发现，在特定的情况下，湍流涡诱导气泡发生碰撞的频率最大(占有主导作用)，而浮升力对气泡的碰撞贡献最小，这与 Luo 和 Svendsen 的简化合并速率模型思路不谋而合。此外，随着气泡的尺寸的增加，尾涡夹带的作用也逐渐显现。

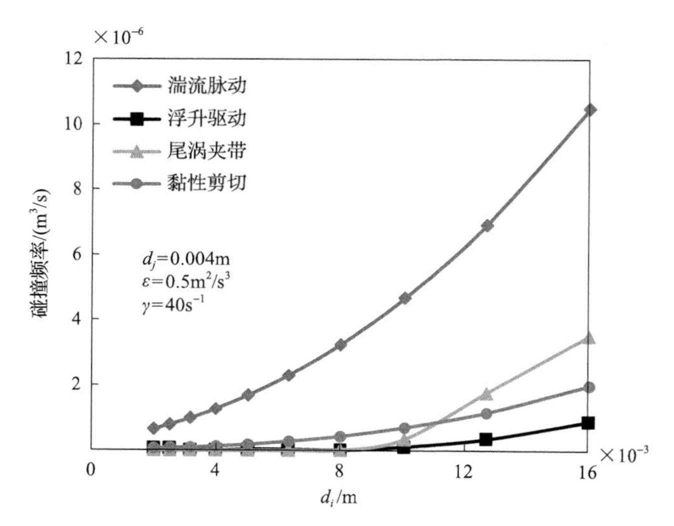

图 6.15　空气-水系统中气泡尺寸与碰撞频率的关系

合并效率：两相碰气泡的合并可能性采用液膜排液模型进行描述。图 6.16 示意了液膜排液模型过程，两气泡由于碰撞接触，进而气泡间产生液膜，随后液膜

开始排液，当液膜达到规定厚度时，气泡即可发生合并，反之则弹跳开。气泡合并与否取决于气泡间的接触时间和液膜排水时间。根据 Shinnar 和 Church 的研究，对于空气-水系统，气泡接触时初始液膜厚度 h_0 可近似为 10^{-4}m，当气泡达到临界液膜厚度 $h_f=10^{-8}$m 时，即可认为已经发生合并。具体的合并效率公式如下：

$$p_c(d_i,d_j)=\exp\left(-\frac{t_{\text{drainage}}}{t_{\text{contact}}}\right)=\exp\left(-\frac{r_{ij}^{5/6}\rho_l^{1/2}\varepsilon^{1/3}}{4\sigma^{1/2}}\ln\frac{h_0}{h_f}\right) \tag{6-33}$$

根据 Chesters 的推导，合并气泡的等效半径为 $r_{ij}=d_id_j/(d_i+d_j)$。

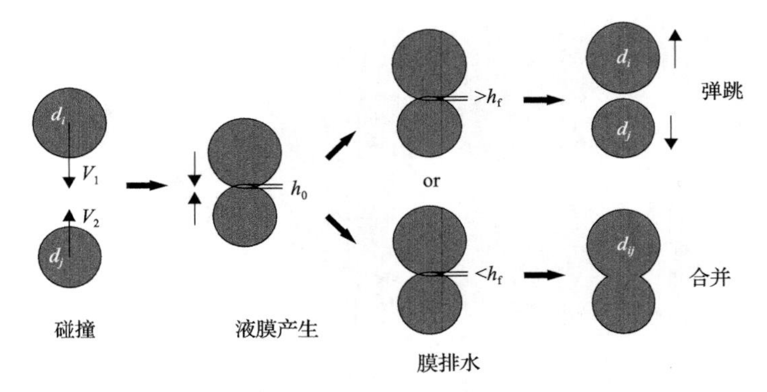

图 6.16　液膜排液模型示意图

随着气泡尺寸的增大，气泡间的合并效率有所下降。这是因为对于特定尺寸的气泡，随着气泡尺寸的增大，气泡间的排水时间延长，导致合并效率降低(图 6.17)。

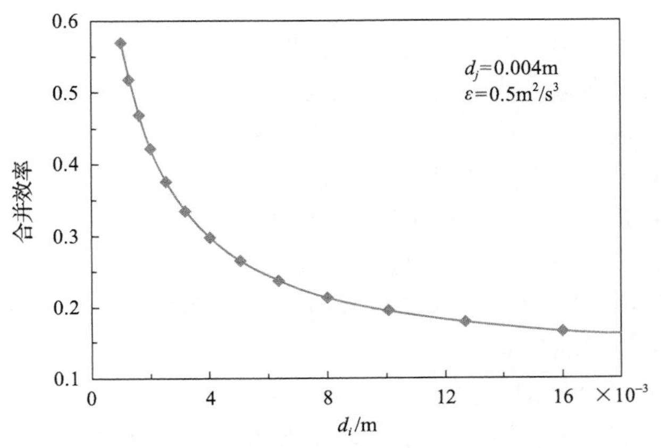

图 6.17　空气-水系统中气泡尺寸与碰撞频率及合并效率的关系

气泡合并速率的最终关系式可表示为各碰撞机制与合并效率的共同作用：

$$c(v_i,v_j)=\frac{\alpha_{\max}}{\alpha_{\max}-\alpha_{\mathrm{g}}}\cdot(w_{ij}^{\mathrm{T}}+w_{ij}^{\mathrm{W}}+w_{ij}^{\mathrm{B}}+w_{ij}^{\mathrm{V}})\cdot p_{\mathrm{c}}(d_i,d_j) \tag{6-34}$$

当前模型还考虑了气泡所占体积对气泡碰撞所需路程的影响，即直接在气泡的碰撞频率前加上修正因子。图 6.18 为气泡所占体积与气泡碰撞频率的关系。由图可见，随着气泡尺寸增大，气泡间的排水时间延长，导致气泡间的碰撞频率有所下降。

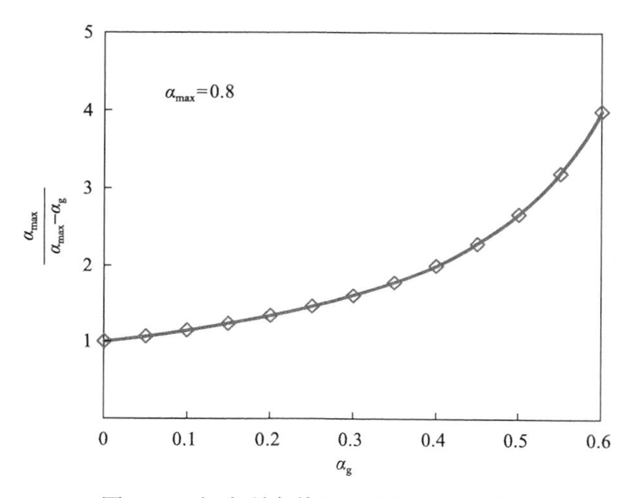

图 6.18　气泡所占体积对碰撞频率的影响

6.4.2　分裂速率模型

在湍流离散系统中分散着不同尺度携带能量的涡，湍流涡的随机运动导致鼓泡塔内的气液动力学特性非常复杂。涡的随机性，不仅使主流液相速度发生脉动，而且使气泡的形状发生变化。湍流涡撞击气泡使其表面产生不均匀的应力分布，进而造成气泡沿一个方向拉伸或扭曲变形，最终导致气泡破碎。所以，气泡的破碎是气泡与湍流涡之间的相互作用造成的。假定破碎采用二元任意尺度破碎，并且当气泡破碎时，认为气泡的破碎体积分数是随机的，那么子代气泡也会呈现出一定的分布。因此，对于气泡破碎模型，大多数研究主要针对两个方面进行研究，即破碎频率和子代气泡尺寸分布。

为了系统地研究气泡破碎模型，研究者做了一些简化假定，本研究模型也沿用一些主要假定：①气泡的破碎诱导因素为不同尺度携带能量的湍流涡碰撞；②气泡均为二元任意尺度破碎；③小于气泡尺寸的涡诱导气泡发生破碎，大于气泡尺度的涡只能夹带气泡进行运动。根据 Lehr 等的研究得出，参与气泡破碎的涡尺度范围为小于母气泡尺寸、大于母气泡破碎后产生的较小的子气泡尺寸 $d_{\min} \leqslant \lambda \leqslant d$ 。

根据涡轰击理论，气泡的破碎频率 $b(v_i:v_j)$ 由到达气泡表面湍流涡频率和破碎效率共同决定，体积 v_i 的气泡破碎成体积 v_j 的气泡的频率为

$$b(v_i:v_j)=\int_{d_{\min}}^{d_i} w_i(d_i,\lambda)\cdot p_b(d_i:d_{j,k})\mathrm{d}\lambda \tag{6-35}$$

其中， $w_i(d_i,\lambda)$ 为气泡尺寸为 d_i 的母代气泡与湍流尺度为 λ 的涡的碰撞频率； d_i 的体积满足关系 $v_i=\pi d_i^3/6$ ； $p_b(d_i:d_{j,k})$ 为母代气泡 d_i 破碎形成子代气泡 d_j 及 d_k 的效率。特别地，积分下限可表达为 $d_{\min}=\min(d_j,d_k)$ 。

对于气泡破碎机制，本研究不仅考虑了湍流涡随机脉动诱导气泡导致破碎，而且还考虑了黏流剪切促使气泡破碎。此外，大气泡的界面不稳定性也可以是考察的重点，但由于缺乏理论公式描述及特定实验数据，所以本次研究暂未考虑。

沿用 Luo 和 Svendsen 的研究，由于湍流涡诱导碰撞的频率为

$$w_T(d_i,\lambda)=A_i\bar{u}_\lambda\dot{n}_\lambda=\frac{\pi}{4}(\lambda+d_i)^2\cdot\sqrt{2}(\varepsilon\lambda)^{1/3}\cdot\frac{0.822(1-\alpha_{\mathrm{g}})}{\lambda^4} \tag{6-36}$$

根据 Sporleder 等指出，黏流剪切同样是促使气泡破碎的重要因素之一。由于液体速度梯度差诱导气泡与涡碰撞的频率为

$$w_V(d_i,\lambda)=A_i\bar{u}_v\dot{\mathrm{n}}_\lambda=\frac{\pi}{4}(\lambda+d_i)^2\cdot\left[\frac{0.5}{\pi}(d_i+\lambda)\dot{\gamma}_1\right]\cdot\frac{0.822(1-\alpha_{\mathrm{g}})}{\lambda^4} \tag{6-37}$$

气泡变形进而发生破碎可认为是，气泡表面所遭受的极限应力大于气泡所能维持的变形的惯性应力。破碎效率 $p_{\mathrm{b}}(d_i:d_{j,k})$ 同样遵循指数型公式：

$$p_{\mathrm{b}}(d_i:d_{j,k})=\exp\left(-\frac{\tau_{\mathrm{critical}}}{0.5\rho_1\bar{u}_\lambda^2}\right) \tag{6-38}$$

$$\tau_{\mathrm{critical}}=\max(\tau_{\mathrm{energy}},\tau_{\mathrm{pressure}})=\left[\frac{6c_{\mathrm{f}}\sigma}{d_i},\frac{\sigma}{\min(d_j,d_k)}\right],\quad c_{\mathrm{f}}=\left(\frac{d_j}{d_i}\right)^2+\left(\frac{d_k}{d_i}\right)^2-1 \tag{6-39}$$

由于涡具有尺度又具有能量，所以临界应力由两个标准组成，即能量密度临

界应力和压力密度临界应力。其中，能量密度临界应力为湍流涡体所携带的湍流动能大于气泡破碎引起的表面能增加量即可导致气泡破碎，是由 Luo 和 Svendsen 提出的，并由 Hageseather 等进一步发展形成；压力密度临界应力是基于气泡表面应力平衡推导得出的，是由 Lehr 等提出的。Wang 等总结了两种模型各自的优点，将两种标准机制耦合，建立了新的气泡破碎模型。然而，新模型的计算公式由原本的两重积分变为三重积分，使得计算量大大增加，所以后续研究者 Zhao 和 Ge，Liao 等虽然认同该思想，但均采用不同的方式对其进行诠释。

图 6.19 所示为气泡分裂的原因及竞争机制。涡碰撞气泡使之变形，进而发生破碎，破碎成大小大致均等还是体积悬殊的子气泡，由气泡本身所维持的极限应力及涡携带的能量所决定。当涡所携带表面能增量足够大时，母气泡更倾向于等体积破碎；当应力能增量足够大时，母气泡更倾向于不均等体积破碎。

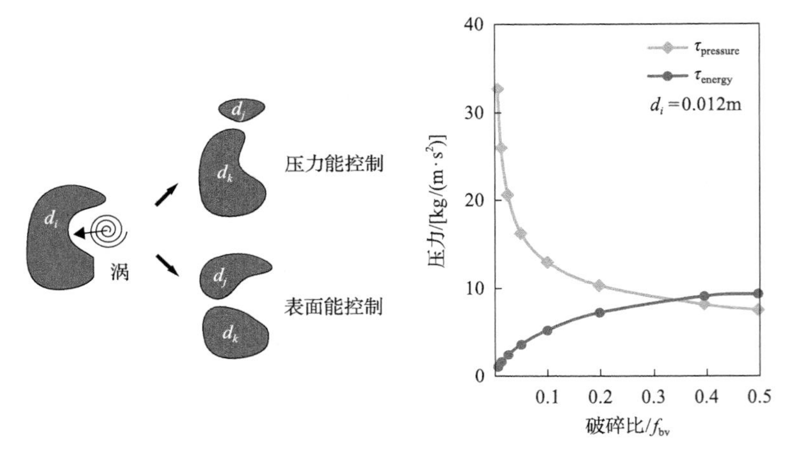

图 6.19　气泡分裂原因示意及竞争机制

将方程(6-11)～(6-13)代入方程(6-10)，并整理可得总的破碎频率为

$$b(v_i : v_j) = (1-\alpha_g)\int_{f_{bv}^{1/3}}^{1}\left[0.913\left(\frac{\varepsilon}{d_i^2}\right)^{1/3}\frac{(1+\xi)^2}{\xi^{11/3}}+0.103\frac{(1+\xi)^3}{\xi^4}\dot{\gamma}_1\right]\exp\left[-\frac{\tau_{\text{critical}}}{\rho_1(\varepsilon\xi d_i)^{2/3}}\right]d\xi \tag{6-40}$$

其中，$\xi = \lambda / d_i$ 为湍流涡与母气泡的尺寸比；$f_{bv} = (d_{\min} / d_i)^3$ 为无量纲的气泡破碎体积分数。图 6.20 示意了涡相对尺寸与气泡破碎频率的关系。由图可知，对于较小的破碎比，气泡的附加压力高，所以气泡破碎遵循压力控制的原则；对于大的破碎比，即气泡倾向于发生均等破碎，气泡的破碎由湍流涡体所携带的能量决定。

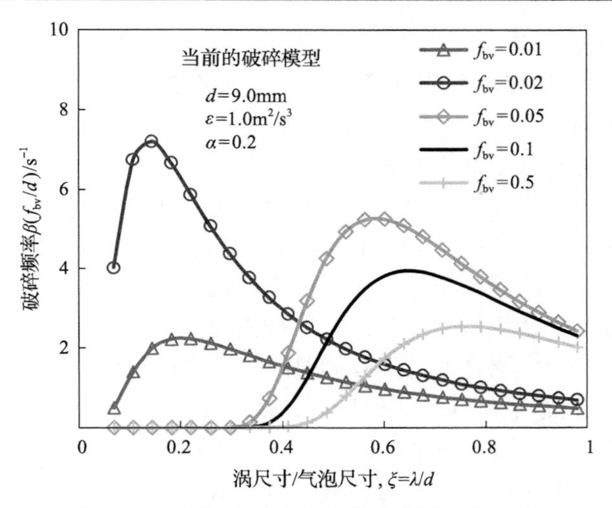

图 6.20　涡相对尺寸对气泡破碎频率的影响

此外，当前的破碎模型不需要直接定义子代气泡尺寸分布，而是给出母气泡的尺寸 d_i 和破碎子气泡的体积分数 f_{bv}，子代气泡尺寸分布可直接通过计算作为结果给出，这与 Luo 和 Svendsen 的破碎模型一致。为了与 6.4.1 节做对比，图 6.21 示意了不同母代气泡分裂所产生的子代气泡尺寸分布情况。由图可明显看出，图中分裂模型子代气泡的破碎概率分布大体呈 M 形，小尺度的气泡倾向均等破碎，大尺寸的气泡倾向非均等破碎，这与 Wang 等的想法一致。

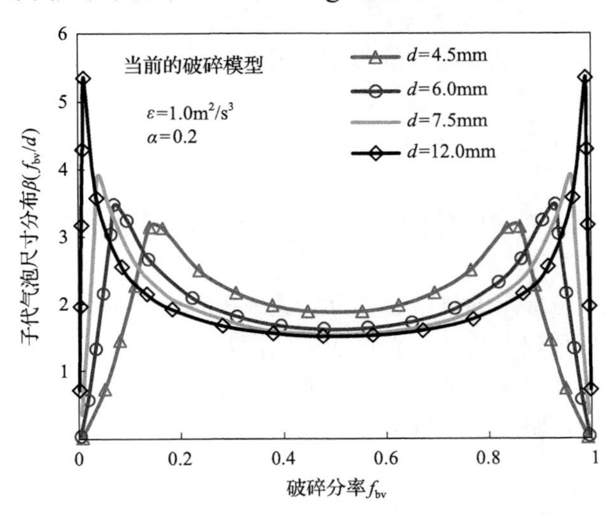

图 6.21　不同母代气泡分裂所产生的子代气泡尺寸分布情况

本节提出改进的气泡合并分裂速率模型，包括诱导气泡合并(湍流涡随机运动、浮升力大小不同、大气泡尾涡夹带、速度梯度差异)及分裂(湍流涡轰击、速度梯度场剪切)的多种因素，得到如下结论：

(1)气泡的合并或分裂并非直接产生所预先给定的离散气泡尺寸组，而是首先产生合并或分裂的原始气泡，原始气泡再依据其尺寸位于哪两组气泡尺寸区间，根据权重重新分配到预先给定的离散组中。

(2)气泡的合并速率由气泡间碰撞频率及碰撞后的合并效率共同决定。主要诱导气泡发生碰撞的因素有：湍流涡随机运动、浮升力大小不同、大气泡尾涡夹带、速度梯度差异、大湍流涡捕获等，大多认为湍流涡随机运动诱导碰撞的影响最为显著。主要的合并效率模型又分为：液膜排液模型、能量守恒模型、临界速度模型等，其中使用最为广泛且理论基础雄厚的是液膜排液模型。

(3)气泡的分裂速率与气泡破碎频率、破碎效率及子代气泡尺寸分布有关。导致气泡破碎的因素有：湍流涡碰撞、大气泡界面不稳定、速度梯度剪切等，其中，湍流涡撞击对气泡的破碎影响最为显著。破碎效率模型主要分为能量控制和压力控制破碎两种破碎机制。子代气泡尺寸分布具有多种形式，但 M 形子代气泡尺寸分布最富有理论基础。

(4)对于改进的气泡合并速率模型，随着气泡尺寸的增加，气泡的影响面积增大，致使气泡间的碰撞频率也随之增强。相比于其他诱导气泡间发生碰撞因素，湍流涡诱导气泡发生碰撞的贡献最为显著，这与 Luo 和 Svendsen 的简化合并速率模型思路不谋而合。此外，随着气泡尺寸的增加，尾涡夹带的作用也开始逐渐显现。

(5)对于改进的气泡分裂速率模型，气泡的破碎主要由特定尺度携带能量的湍流涡轰击造成。母气泡呈现出均等体积破碎还是体积悬殊破碎取决于涡所携带的能量和气泡所承受的应力。一般地，气泡更容易破碎成大小悬殊的两个子气泡，使得子气泡的尺寸分布呈现出 M 形。

6.5 含列管内构件气液鼓泡塔数值模拟

本节利用 6.4 节提出的气泡合并分裂速率模型，将群体平衡气泡模型(PBM)方程与双流体模型(TFM)进行耦合，求解实际反应器内的流动参数，并将气泡尺寸及其分布、气含率、轴向液速、湍动能、湍流耗散率等流动参数与经典的实验数据进行定量对比，验证改进气泡合并分裂模型。

6.5.1 计算模型概述

数值求解过程如图 6.22 所示：TFM 先通过初始条件，求解出流场参数、局部气含率、湍流耗散率，由这些参数得到气泡合并及分裂频率，再将这些参数输入 PBM；PBM 求解出气泡尺寸及其分布，然后将气泡尺寸输入气液相间作用力模型、湍流模型及气泡诱导湍流模型，再将其代入 TFM 进行循环，直至稳定。

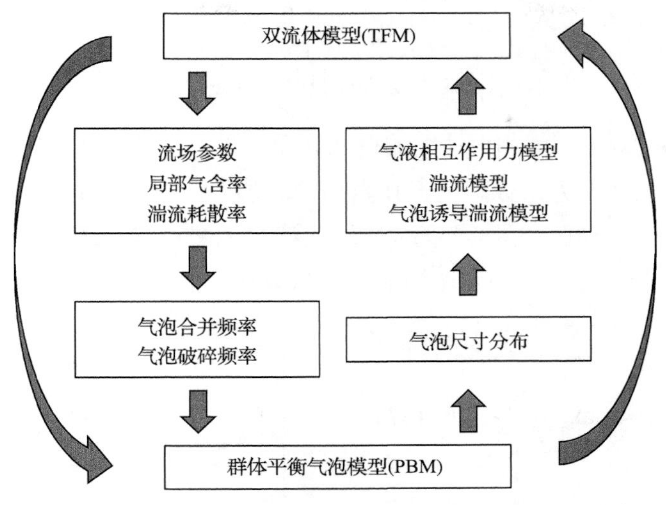

图 6.22　双流体模型与群体平衡气泡模型的耦合思路[54]

本章采用 TFM-PBM 耦合模型对带有列管内构件鼓泡塔中流动参数进行模拟，重点考察壁面(竖直列管)存在对塔内流动情况的影响，具体的子模型设置参见图 6.23。其中，湍流模型采用 RNG k-ε 模型；气泡模型采用群体平衡改进的合并分裂气泡模型；相间作用力包括轴向曳力和径向升力，此外，重点考察壁面润滑力的作用。

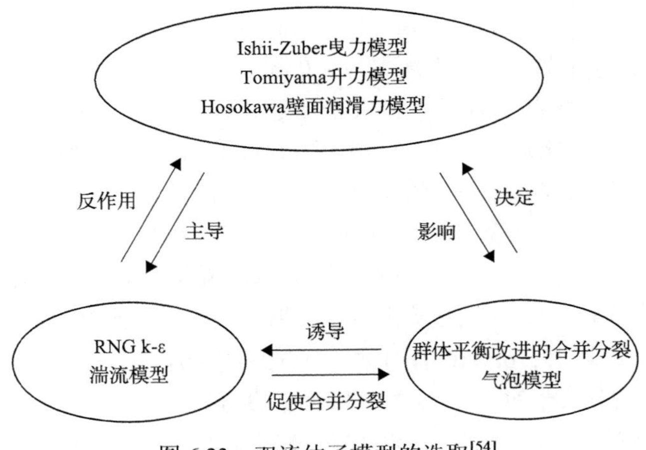

图 6.23　双流体子模型的选取[54]

6.5.2　壁面润滑力模型

壁面润滑力表示由于壁面存在对多相体系中离散相的作用，它能够促使气液两相流中的气泡相远离壁面。对于带有竖直列管的鼓泡塔，管壁的加入影响壁面附近气泡运动，从而对塔内的流动产生影响。壁面润滑力的形式如下：

$$F_{\mathrm{wg}}^{\mathrm{wl}} = C_{\mathrm{wl}} \rho_{\mathrm{l}} \alpha_{\mathrm{g}} \left| (u_{\mathrm{l}} - u_{\mathrm{g}})_{\mathrm{II}} \right|^2 n_{\mathrm{w}} \tag{6-41}$$

其中，$|(u_{\mathrm{l}} - u_{\mathrm{g}})_{\mathrm{II}}|$ 为相间相对速度的壁面切向分量；n_{w} 为远离壁面方向的单位向量；C_{wl} 为壁面润滑力系数。由于竖直列管的加入，鼓泡塔的水力直径选取标准也变得众说纷纭，因此，在当前的研究中，将 Hosokawa 等模型代入 Frank 等提出的模型中，消除管径影响的壁面润滑力系数公式如下：

$$C_{\mathrm{wl}} = \max\left(\frac{7}{Re_{\mathrm{d}}^{1.9}}, 0.0217 Eo\right) \cdot \max\left[0, \frac{1}{C_{\mathrm{wd}}} - \frac{1 - \dfrac{y_{\mathrm{w}}}{C_{\mathrm{wc}} d_{\mathrm{b}}}}{y_{\mathrm{w}} \left(\dfrac{y_{\mathrm{w}}}{C_{\mathrm{wc}} d_{\mathrm{b}}}\right)^{m-1}}\right] \tag{6-42}$$

其中，y_{w} 为气泡离壁面的最小距离；C_{wd} 为阻尼系数，决定着壁面力的相对大小；C_{wc} 为截断系数，决定着壁面力的作用范围；C_{wd} 和 C_{wc} 的默认取值分别为 6.8 和 10；幂次因子 m 的推荐值为 1.7。

6.5.3　基准案例的描述及操作条件的设置

模拟基于 Kagumba 和 Al-Dahhan 的实验，该实验采用空气-水作为工作介质，鼓泡塔的高度和直径分别为 1.83m 和 0.14m，液相水的动态高度维持在轴向位置为 1.56m 处。实验分别在两种表观气速 0.03m/s 和 0.45m/s 下运行，覆盖均匀鼓泡流和湍动流。鼓泡塔内气泡尺寸和气含率通过四点光学探针测定，测量高度为 0.714m，对应的高径比 H/D_{c} 为 5.1。该实验在鼓泡塔中加入两种规格的竖直列管，分别是 8 根直径为 25.4mm (1in) 的粗列管和 31 根直径为 12.7mm (0.5in) 的细列管，竖直列管贯穿全塔，覆盖鼓泡塔横截面积均为 25%左右。

为了系统地探究竖直列管的加入对鼓泡塔内流动的影响，本次模拟在空塔(列管数目 N=0)的基础上额外采用三种不同的竖直列管布置形式：(a)空塔；(b)稀疏内构件、8 根直径为 12.7mm 的细列管；(c)稀疏内构件、8 根直径为 25.4mm 的粗列管；(d)密集内构件、31 根直径为 12.7mm 的细列管。采用第 5 章网格无关性研究得到的推荐网格尺寸，竖直方向为均一网格尺寸 $\Delta z = 15.6\mathrm{mm}$，水平方向网格尺寸为 $\Delta x = \Delta y \approx 4.5\mathrm{mm}$；相对应(a)、(b)、(c)和(d)的总的网格数分别为 76800、143500、117600 和 184800。采用正六面体、结构化网格对几何进行离散。水平横截面网格划分如图 6.24 所示，壁面网格进行了加密处理。为了得到高质量的正六面体、结构化网格，图6.24(d)中的内构件布置与原文献中有稍许差异，但列管的数目近乎相同，所覆盖的横截面积也基本一致。

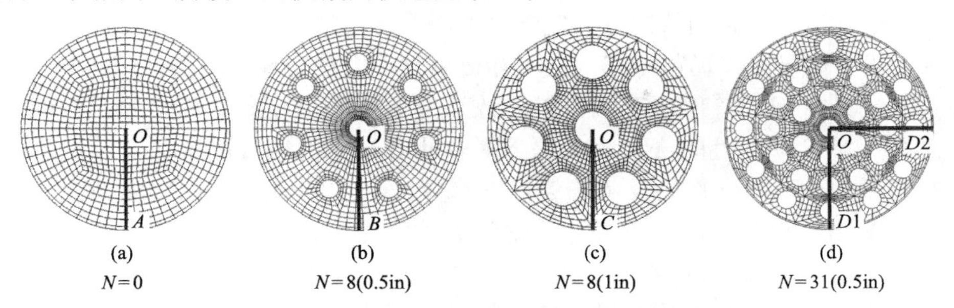

图6.24 鼓泡塔横截面的数值网格设置[54]

借助ANSYS FLUENT 15.0软件，采用三维、非稳态、TFM-PBM耦合模型对鼓泡塔内流动现象进行数值模拟研究。液态水作为连续相、常温常压的空气作为拟流体；初始时塔内充满水。底部进口采用速度边界，顶部出口采用压力边界；液相设定为无滑移壁面边界条件、气相壁面边界条件，将分别对比自由滑移及无滑移壁面边界条件。由于壁面函数能够降低壁面附近的网格数，根据Huang等的推荐，采用增强型壁面函数连接壁面及充分湍流区。模拟计算方法采用耦合SIMPLE算法，动量和体积分数采用QUICK离散格式，其他离散方程均采用二阶迎风格式。非稳态时间步长为0.01s，并且每次计算残差都达到10×10^{-3}，待计算达到伪稳定后，继续进行160s时间统计平均。时均模拟数据均在轴向高度为0.714m处采集，对应高径比H/D_c为5.1。时均参数沿径向分布的取样采用如图6.24中OA、OB、OC、$OD1$、$OD2$标记的线上流动参数值作为代表。气泡尺寸及其分布由轴向高度z为0.4m到1.4m处取得气泡个数，并转化成无量纲的气泡尺寸分布。

6.5.4 壁面润滑力的影响

气、液两相之间通过相界面发生动量传递，相间作用力主导着各相的运动。曳力作为最主要的相间作用力而备受关注，由于前人对其研究较为详尽，在此不再赘述。由Xu等研究可知，径向的升力能够明显改善鼓泡塔内气含率的沿径向分布，尤其是r/R为0.6～0.9区域，因而升力的加入同样毋庸置疑。对于带有竖直列管的鼓泡塔，管壁附近的气泡及其运动规律对塔内的气液动力学影响同样不容忽视。由于壁面的存在对多相体系中离散相的作用称为壁面润滑力。此外，气泡在壁面附近还将受到剪切力，因此壁面边界条件也有可能对气泡的运动趋势有所影响。本节采用RNG k-ε湍流模型、群体平衡气泡模型，对带有竖直列管鼓泡塔中壁面润滑力及气泡壁面边界条件进行考察。

图 6.25(a)和(b)为壁面润滑力对竖直列管鼓泡塔内时均气含率的影响，可见壁面润滑力的加入与否对气含率的大小及其分布有很大的影响。在不加入壁面润滑力的情况下，竖直列管附近的气含率很高。这是由于管壁附近阻力较小，气体倾向于沿管壁攀升；而鼓泡塔内是气体提供驱动力带动液体运动，液速与气泡的位置有关，气泡在管壁附近富集，导致该处的液速也较大。当加入径向的壁面润滑力后，管壁附近的气含率大幅下降。此时，气泡被推离壁面，管壁附近的气泡明显减少，气含率的反常趋势得以消除，此与 Chen 等利用 CT 测量气含率分布云图趋势相近。由于气泡在管壁间的罅隙中积累，导致罅隙间的气含率有所上升，也与 Chen 等在实验中观察的现象一致。所以，在带有竖直列管的鼓泡塔中，壁面对气泡的作用力是不容忽视的。因此，在后续的模拟中，均考虑壁面润滑力的作用。

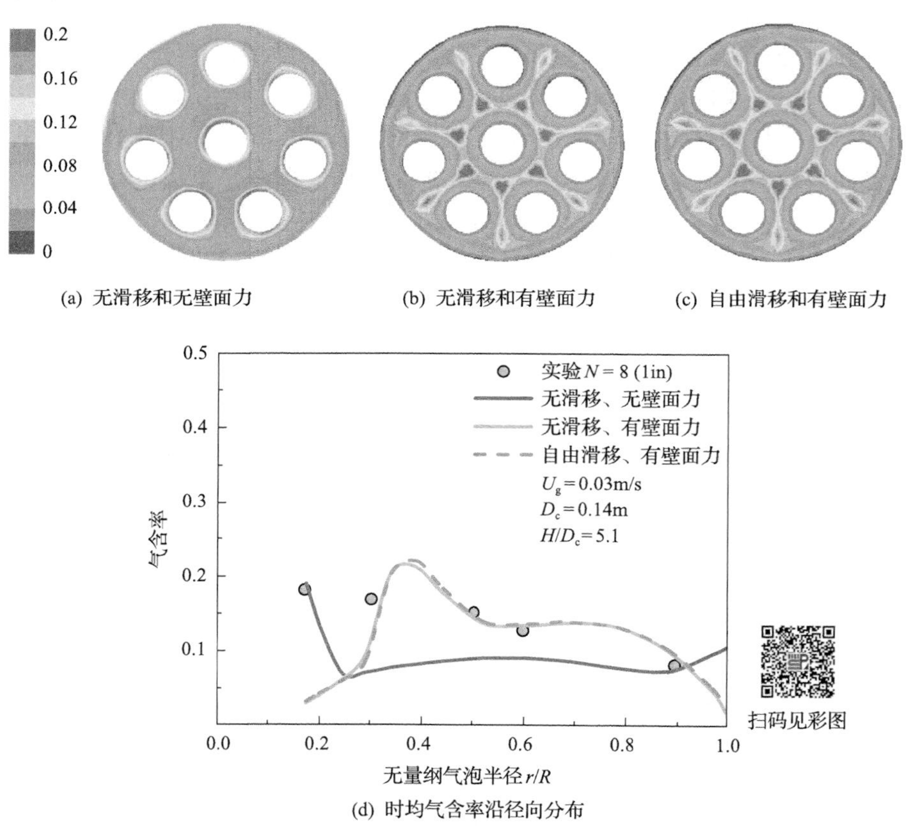

(d) 时均气含率沿径向分布

图 6.25　壁面润滑力及壁面边界对竖直列管鼓泡塔内时均气含率的影响[14]

由式(6-42)可知，壁面润滑力仅对邻近壁面的几层网格有作用，离壁面越远，作用力越弱。同样地，气泡壁面边界条件对气泡的作用也不容小觑。当气泡临近壁面时，可根据气泡受到壁面对其剪切力的不同分为自由滑移(气泡不受剪切)、部分滑移(气泡受部分剪切)和无滑移(气泡轴向无运动)。自由滑移假定气泡与邻近壁面第一层网格间无剪切作用。无滑移则假定气泡撞击壁面后，轴向上的速度趋于零。部分滑移则介于两者之间。图 6.25(b)和(c)对比了两极端气泡壁面边界条件、自由滑移和无滑移对时均气含率的影响。由图可知，无论气泡壁面边界条件取自由滑移还是无滑移，壁面附近的气含率基本不变。考虑到液相无滑移壁面边界条件，对于气相无滑移壁面边界条件可能使壁面附近的相对速度计算得更小，但由于壁面润滑力的作用过于明显，壁面附近的气含率很低，滑移条件在当前情况下表现得并不显著。根据式(6-41)，低的气含率导致较小的壁面力，因此相对速度的作用较小。图 6.25(d)表示将图 6.24(c)中标记线 *OC* 上时均气含率沿径向分布取样出，并与实验值进行比对。由图可知，加入壁面润滑力后，无论采用什么样的壁面边界条件，气含率沿径向分布的差异并不明显。因此，在随后的模拟中，气相壁面边界条件均采用无滑移壁面边界条件。

6.5.5　低表观气速下的模拟结果

模拟首先在低表观气速下进行。图 6.26 为四种网格结构下高径比为 H/D_c=5.1 时，横截面的时均流动参数分布。图中，红色表示流动参数的值达到最大，蓝色则表示最小。

图 6.26(a)为四种内构件布置下横截面的时均气含率分布图。对于空塔情况，气含率值在塔中心区域最大，近壁面区域最小。这是因为塔中心区域液速剪切相对较弱，气泡倾向于向塔中心处运动，气泡向塔心富集，导致中心区域的气含率偏大。当加入 8 根细的内构件时，气含率的最大值和最小值变化不太大，但是峰值的位置有明显的改变。由于气泡的径向运动受到内构件的阻碍，其位置发生了改变，气含率作为气泡位置的体现，所以其峰值位置也随之改变。进一步加入 8 根粗的内构件，气含率的峰值位置变化不大，但是大小出现显著的增加。这是因为随着内构件所占横截面积的增加，气泡的径向运动进一步受限，气泡在环形区域 r/R = 0.4～0.6 处累积，导致气含率在该区域出现峰值。当加入 31 根细的内构件时，无论是气含率的大小还是气含率的分布均出现较大的改变，尤其是内构件之间的罅隙区。大量细的内构件将整个鼓泡塔大区域分成若干个小区域，气泡则被阻碍在各自的小区域内运动，所以在各自的小区域内出现气含率的峰值。需要指出的是，虽然 31 根细的内构件和 8 根粗的内构件所占鼓泡塔横截面积近似，但是对塔内的流动影响大相径庭，细而多的内构件使气含率的径向分布变得均匀，这与 Al Mesfer 等采用的 γ 射线断层扫描观测结果一致。

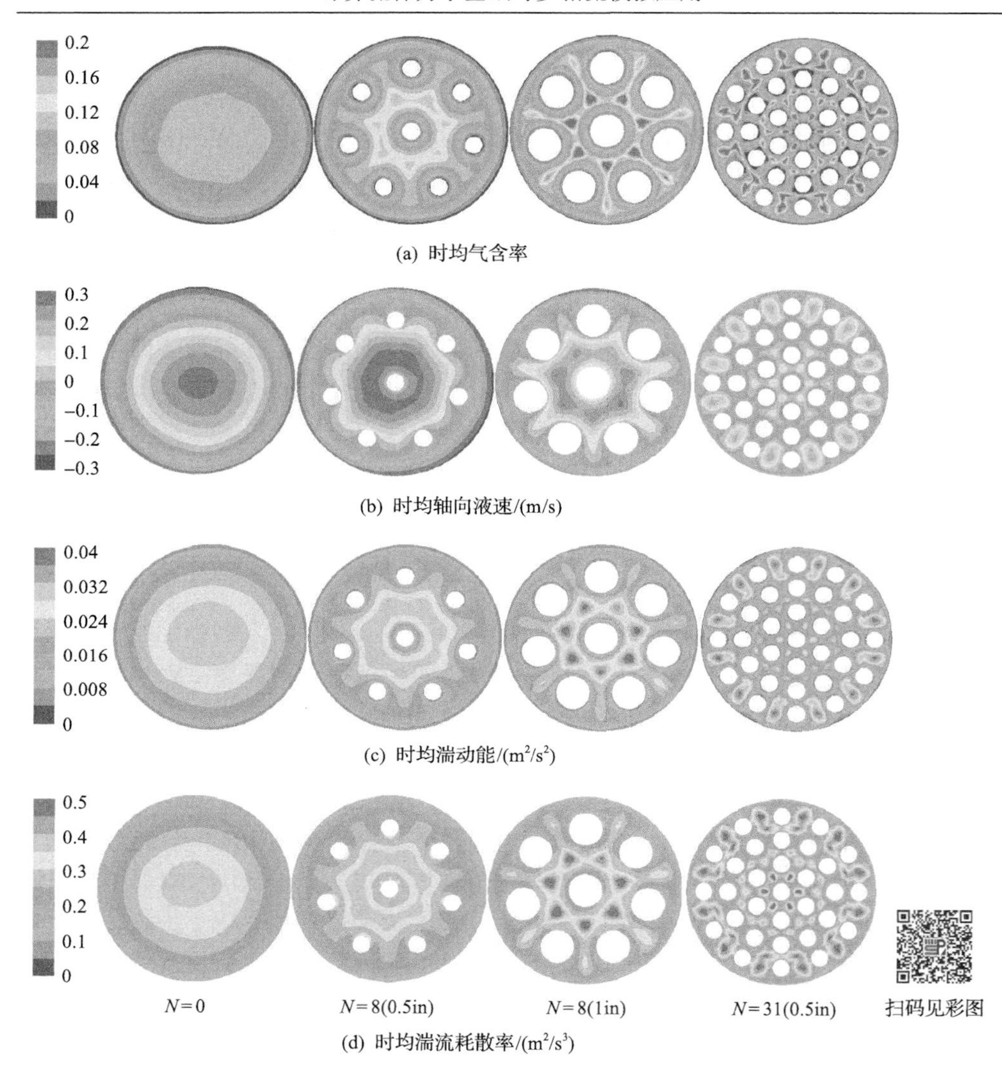

图 6.26　低表观气速下竖直内构件对鼓泡塔内流动参数的影响

图 6.26(b)为四种内构件布置下横截面的时均轴向液速分布图。对于空塔情况下，液体沿塔中心区域向上运动，在近壁区域向下运动，形成大尺度液相循环，最大的上升速度出现在塔中心，最大的回流速度出现在塔壁面附近。这是由于鼓泡塔内是气泡浮升所引起的气液混合流动，气泡在塔中心向上运动所诱导形成的大尺度液相湍流涡导致。当加入 8 根细的内构件时，轴向液速大小变化不大，但峰值位置的分布发生显著的变化，峰值位置转移到中心管附近。尽管气泡的位置随内构件的存在发生了改变，但液相的大尺度循环仍然存在，所以当前的内构件布置(内构件所占塔横截面 5%)对鼓泡塔内的流动影响有限，这与 Chen 等采用的

追踪放射性粒子所测量液速分布结果一致。当加入 8 根粗的内构件时，大尺度的液相循环仍然存在。由于气泡在内构件间的罅隙区 r/R=0.4～0.6 处累积，气泡带动液体，液速作为气泡位置的体现，导致该区域的轴向液速也随之增大。当加入 31 根细的内构件时，大尺度的液相循环消失，液体在内构件间的罅隙区上升，沿其他区域下降。这是由于大量细的内构件将整个鼓泡塔大区域分成若干个小区域，气泡被阻碍在各自的小区域内运动，大尺度的湍流涡被小尺度湍流涡所取代，所以大尺度的液相循环也随之消失。

图 6.26(c)为四种内构件布置下横截面的时均湍动能分布图。对于空塔情况，湍动能在塔中心区域出现最大值，沿径向方向逐渐降低。这是因为中心区域气泡多，诱导液相脉动强。当加入 8 根细的内构件时，湍动能的大小变化不大，但峰值位置发生改变。这是因为内构件虽然阻碍了气泡的径向运动，但是在当前的内构件布置下(所占横加面积较小)，列管对气泡的影响有限。当加入 8 根粗的内构件时，峰值位置变化不大，但湍动能大小显著增加。这是因为随着内构件所占面积增加，气泡的径向运动受到内构件的强烈阻碍，气泡被滞留在罅隙区 $r/R = 0.4$～0.6 处，由于该区域出现气泡的累积，所以液相脉动在该区域也显著增强。当加入 31 根细的内构件时，湍动能的大小分布与轴向液速的分布相似，气泡滞留在内构件间的罅隙区，所以湍动能在该区域出现峰值。纵观内构件加入前后、内构件所占面积增加、内构件不同尺寸配置方式可知，湍流能的变化并没有发生显著的改变，但峰值位置发生显著的改变，说明在低表观气速下气泡诱导湍流并不强烈，而内构件对气泡径向运动的阻碍导致峰值位置改变起主要作用。

图 6.26(d)为四种内构件布置下横截面的时均湍流耗散率分布图。由图可知，湍流耗散率的结果与湍动能的结果基本类似。在空塔情况下，湍流耗散率在塔中心区域出现最大值，沿径向方向逐渐降低，壁面附近出现最小值。当加入 8 根细的内构件时，湍流耗散率的大小变化不大，峰值位置有所改变；当加入 8 根粗的内构件时，峰值位置变化不大，但大小有所增加，当加入 31 根细的内构件时，湍流耗散率的大小分布变得均匀且更加分散。由于湍流耗散率直接与液体速度的梯度成正相关，所以耗散率的变化也与轴向液速的分布相似。

由模拟结果可以看出，气泡的径向运动受到内构件的阻碍，气泡在鼓泡塔内的位置决定着气液的流动结构。由于气泡的尺寸影响着气泡的位置，因此，对气泡尺寸及其分布的研究有利于进一步了解鼓泡塔内的流动混合现象。气泡的大小主要由气泡的合并及分裂速率共同决定。图 6.27 为低表观气速下竖直列管内构件对鼓泡塔内气泡尺寸及其分布的影响。图中离散的实心点表示实验数据，连续的线表示模拟数据。实验数据由 Kagumba 和 Al-Dahhan 利用四点光学探针测量得到气泡平均尺寸及偏离尺寸，并根据对数正态分布公式拟合得出。模拟数据通过统计出鼓泡塔内的离散气泡尺寸组的个数，并进行归一化处理后得到的。对于实验，

Kagumba 和 Al-Dahhan 在空塔中加入 8 根粗的列管，发现气泡的平均尺寸稍许降低，但降幅并不显著。图中，两组气泡尺寸分布非常接近，并呈现出比较宽泛的分布。当加入 31 根细的列管时，发现小气泡的数量显著增加，气泡的平均尺寸进一步降低，气泡尺寸分布变窄。Kagumba 和 Al-Dahhan 指出，当鼓泡塔内加入 31 根细的列管时，气泡平均尺寸降低是由于气泡破碎速率显著增加所致。模拟得到的气泡尺寸分布与实验拟合公式大体相同，也呈现出对数正态分布。尽管定量上对比模拟值与实验点尚有些许差异，但是加入内构件后，气泡的尺寸变化趋势是一致的。在鼓泡塔中加入内构件时，气泡的平均尺寸降低；加入大量细长的内构件，这种降低趋势更加明显。这是因为内构件的存在破坏了鼓泡塔内的大尺度湍流涡，由于小尺度湍流涡的数量大幅增加，气泡与湍流涡之间的相互作用变强，气泡的破碎增加，所以气泡的尺寸降低。另一方面，由于气泡的尺寸受气泡的合并分裂速率决定，而合并分裂速率与湍流耗散率直接相关。在当前的条件下，随着内构件的加入，湍流耗散率增加(图 6.26(d))，所以气泡的平均尺寸降低。此外，在带有列管内构件鼓泡塔中，大的气泡运动受到的阻碍增加、小的气泡更容易在塔内运动，也与 Youssef 等的观察结果是一致的。一般地，小的气泡上升速度较慢，随着气泡停留时间的增加，气含率也随之增大，这也解释了图 6.26(a)时均气含率增加的原因。

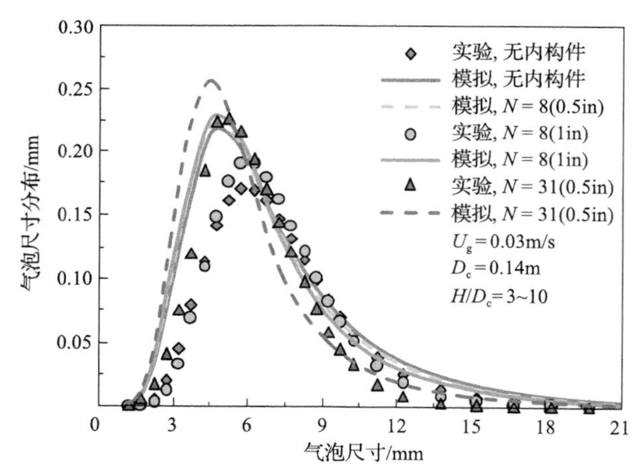

图 6.27　低表观气速下竖直列管内构件对鼓泡塔内气泡尺寸及其分布的影响[14]

进一步考察随内构件所占横截面积增加，时均气含率及轴向液速沿径向分布的变化趋势，如图 6.28(a)和(b)所示。图中时均参数沿径向分布的取样分别取自图 6.24 中空塔位置 *OA*、带有 8 根细内构件的位置 *OB* 和带有 8 根粗内构件的位置 *OC*。实心点为实验值，连续线为模拟值。由于 Kagumba 和 Al-Dahhan 实验中没有测量轴向液速，所以仅将气含率的模拟值与实验结果作了比对。由图可知，气含率的模拟值与测量的实验值吻合得较好。相比于空塔，当加入 8 根细的内构件时，气含率的大小稍许增加，但并不显著，气含率出现局部峰值，表明气泡的径向位置发生改变；当加入 8 根粗的内构件时，气含率的大小增加较为显著。这是因为随着内构件所占横截面积的增加，气泡的径向运动极为受限，气泡在环形区域 r/R=0.4～0.6 处累积，导致气含率在该区域出现峰值。相比于加入 8 根细的内构件，当加入 8 根粗的内构件时，气泡在径向方向上遭受的阻碍更为强烈，所以气含率的峰值变化更为明显。

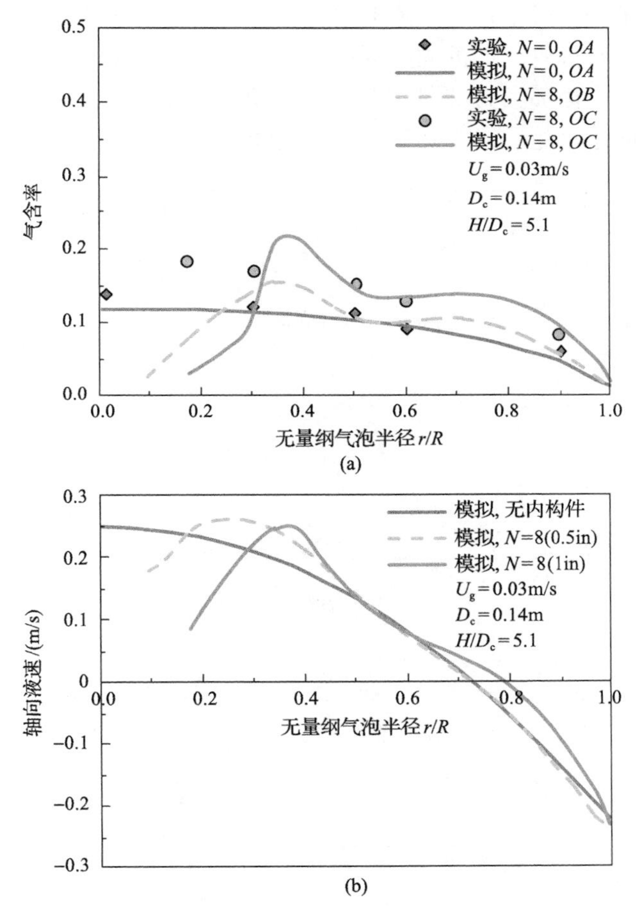

图 6.28　内构件所占横截面积对时均气含率及轴向液速沿径向分布的影响[14]

由图 6.28(b) 可知，无论是加入 8 根细的内构件还是加入 8 根粗的内构件，液体的大尺度循环始终存在，轴向液速的大小并没有发生很大变化，但是峰值位置有所改变。峰值归功于气泡的累计，由于气泡径向位置发生改变，气泡浮升提供动力驱使液体运动，所以液速峰值是气泡富集的体现。Xu 等指出，液速大小随气泡尺寸的轻微变化(2.5～6.5mm)所产生的变化并不明显，但与气泡的位置有很大关系。由当前的模拟结果可知，在低表观气速下，随着内构件所占横截面积增加，内构件对液速的影响不大，这与 Chen 等的结论一致。

图 6.29 为内构件所占横截面积相同时，内构件的尺寸对时均气含率及轴向液速的影响。图中时均参数沿径向分布的取样分别取自图 6.24 中带有 8 根粗列管的位置 *OC* 和带有 31 根细列管的位置 *OD*1、*OD*2。需要指出的是，鼓泡塔内加入 8 根粗的列管和加入 31 根细的列管所占的横截面积大体相近。由图可知，列管内构件的尺寸配置不同，鼓泡塔内的流动参数变化有着显著的差别。加入细而多的密集列管使气含率在列管之间的罅隙区域出现多个峰值。液速的变化同样显著，密集列管使液相的大循环大大减弱，甚至消失，取而代之的是一个个小的液相循环。可见气泡的径向运动随着密集列管的加入受到的阻碍更为严重。

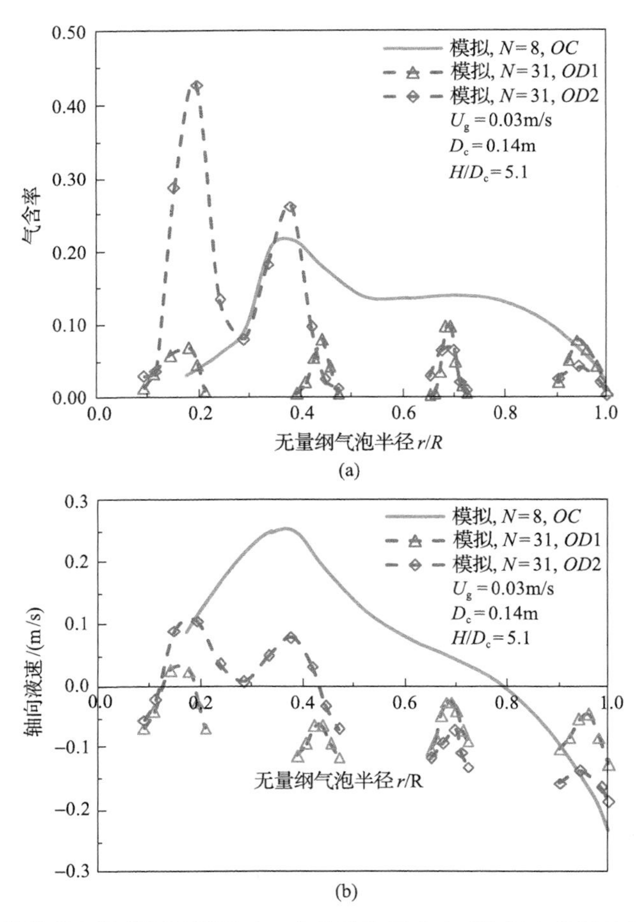

图 6.29　内构件所占横截面积相同时，内构件的尺寸对时均气含率及轴向液速的影响

6.5.6 高表观气速下的模拟结果

采用相同的网格结构，在高表观气速下对鼓泡塔内的流动进行了测试。图 6.30 为四种网格结构下，高径比为 H/D_c=5.1 时，横截面的时均流动参数值。图中，红色表示流动参数值达到最大，蓝色则表示值达到最小。

图 6.30(a)为四种内构件布置下横截面的时均气含率分布图。由图中图例可知，在高表观气速下，鼓泡塔内的气含率显著增加。对于空塔，气含率的分布情况与低表观气速一致，气含率值在塔中心区域最大(约 0.55)，沿径向方向逐渐降低，近壁面区域最小气含率值约为 0.1。由于塔中心区域液速剪切相对较弱，气泡

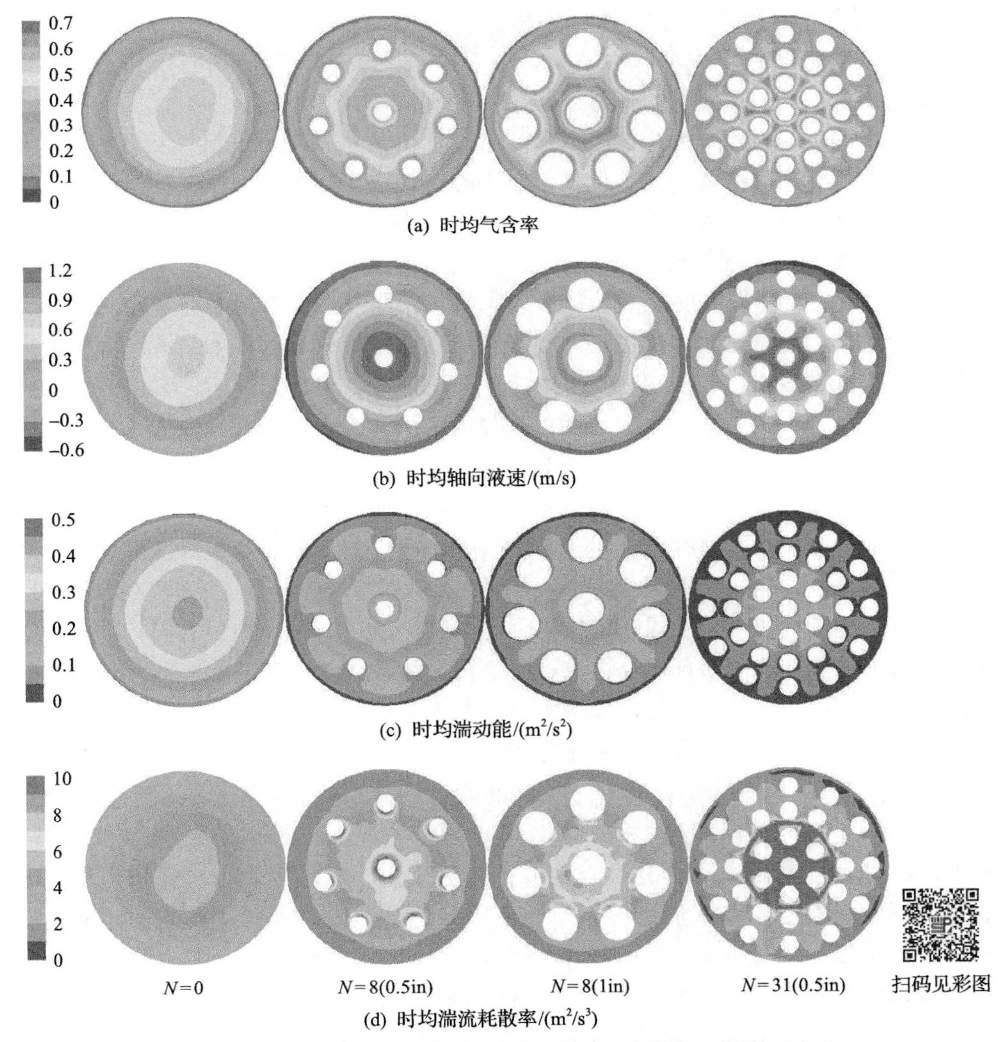

图 6.30　高表观气速下竖直内构件对鼓泡塔内流动参数的影响

倾向于向塔中心运动，中心区域的气含率较大。当加入 8 根细的内构件时，气含率的值(对应图中的颜色)稍许增加，并且峰值的位置发生了转移。这是因为气泡的径向运动受到内构件的阻碍，气泡位置发生了改变，气含率作为气泡位置的体现，所以其峰值位置也随之改变。进一步加入 8 根粗的内构件，气含率整体增加幅度不大，但峰值位置处的气含率进一步增加。当加入 31 根细的内构件时，气含率在中心区域增加得更加明显。纵观高表观气速，加入内构件之后，气含率稍许增加，继续加入密集内构件，气含率整体增幅不显著，并且局部峰值位置始终出现在鼓泡塔中心区域。说明在高表观气速下，液相湍流起主要作用，湍流诱导气泡发生合并分裂，由于分裂速率稍许增加，气泡的尺寸降低，气含率有所上升；进一步增加密集内构件，分裂速率增幅不大，所以气含率变化不明显。同时，在高气速下，气泡始终在中心区域富集，所以中心区域的气含率始终较高。这种变化趋势与 Al Mesfer 等采用的 γ 射线断层扫描观测结果一致。

图 6.30(b)为四种内构件布置下横截面的时均轴向液速分布图。无论是空塔还是加入竖直列管，鼓泡塔内的液体均沿塔中心区域向上运动，在近壁区域向下运动形成大尺度液相循环。最大的上升速度出现在塔中心，最大的回流速度出现在塔壁面附近。相较于低表观气速，在高表观气速下轴向液速的增幅显著(图例最大刻度增加了 4 倍)，且沿径向变化的趋势更为平滑，说明气泡虽然被阻碍，但是湍流促使其混合的作用更加强烈。从图中可以观察到，随着内构件的加入，液速的峰值大小发生明显的改变，当加入 8 根细的内构件和加入 31 根细的内构件时，液速的峰值得到极大的提升，而加入 8 根粗的内构件时，液速的峰值增幅相对较小。这是因为在高表观气速下的强湍流区，湍流起主要作用，无论加入内构件与否、加入根数多少、内构件如何配置都不能阻碍液相形成大尺度循环。由于气泡浮升运动所诱导的液相的大尺度循环始终存在，轴向液速大小受内构件位置(所占上升区域或者下降区域)影响较大。在塔中加入 8 根细的内构件，由于列管全部布置在液体的上升区域，上升区域的面积被挤占，所以速度得到强化。同样地，加入 8 根粗的内构件，列管不仅挤占液速的上升区域而且挤占液速的下降区域，由于液速的上升区域被挤占的面积更多，所以液速虽有增加，但增幅较加入 8 根细的内构件小。这种现象解释了为什么有的学者测量得到陡峭的液速分布，有的学者得到不显著的液速分布。

图 6.30(c)为四种内构件布置下横截面的时均湍动能分布图。对于空塔情况，湍动能在塔中心区域出现最大值，并沿着壁面区域逐渐降低。当加入 8 根细的内构件时，湍动能有所下降，并且峰值位置有所改变。这是因为内构件阻碍了气泡的径向运动，在当前高湍流情况下，气泡轴向运动增强，径向运动减弱，所以液相湍动能降低。当加入 8 根粗的内构件时，峰值位置变化不大，但湍动能的大小进一步降低。这是因为粗管径的列管强化了对气泡的径向阻碍，湍动能降低得更为显著。继续加入 31 根细的内构件，细而密的列管使得气泡的径向运动受到大大

阻碍，所以液相湍流降低也变得不难理解。这与 Chen 等采用的追踪放射性粒子所测量液速湍动分布结果趋势一致。

图 6.30(d) 为四种内构件布置下横截面的时均湍流耗散率分布图。由图可知，湍流耗散率的分布结果与液速的结果大体类似。在空塔情况下，湍流耗散率在塔中心区域出现最大值，并沿着壁面区域逐渐降低。当加入 8 根细或粗的内构件时，湍流耗散率有所增加，特别是在管壁附近，但是增加得并不显著。当加入 31 根细的内构件时，湍流耗散率的大小有了大幅增加。这是因为细而密的列管使得鼓泡塔内的大尺度的湍流涡破碎成小的湍流涡，从而导致湍流耗散率大幅增加。此外，由于湍流耗散率直接与液体速度的梯度成正相关，所以耗散率的变化与轴向液速的分布相似。

图 6.31 为高表观气速下竖直内构件对鼓泡塔内气泡尺寸及其分布的影响。图中离散的实心点表示实验数据，连续的线表示模拟数据。实验数据由 Kagumba 和 Al-Dahhan 利用四点光学探针测量到气泡平均尺寸及偏离尺寸并根据对数正态分布公式拟合得出。模拟数据通过统计出鼓泡塔内的离散气泡尺寸组的个数，并进行归一化处理后得到的。对于实验，Kagumba 和 Al-Dahhan 在空塔中分别加入 8 根粗的列管和 31 根细的列管，发现气泡的平均尺寸变化不大，气泡的尺寸分布比较宽泛，变化幅度也不显著。模拟得到的气泡尺寸分布与实验拟合公式一致，也呈现出对数正态分布。尽管模拟曲线与实验拟合点在定量上有些许差异，但是加入内构件后，气泡的尺寸变化趋势是一致的。在高表观气速下，当内构件的布置不同时，气泡尺寸分布非常相近，说明鼓泡塔内的流动状态呈现出充分湍动，内构件对气泡尺寸的影响基本不大。此时，湍流起主要作用，气泡的合并分裂决定着气泡的尺寸，由于破碎率的显著增加，鼓泡塔内的小气泡增多。相比于湍流，内构件的布置方式对气泡尺寸的影响可忽略不计。相比于空塔，加入 31 根细的列

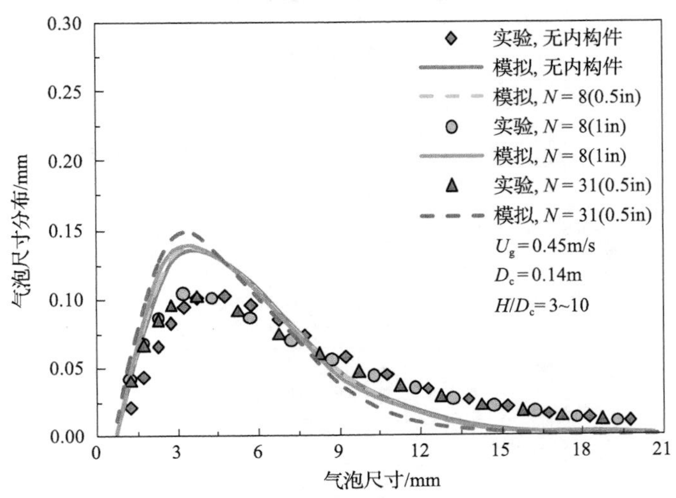

图 6.31　高表观气速下，竖直内构件对鼓泡塔内气泡尺寸及其分布的影响[14]

管气泡的平均尺寸稍许降低，但不明显，也与湍流耗散率的增加有密切关系。一般地，小的气泡上升速度较慢，随着气泡停留时间的增加，气含率也随之增大，所以相比于低表观气速，鼓泡塔内的气含率有大幅增加，这与 Kagumba 和 Al-Dahhan 的实验观察结果也是吻合的。

在高表观气速下，随内构件所占横截面积增加，时均气含率及轴向液速沿径向分布的变化趋势，如图 6.32(a)和(b)所示。图中时均参数沿径向分布的取样分别取自空塔 OA、带有 8 根细内构件的 OB 和带有 8 根粗内构件的 OC。实心点为实验值，连续线为模拟值。由于 Kagumba 和 Al-Dahhan 实验中没有测量轴向液速，所以仅将液速的模拟值之间做了比对。由图可知，气含率的模拟值与测量的实验值吻合得较好。相比于空塔，当加入 8 根细的内构件时，气含率的大小稍许增加，但并不显著；当加入 8 根粗的内构件时，气含率增加的幅度依旧不明显。这是因为在表观气速下，鼓泡塔内呈现的是高湍动流，内构件虽然阻碍了气泡的径向运动，但是这种阻碍作用不明显。

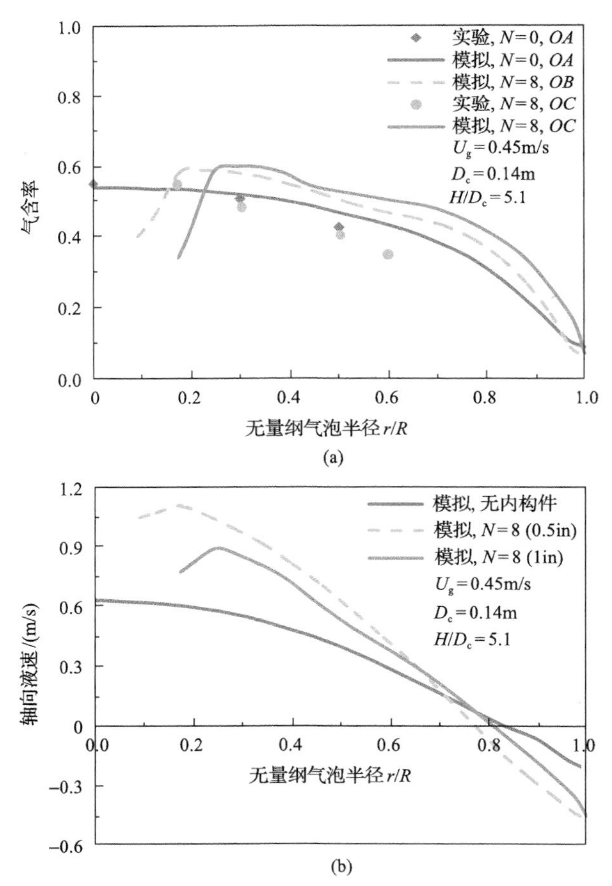

图 6.32 内构件所占横截面积对时均气含率及轴向液速沿径向分布的影响[14]

由图 6.32(b)可知，无论在空塔情况下加入 8 根细的内构件还是加入 8 根粗的内构件，鼓泡塔内的液体均沿塔中心区域向上运动，在近壁区域向下运动，形成大尺度液相循环。与低表观气速不同的是，大尺度的液相循环始终存在，这与湍流起主要作用的结论不谋而合。此外，内构件的加入，使液速的沿径向变化始终比较平滑，说明气泡虽然被阻碍，但是阻碍作用并没有那么显著。此外，在强湍流区，由于内构件的加入，液速的规律并不明显，这是因为内构件的加入位置对液速的分布起着主要的作用。加入 8 根细的内构件，内构件的位置在鼓泡塔的液速上升区，导致鼓泡塔内液速的向上流动特别明显，而加入 8 根粗的内构件，由于内构件不仅占据了液速上升区而且占据液速下降区，所以液速没有进一步增加。这种现象解释了为什么有的学者测量得到中心液速增加，有的学者测得液速下降或者不变。

图 6.33 为内构件所占横截面积相同时，内构件的尺寸配置对时均气含率及轴

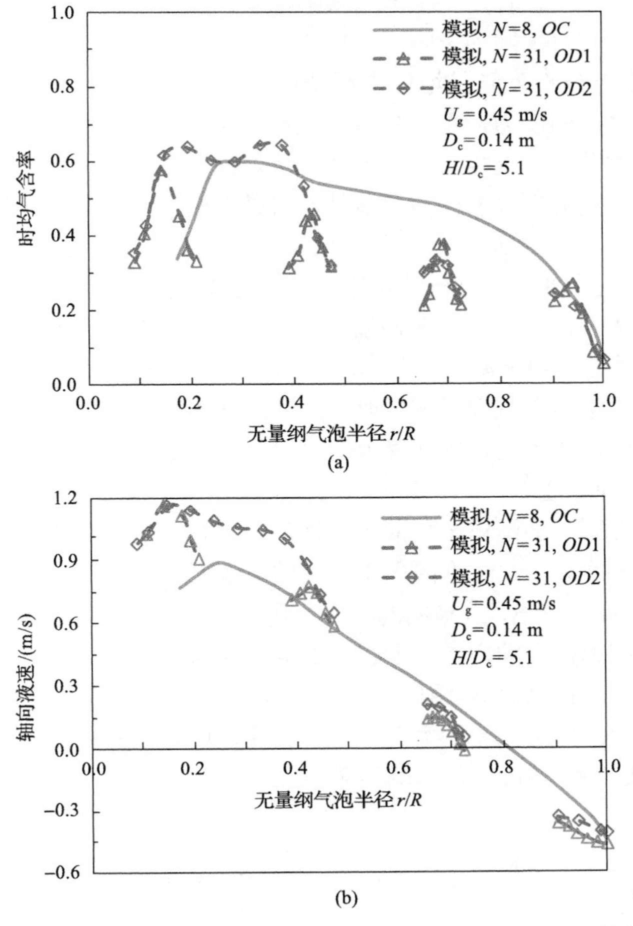

图 6.33　内构件所占横截面积相同时，内构件的尺寸对时均气含率及轴向液速的影响

向液速的影响。图中时均参数沿径向分布的取样分别取自带有 8 根粗内构件的 *OC*、带有 31 根细内构件的 *OD*1 和 *OD*2。特别地，鼓泡塔内加入 8 根粗的内构件和加入 31 根细的内构件所占的横截面积大体相近。由图可知，内构件的尺寸配置不同，鼓泡塔内的气含率的变化不显著，液速依旧呈现出大尺度液相循环。究其原因，在高表观气速下，气泡的径向运动虽然受到阻碍，但是液相湍流起到的作用更为重要。此外，加入 31 根细内构件，中心液速的显著增加与中心布置的管子数目有关，液速上升区被挤压，使得液速增加。

6.5.7　含列管内构件鼓泡塔模拟结果总结

本章在考虑相间曳力、升力的基础上，重点考察了壁面润滑力对带有竖直列管鼓泡塔内气泡的运动影响，进一步，将模拟结果与文献报道的实验结果进行对比。模拟结果显示内构件所占鼓泡塔横截面积及布置对鼓泡塔内的气泡运动、液相流动及湍流均有着不同的影响。具体的结论如下：

(1) 在对带有竖直列管鼓泡塔内流动现象进行模拟时，壁面润滑力的作用显著。一旦加入壁面润滑力，壁面附近的气泡被推开，气泡沿壁面攀升的反常现象消失，气含率的分布情况也与实验观测一致。此外，当加入壁面润滑力时，无论选取自由滑移还是无滑移壁面边界条件，对带有竖直列管鼓泡塔进行模拟，模拟结果变化不大。

(2) 在低表观气速下，当竖直列管所占鼓泡塔横截面积增加时，由于壁面对气泡的阻碍作用增强，气泡诱导液相湍动降低。此时，在内构件之间的罅隙处，湍流耗散率显著增强。由于湍流耗散率的增强，气泡的平均尺寸降低，气含率增加。当内构件所占鼓泡塔横截面积相同时，加入细而多的内构件，气泡被分散在内构件之间的罅隙中，使得气含率在罅隙区出现多峰，液相的大循环消失。

(3) 在高表观气速下，气泡诱导湍流起主要作用，而内构件的配置影响并不明显。随着内构件所占鼓泡塔横截面积的增加，气含率的增加幅度并不明显，液相的大尺度循环始终存在，气泡的平均尺寸始终较小。

(4) 在低表观气速下，气泡间的相互作用并不强烈，内构件的配置对液相大循环起主要作用；细而多的内构件使得大的湍流涡被小的湍流涡所取代，流动结构也因此受到影响。在高表观气速下，气泡间的相互作用十分明显，湍流对液相大循环起主要作用；由于液相的大循环始终存在，所以轴向液速大小受内构件位置(所占上升区域或者下降区域)影响显著。

第 7 章　气流床煤气化过程模拟

7.1　煤粉射流流动与反应特点

多喷嘴对置式气化炉的流场结构如图 7.1 所示。

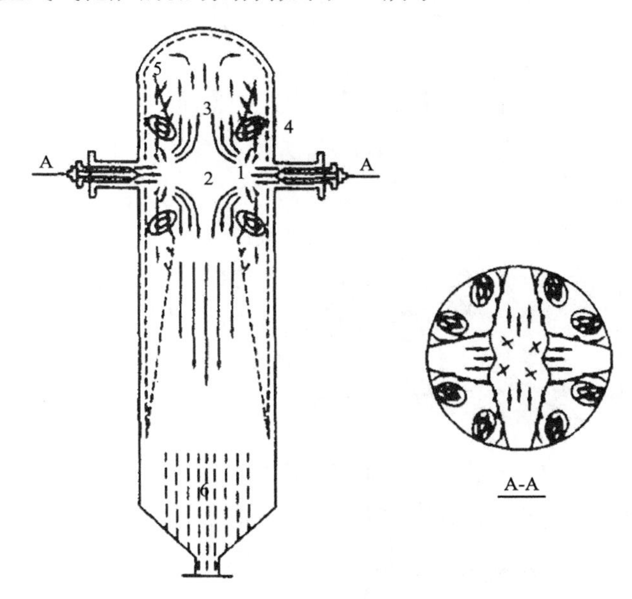

图 7.1　多喷嘴对置式气化炉流场示意图

根据流动特征的差异，将该气化炉划分为以下六个区域：射流区（1）、撞击区（2）、撞击流股（3）、回流区（4）、折反流区（5）和管流区（6）。

射流区：流体从喷嘴高速喷出后，射流将周围流体卷吸并向下游流动。由于受撞击区的反向作用，射流扩张角相应地有所扩大，射流速度衰减也随之加快。

撞击区：当四股射流边界交汇后，在中心区域形成相向射流的剧烈碰撞运动。此区域流体间剪切作用力大，速度脉动强烈，湍流强度大，混合作用最好。

撞击流股：经过撞击混合具有较高静压的流体迅速改变流动方向，沿着气化炉的轴线方向运动形成向上与向下两股流动。这两股流体相对速度较高，具有射流性质，对周边流体仍有卷吸作用，使得该区域的宽度沿径向逐渐扩展，轴向速度沿径向逐渐减小，沿轴向达到最大值后也逐渐衰减。

回流区：回流是受限射流产生流体间相互混合的流动特征之一，出喷嘴的四股射流与两股撞击流股周边均出现回流，起到强化混合的作用。

折反流区：沿着气化炉轴向向上流动的流股，遇到拱顶后沿炉壁折反向下流动，最终汇聚到主体流之中。

管流区：在气化炉下部，流体的轴向速度沿径向分布保持不变，形成管流区。

多喷嘴气化炉的总高为 2.35m，炉膛内径为 0.3m，壁厚为 0.015m，上部半球封头高为 0.15m，气体出口平面设定为 $z=0$，气体出口内径为 0.3m，喷嘴安装在 $z=1.6$m 平面高度处，喷嘴上部空间总高度为 0.75m，喷嘴直径为 0.0136m。

7.2 基本控制方程

气相作为连续介质，根据质量、动量和能量守恒得出传输控制方程，方程如下：

质量 $$\frac{\partial}{\partial x_i}(\rho\bar{u}_i)=m_{\mathrm{s}} \tag{7-1}$$

动量 $$\frac{\partial}{\partial x_i}(\rho\bar{u}_i\bar{u}_j)=-\frac{\partial\bar{p}}{\partial x_j}+\frac{\partial}{\partial x_j}\mu_{\mathrm{t}}\left(\frac{\partial\bar{u}_i}{\partial x_j}+\frac{\partial\bar{u}_j}{\partial x_i}\right)-\frac{\partial}{\partial x_i}(\rho\overline{u_i''u_j''})+F_{\mathrm{s}} \tag{7-2}$$

能量 $$\frac{\partial}{\partial x_i}(\rho\bar{u}_i h)=-\frac{\partial}{\partial x_i}(\rho\overline{u_i''h''})+\rho h_{\mathrm{s}} \tag{7-3}$$

其中，m_{s}、F_{s} 和 h_{s} 为源项，源项增加了颗粒相对气相的作用，用 Particle-Source-In-Cell 模型处理颗粒相与气相的相互作用。雷诺时均应力 $\rho\overline{u_i''u_j''}$ 和雷诺通量 $\rho\overline{u_i''h''}$ 由气相湍流方程来封闭。

7.3 雷诺平均与湍流封闭

湍流具有速度分量和标量都随时间及空间不断波动的特点，为得到变量平均值的控制方程，对每个守恒方程都应用 Favre 平均，这样就引入了非线性湍流通量项，分别是动量方程中的雷诺应力和标量方程中的雷诺通量，这里用 k-ε 模型来模拟它们。方程如下：

$$\rho\overline{u_i''u_j''}=\frac{2}{3}\delta_{ij}\left(\rho\bar{k}+\mu_{\mathrm{t}}\frac{\partial\bar{u}_k}{\partial x_k}\right)-\mu_{\mathrm{t}}\left(\frac{\partial\bar{u}_i}{\partial x_j}+\frac{\partial\bar{u}_j}{\partial x_i}\right) \tag{7-4}$$

$$\rho\overline{u_i''h''}=\frac{\mu_{\mathrm{t}}}{\sigma_{\mathrm{h}}}\frac{\partial\bar{h}}{\partial x_j} \tag{7-5}$$

湍流黏度 μ_t 用下式来表示：

$$\mu_t = C_\mu \rho \frac{k^2}{\varepsilon} \tag{7-6}$$

湍动能 k 和湍动耗散率 ε 通过标准的 k-ε 方程解出，方程如下：

$$\overline{u}_i \frac{\partial k}{\partial x_i} = \frac{\partial}{\partial x_i}\left(\frac{\mu_t}{\sigma_k}\frac{\partial k}{\partial x_i}\right) - \overline{u}_i \overline{u}_j \frac{\partial \overline{u}_j}{\partial x_i} - \varepsilon \tag{7-7}$$

$$\overline{u}_i \frac{\partial \varepsilon}{\partial x_i} = \frac{\partial}{\partial x_i}\left(\frac{\mu_t}{\sigma_\varepsilon}\frac{\partial \varepsilon}{\partial x_j}\right) + C_1 \frac{\varepsilon}{k} \overline{u}_i \overline{u}_j \frac{\partial \overline{u}_i}{\partial x_i} + C_2\left(\frac{\varepsilon^2}{k}\right) \tag{7-8}$$

7.4　颗粒弥散及其模拟

气流床气化炉内粉煤颗粒很分散，颗粒与颗粒之间的相互作用力小，所以颗粒相就不能像气相那样作为连续介质考虑，要用拉格朗日法追踪粉煤颗粒的运动。颗粒相的质量、动量和能量守恒方程如下：

质量　$$\frac{\mathrm{d}m_\mathrm{p}}{\mathrm{d}t} = \frac{\mathrm{d}m_1}{\mathrm{d}t} + \frac{\mathrm{d}m_2}{\mathrm{d}t} + \frac{\mathrm{d}m_3}{\mathrm{d}t} + \frac{\mathrm{d}m_4}{\mathrm{d}t} \tag{7-9}$$

动量　$$\frac{\mathrm{d}(m_\mathrm{p} u_\mathrm{p})}{\mathrm{d}t} = \frac{1}{2} C_\mathrm{D} \rho (\overline{u} + u'' - u_\mathrm{p}) \left|\overline{u} + u'' - u_\mathrm{p}\right| A_\mathrm{p} + m_\mathrm{p} a_\mathrm{g} \tag{7-10}$$

能量　$$\frac{\mathrm{d}(m_\mathrm{p} C_\mathrm{p} T_\mathrm{p})}{\mathrm{d}t} = A_\mathrm{p} \frac{\lambda N_\mathrm{u}}{d_\mathrm{p}} (T - T_\mathrm{p}) + A_\mathrm{p} \varepsilon_\mathrm{a} (Q_\mathrm{R} - \sigma_\mathrm{B} T_\mathrm{p}^4) + \sum_{i=1}^{4} \dot{m}_i \Delta h_j \tag{7-11}$$

煤颗粒的质量减少部分可以分成四份，分别是煤的脱挥发分、煤与 O_2 的气化反应、煤与 CO_2 的气化反应和煤与 H_2O 的气化反应。

7.5　煤脱挥发分模型

假设煤是由挥发分、焦炭和灰分组成的，煤脱挥发分过程用简单的二步平行反应模型来描述，假定所有的氢、氧、氮和硫元素都作为挥发分析出，且挥发分组分恒定。同时假设挥发分一经释放立即燃烧生成 CO_2 和 H_2O(在富氧条件下)，或者生成 CO、H_2 和 CH_4(在缺氧条件下)，因此，挥发分燃烧产物随着化学反应计量比的不同而不同。方程如下[55]：

$$\mathrm{Coal} = \mathrm{C}_{m01}\mathrm{H}_{m02}\mathrm{O}_{m03}\mathrm{N}_{m04}\mathrm{S}_{m05}\mathrm{Ash}_{m06}\mathrm{Mois}_{m07} = \mathrm{Vol}_{r1}\mathrm{Char}_{r2}\mathrm{Ash}_{m06} \tag{7-12}$$

$$C_{m01}H_{m02}O_{m03}N_{m04}S_{m05}Ash_{m06}Mois_{m07} \rightarrow C_{m11}H_{m12}O_{m13}N_{m14}S_{m15}Mois_{m17} + C_{m21}Ash_{m26} \tag{7-13}$$

富氧条件下：

$$\begin{aligned} &C_{m11}H_{m12}O_{m13}N_{m14}S_{m15}Mois_{m17} + \left(m_{11} + \frac{m_{12}}{4} - \frac{m_{13}}{2} + m_{15}\right)O_2 \\ &\longrightarrow m_{11}CO_2 + \left(m_{17} + \frac{m_{12}}{4}\right)H_2O + m_{15}SO_2 + \frac{m_{14}}{2}N_2 \end{aligned} \tag{7-14}$$

贫氧条件下$\left[\varphi < \left(m_{11} + \frac{m_{12}}{4} - \frac{m_{13}}{2} + m_{15}\right)\right]$：

$$\begin{aligned} &C_{m11}H_{m12}O_{m13}N_{m14}S_{m15} + \varphi O_2 \longrightarrow \alpha_1 CO_2 + \alpha_2 CO + m_{11}(1-\alpha_1-\alpha_2)CO_2 + \frac{m_{14}}{2}N_2 \\ &+\left[\frac{1-\alpha_1}{2}(m_{12}-2m_{15}) - 2(1-\alpha_1-\alpha_2)\right]H_2 + \frac{\alpha_1(m_{12}-2m_{15})}{2}H_2O + m_{15}H_2S \end{aligned} \tag{7-15}$$

煤脱挥发分的反应速率表示如下：

$$\frac{dY}{dt} = \frac{d(Y_1+Y_2)}{dt} = k_1(Y_1^* - Y_1) + k_2(Y_2^* - Y_2) \tag{7-16}$$

$$k_1 = A_1 \exp(-E_1 / RT_p) \tag{7-17}$$

$$k_2 = A_2 \exp(-E_2 / RT_p) \tag{7-18}$$

7.6　颗粒气化反应模型

假定氧气、二氧化碳和水蒸气在焦炭颗粒的表面与焦炭反应生成一氧化碳。随后，如果还有剩余氧气，上述生成的一氧化碳将与其反应。颗粒表面反应的级数为 0.5。假设气相的转化反应很快便达到平衡。反应式及速率方程如下：

$$C_{m21}Ash_{m26} + \frac{m_{21}}{2}O_2 \longrightarrow m_{21}CO + m_{26}Ash \tag{7-19}$$

$$C_{m21}Ash_{m26} + m_{21}CO_2 \longrightarrow 2m_{21}CO + m_{26}Ash \tag{7-20}$$

$$C_{m21}Ash_{m26} + m_{21}H_2O \longrightarrow m_{21}CO + m_{21}H_2 + m_{26}Ash \tag{7-21}$$

$$CO+H_2O \rightleftharpoons H_2+CO_2 \tag{7-22}$$

焦炭与 O_2、CO_2 和 H_2O 的反应速率表示为

$$\frac{\mathrm{d}m_\mathrm{p}}{\mathrm{d}t}=\frac{k_\mathrm{s}A}{2k_\mathrm{d}}[-k_\mathrm{s}+(k_\mathrm{s}^2+4k_\mathrm{d}^2P_\mathrm{i})^{1/2}] \tag{7-23}$$

$$k_\mathrm{d}=\frac{\varphi ShM_\mathrm{c}D_\mathrm{i}}{RT_\mathrm{m}d_\mathrm{p}} \tag{7-24}$$

$$k_\mathrm{s}=A_\mathrm{c}\exp(-E_\mathrm{c}/RT_\mathrm{p}) \tag{7-25}$$

水煤气转化反应的平衡常数表示为

$$k_\mathrm{eq}=\exp\left(-3.6893+\frac{7234}{1.8T}\right) \tag{7-26}$$

7.7　湍流与反应相互作用

均相反应机制模型涉及八种气体组分(O_2,N_2,CO,CO_2,H_2O,H_2,CH_4 和 H_2S)。各气体组分的传输控制方程表示如下:

$$\frac{\partial}{\partial x_i}(\rho\bar{u}_i\bar{Y}_j)=-\frac{\partial}{\partial x_i}(\rho\overline{u_i''Y_j''})+\bar{w}_j \tag{7-27}$$

$$\rho\overline{u_i''Y_j''}=\frac{\mu_t}{\sigma_{Y_j}}\frac{\partial\bar{Y}_j}{\partial x_j} \tag{7-28}$$

一般来说，由上式可以计算出气体组分的百分比浓度，气体温度可由式(7-3)求出，但是，由流体湍动造成气体温度、密度和百分比浓度波动对气化炉内的反应有显著影响。

相对于湍流的时间尺度，包括去挥发分、燃烧和气化在内的非均相反应的反应速率是比较慢的，所以，这些非均相反应的反应速率是通过气体性质的平均值而非波动值来计算的。

另一方面，非均相反应产生的气体进一步发生均相反应。这些均相反应包括挥发分燃烧和气体转化反应，它们相对于湍流微观混合过程的时间尺度来说是较快的。

因此，均相反应可以用一个湍流反应模型来计算平均反应速率 $\bar{w}_j$。在这个模型中，假定气体反应的速度是由反应物的混合速度而非反应动力学决定的。在这

个假设的前提下，气体组成可以通过局部平衡的最小化吉布斯自由能函数计算出。最小化吉布斯自由能是局部元素组成和能量的函数。局部气体组成是由通入的气体和煤化学反应气体产物的混合过程所决定的，该过程可用一个叫做混合分数的守恒标量来描述[55]。

在煤气化炉中，非均相反应包括煤脱挥发分、焦炭与氧气、焦炭与水、焦炭与二氧化碳的反应，由此引入了四个煤气混合分数来追踪反应的产物。在某一点处的混合分数被定义为煤化学反应气体产物占总的气体产物的质量比：

$$f_i = \frac{m_i}{m_{\text{prod}}} \tag{7-29}$$

$$m_{\text{prod}} = m_{\text{air}} + m_1 + m_2 + m_3 + m_4 \tag{7-30}$$

其中，$m_i = m_1, m_2, m_3$ 和 m_4，它们分别代表反应式(7-13)、(7-19)、(7-20)和(7-21)的气体产物，混合分数 f_i 可以通过传输控制方程计算出，如下所示：

$$\frac{\partial}{\partial x_i}(\rho \bar{u}_i f_j) = -\frac{\partial}{\partial x_i}\left(\rho \overline{u_i'' f_j''}\right) + f_{sj} \tag{7-31}$$

$$\rho \overline{u_i'' f_j''} = \frac{\mu_t}{\sigma_{f_j}} \frac{\partial \bar{f}_j}{\partial x_j} \tag{7-32}$$

根据 MSPV(multi-solids progress variables)的方法原理，另外定义了一个混合分数，如下式所示：

$$F_i = \frac{m_i}{m_{\text{air}} + \sum_{j=1}^{i} m_j} \tag{7-33}$$

这样的混合分数 F_i（$i = 1-4$）是彼此独立不同的，F_i 和 f_i 的关系式表示如下：

$$F_i = \frac{f_i}{1 - \sum_{j=i+1}^{4} f_i} \tag{7-34}$$

气体特性参数随着混合分数的波动而变化，气体特性参数的时均值可以通过混合分数的局部平均值 F_{i}、混合分数的局部偏差 g_i 和 PDF 概率密度函数的分布求解出。气体的特性参数 β（包括气体组分、温度、密度和黏度）的平均值是 F_1, F_2, F_3, F_4 的函数，可以通过 PDF 积分的形式计算出来：

$$\begin{aligned}&\tilde{\beta}(F_1,F_2,F_3,F_4)\\&=\int_{0+}^{1-}\tilde{P}(F_4)\int_{0+}^{1-}\tilde{P}(F_3)\int_{0+}^{1-}\tilde{P}(F_2)\int_{0+}^{1-}\tilde{P}(F_1)\beta(F_1,F_2,F_3,F_4)\mathrm{d}F_1\mathrm{d}F_2\mathrm{d}F_3\mathrm{d}F_4\end{aligned} \tag{7-35}$$

PDF 函数具有截断高斯分布形式。在气化炉内，焦炭-H_2O 和焦炭-CO_2 的反应相对于挥发分燃烧和焦炭氧化反应来说是比较慢的，那么式(7-35)中的 F_3 和 F_4 项就可以忽略了，此时，式子(7-35)就可以简化为

$$\begin{aligned}&\tilde{\beta}(F_1,F_2,F_3,F_4)\\&=\int_{0+}^{1-}\tilde{P}(F_2)\int_{0+}^{1-}\tilde{P}(F_1)\beta(F_1,F_2,F_3,F)\mathrm{d}F_1\mathrm{d}F_2\end{aligned} \tag{7-36}$$

混合分数的偏差值 g_i 可以通过传输控制方程解出，表示如下：

$$\frac{\partial}{\partial x_i}(\rho\bar{u}_i g_j)=-\frac{\partial}{\partial x_i}(\rho\overline{u_i''g_j''})+[C_1(G_k-C_3G_\mathrm{B})-C_2\rho\varepsilon]\frac{\varepsilon}{k} \tag{7-37}$$

$$\rho\overline{u_i''g_j''}=\frac{\mu_t}{\sigma_{g_j}}\frac{\partial\bar{g}_j}{\partial x_j} \tag{7-38}$$

7.8　辐射能守恒方程及其求解方法

在气体、颗粒和壁面之间，有热传导、热对流和热辐射三种传热方式。假定颗粒的散射是各向同性的，采用离散传递法解辐射强度对路径的微分方程：

$$\frac{\mathrm{d}I}{\mathrm{d}s}=-(\varepsilon_\mathrm{a}+\varepsilon_\mathrm{p}+\varepsilon_\mathrm{s})I+\frac{\sigma_\mathrm{B}}{\pi}(\varepsilon_\mathrm{a}T^4+\varepsilon_\mathrm{p}T_\mathrm{p}^4)+\frac{\varepsilon_\mathrm{s}}{4\pi}\int_0^{4\pi}I\mathrm{d}\Omega \tag{7-39}$$

7.9　数值求解过程

气相控制方程在笛卡儿坐标系下的通用形式如下：

$$\begin{aligned}&\frac{\partial}{\partial x_i}(\rho\bar{u}_i\Phi)+\frac{\partial}{\partial x_j}(\rho\bar{u}_j\Phi)+\frac{\partial}{\partial\Phi_k}(\rho\bar{u}_k\Phi)\\&=\frac{\partial}{\partial x_i}\left(\frac{\mu_t}{\sigma_\Phi}\frac{\partial\Phi}{\partial x_i}\right)+\frac{\partial}{\partial x_j}\left(\frac{\mu_t}{\sigma_\Phi}\frac{\partial\Phi}{\partial x_j}\right)+\frac{\partial}{\partial x_k}\left(\frac{\mu_t}{\sigma_\Phi}\frac{\partial\Phi}{\partial x_k}\right)+S_\Phi+S_{\Phi P}\end{aligned} \tag{7-40}$$

其中，Φ 表示质量，速度分量，湍流动能，湍流动能耗散率，气体焓值，混合分数及其偏离值；S_Φ 为源项，$S_{\Phi P}$ 是考虑了气-固两相之间相互作用的附加源项。

划分网格把偏微分方程转化为有限差分模型，用 Eulerian 体系下的 SIMPLER 法则求解方程组。

上述模型可以在实际气化装置中应用，可用于计算气体及颗粒的温度、速度、平均湍流动能、湍流动能耗散率、气体组分浓度、颗粒轨迹、颗粒尺寸分布、反应程度和辐射通量等[56]。上述模型中用到的附加方程及模型参数列于表 7.1 中。

表 7.1　气相和颗粒相的控制方程的附加方程和模型参数[55]

$$h=\sum_{i=1}^{8}Y_i\int_0^T C_{pi}\mathrm{d}T \tag{7-41}$$

$$C_{pi}=a_iT+b_i \tag{7-42}$$

$$\rho=\frac{pM}{RT} \tag{7-43}$$

$$C_D=\begin{cases}1.0, & Re<10^{-2}\\ 1.0+0.15Re^{0.687}, & Re\geqslant 10^{-2}\end{cases} \tag{7-44}$$

$$Re=\frac{\rho(u-u_p)d_p}{\mu} \tag{7-45}$$

$$Nu=2+0.6Re^{1/2}Pr^{1/3} \tag{7-46}$$

$$G_k=\mu\left\{2\left[\left(\frac{\partial u}{\partial x}\right)^2+\left(\frac{\partial v}{\partial y}\right)^2+\left(\frac{\partial w}{\partial z}\right)^2\right]+\left(\frac{\partial u}{\partial y}+\frac{\partial v}{\partial x}\right)^2+\left(\frac{\partial v}{\partial z}+\frac{\partial w}{\partial y}\right)^2+\left(\frac{\partial u}{\partial z}+\frac{\partial w}{\partial x}\right)^2\right\} \tag{7-47}$$

$$G_B=a_g\frac{\mu}{\sigma_f}\frac{1}{\rho}\frac{\partial p}{\partial z} \tag{7-48}$$

湍流系数

C_μ	C_1	C_2	C_3	C_{g1}	C_{g2}
0.09	1.44	1.92	0.8	2.8	2.0

交换系数 σ_Φ

uvw	k	ε	f_i	g_i	h
1.0	0.9	1.22	0.7	0.7	0.7

7.10　多喷嘴加压气流床煤气化炉模拟

7.10.1　多喷嘴气化炉的计算网格

气化炉网格划分为 51×51×100，x，y 方向均为 51 个，z 方向为 100 个，在顶部半球形封头，喷嘴处以及合成气出口处均作了轴向网格的细化，如图 7.2 所示。

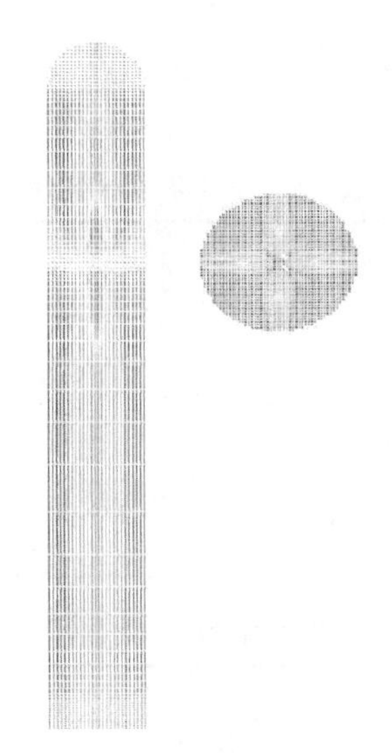

图 7.2　计算网格

7.10.2　煤质分析

原料煤为山东北宿煤，煤质分析数据如表 7.2 和表 7.3 所示，气化炉所用粉煤颗粒尺寸如表 7.4 所示。

表 7.2　煤的工业分析

工业分析	水分	挥发分	固定碳	灰分
百分比/%	0.76	37.55	52.55	9.14
低位发热量/[kJ/(mol·daf)]	32342			
煤颗粒密度/(kg/m^3)	1300			

表 7.3　煤的元素分析(空干基)

元素	碳	氢	氧	氮	硫
百分比/%	73.5	4.98	6.86	1.28	3.48

表 7.4　煤颗粒尺寸分布

粒径/μm	150	100	80	60	30	10
百分比/%	10	20	20	20	20	10

7.10.3　计算工况及边界条件

粉煤气化炉的主要操作条件如表 7.5 所示，粉煤及 N_2、O_2 和水蒸气经过四个喷嘴均匀地进入气化炉。计算得出的单个喷嘴的进料如表 7.6 所示，进口各气体的体积比率如表 7.7 所示。温度边界条件如表 7.8 所示。煤脱挥发分和非均相反应的模型参数如表 7.9 和表 7.10 所示。

表 7.5　气化炉操作条件

条件参数	数值
气化炉压力/MPa	0.1
气化炉原料进口温度/K	453
煤流量/(t 粉煤/d)(干)	2
输送气流量/($Nm^3 N_2$/t 粉煤)	125
氧气流量/($Nm^3 O_2$/t 粉煤)	570
水蒸气流量/(t/t 粉煤)	0.18

表 7.6　单个喷嘴进口物质质量流量

进口原料	粉煤	N_2	O_2	水蒸气
质量流量/(kg/s)	0.0058	0.00091	0.0047	0.00104

表 7.7　进口各气体的体积分数

气体	O_2	水蒸气	N_2
体积分数/%	62.0	24.2	13.8

表 7.8　温度边界条件

距离气化炉出口水平面高度/m	壁面温度/K	壁面辐射率
0～1.3	1373	0.6
1.3～1.9	1673	0.8
1.9～2.2	1373	0.6
2.2～2.35	1373	0.6

表 7.9　煤脱挥发分参数

模型参数	A_1/s^{-1}	A_2/s^{-1}	E_1/(J/mol)	E_2/(J/mol)
数值	3.7×10^5	1.46×10^{13}	7.4×10^4	2.51×10^5

表 7.10　非均相反应动力学参数

反应式	指前因子和活化能	数值
$C+O_2 = CO_2$	$A_c/(kg\cdot Pa^{-0.5}\cdot s^{-1}\cdot m^{-2})$	0.052
	$E_c/(J\cdot mol^{-1})$	6.1×10^4
$C+CO_2 = 2CO$	$A_c/(kg\cdot Pa^{-0.5}\cdot s^{-1}\cdot m^{-2})$	0.0732
	$E_c/(J\cdot mol^{-1})$	1.125×10^5
$C+H_2O = H_2+CO$	$A_c/(kg\cdot Pa^{-0.5}\cdot s^{-1}\cdot m^{-2})$	0.0782
	$E_c/(J\cdot mol^{-1})$	1.15×10^5

7.10.4　典型工况模拟结果

1. 气化炉内速度分布

图 7.3 为气化炉内速度分布，炉内存在五个区。图 7.4 为气化炉内轴线速度分布，喷嘴附近速度达到两个峰值，因为对置的喷嘴中的原料撞击冲力很大，速度达到最大，在粉煤和气化剂流动过程中，受到阻力的作用速度逐渐较低。在喷嘴上部、下部空间分别存在很大的回流区域。气化炉的出口速度约为 4m/s。

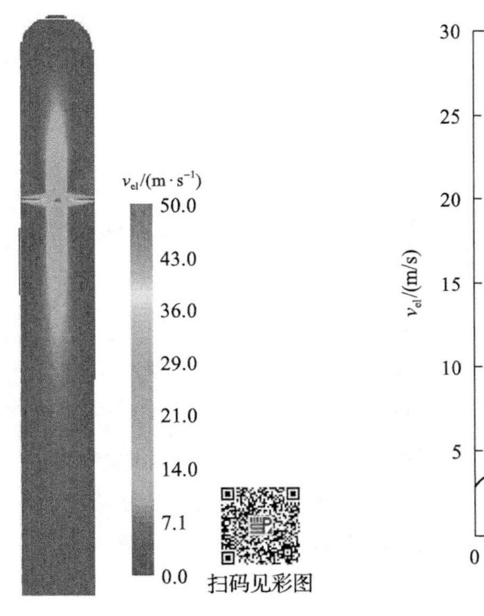

图 7.3　气化炉内速度分布

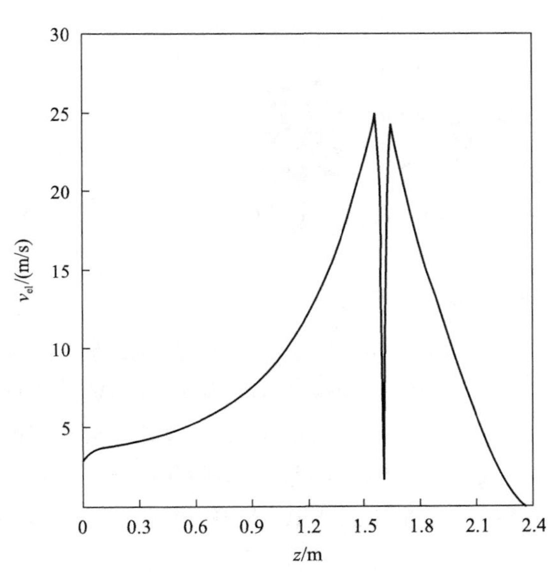

图 7.4　气化炉内轴线速度分布

2. 气化炉内温度分布

图 7.5 为气化炉内温度分布等值线。从图中看出，在射流的边界出现高温区域，是由于 O_2 与卷吸进来的气体发生急剧燃烧反应，温度急剧升高，火焰主体温度在 2500K 以上，在粉煤射流到达气化炉的中心之前，煤的挥发分便已析出并迅速燃烧。除燃烧区外，气化炉内温度分布比较均匀，主要是由于回流作用；在喷嘴下部附近区域，壁面处温度很低，是由于回流作用卷吸进一部分低温原料。

图 7.6 为气化炉轴线温度分布，撞击区温度最高，到达约 2300K，该处燃烧反应剧烈，气化炉顶部和出口的温度为 1400K 左右，而且在喷嘴下部空间回流区结束后，炉内温度趋于均一化。

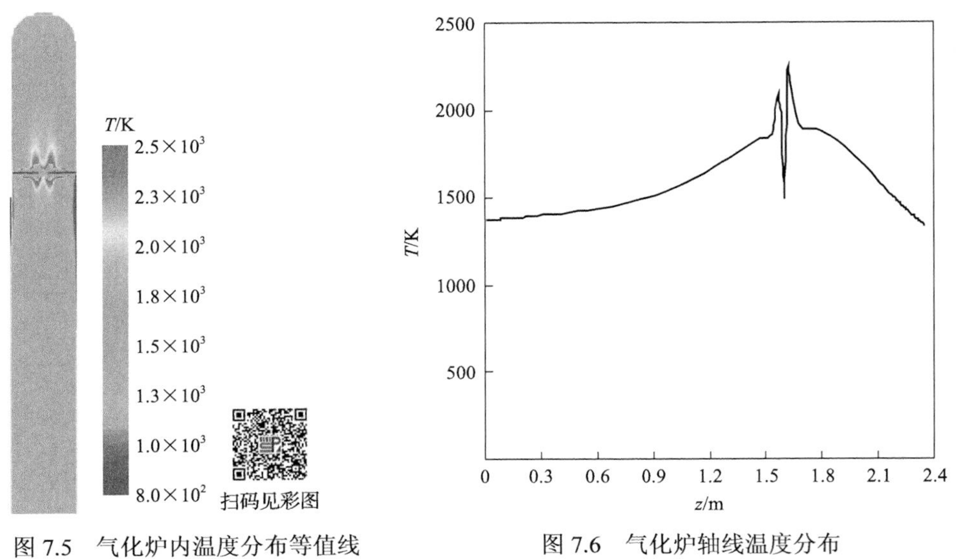

图 7.5　气化炉内温度分布等值线　　　图 7.6　气化炉轴线温度分布

3. 气化炉内混合分数分布

图 7.7 所示为气化炉内各个混合分数的分布。用 MSPV 法，通过局部混合分数来求得各种气体的浓度和其他性质参数。为此引进了四个煤气混合分数来追踪去挥发分、焦炭与氧气的反应、焦炭与水蒸气的反应和焦炭与二氧化碳的反应四个过程的气体产物。在某一点处的混合分数即定义为煤化学反应气体产物占总的气体产物的质量比。由式(7-29)和式(7-30)得出各个混合分数。

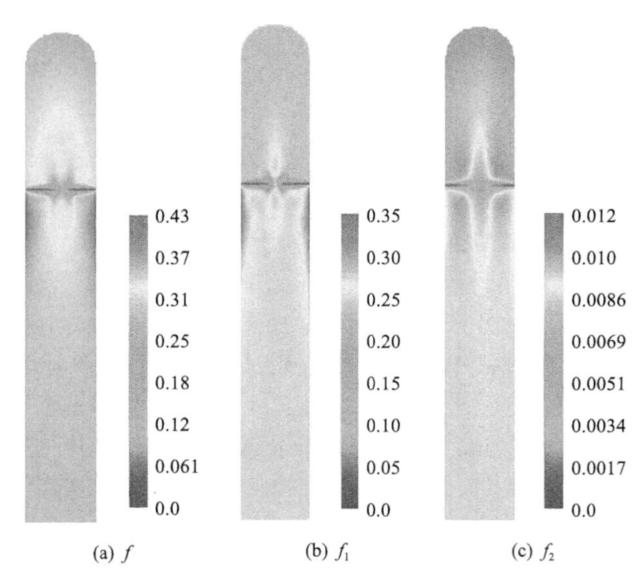

(a) f　　(b) f_1　　(c) f_2

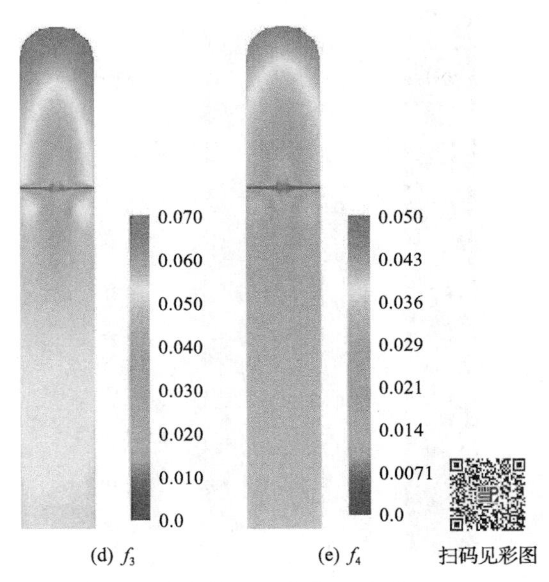

图 7.7　气化炉内混合分数的分布

由图中 f 的分布可知炉内生成的煤气分布比较均匀，这是由于炉内气化反应主要集中在射流区、撞击区和折射流区初始阶段。脱挥发分而产生的气体在撞击区域浓度较高，这是由于颗粒在经过射流区加热后已经达到了脱挥发分的温度。在射流区及撞击区，主要进行脱挥发分和挥发分的燃烧反应，因此 CO 含量较低，即 f_2 的值较小。此焦炭与 H_2O 及 CO_2 的二次反应主要集中在折射流区，因此 f_3，f_4 的值在该区域较高。而这两个反应均为吸热反应，故高温区域恰好对应于 f_3 和 f_4 的最小值区域。

4. 气化炉内气体组分浓度分布

图 7.8 给出了气化炉内的 5 种主要气体(如 O_2,H_2O,CO,CO_2 和 H_2)的浓度分布，除了射流区、撞击区和撞击流股区外，由于炉内的回流以及长距离的流动扩散，其他区域气体分布较为均匀。

由于氧煤比小，燃烧集中在射流区，氧气在离开喷嘴后非常小的空间便消耗殆尽。氧气耗尽后，焦炭与 CO_2 和焦炭与水蒸气的反应，使得 CO_2 含量减少的同时 CO 含量激增。对于 CO_2 和 H_2O，最高浓度出现在氧气射流消失的最前端的上下两侧，恰为气化炉内温度出现峰值所在的区域，并且 CO_2 和 H_2O 的等浓度线与等温线几乎是一致的。所以，在 CO_2 和 H_2O 浓度大的地方，温度就高，由于炭与 CO_2 和 H_2O 的气化反应为吸热反应，所以 CO 和 H_2 的浓度就小。

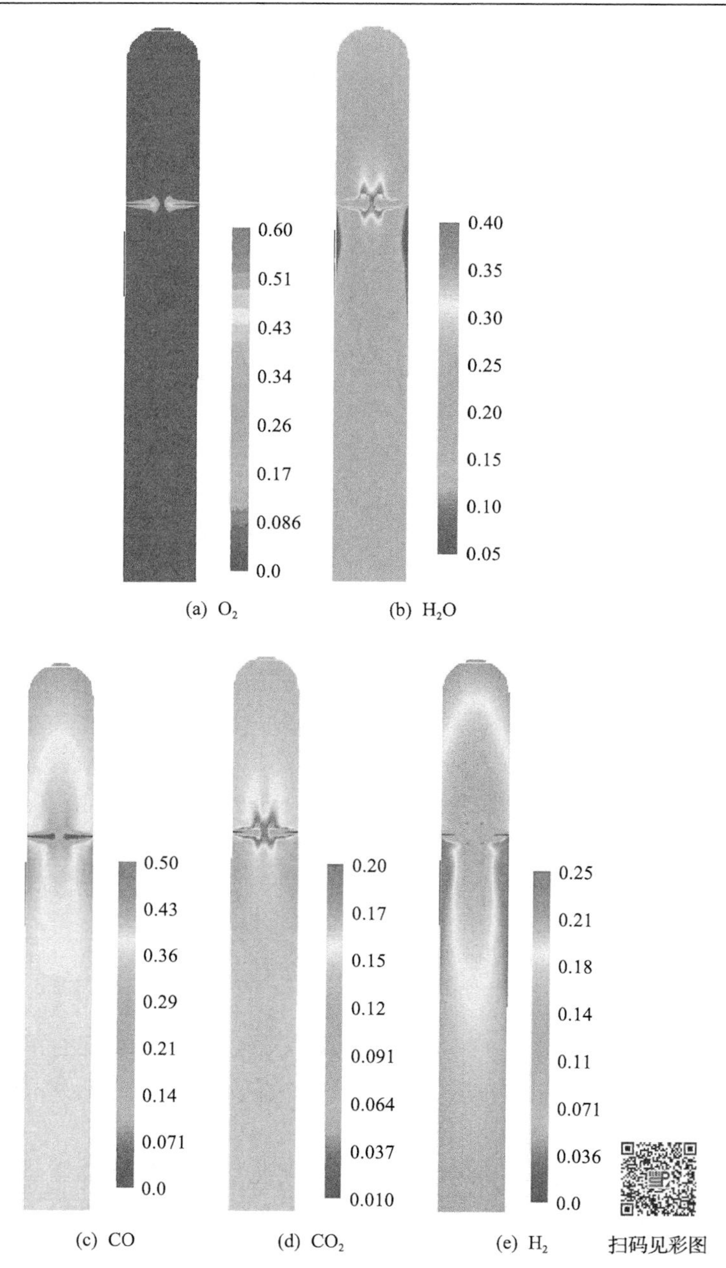

(a) O_2　(b) H_2O

(c) CO　(d) CO_2　(e) H_2

图 7.8　气化炉内主要气体组分浓度分布

7.10.5　网格数对模拟结果的影响

在数值模拟中计算网格的划分适当与否具有十分重要的意义。若网格数太少，则会导致计算结果不精确，甚至得到错误的解；而网格数太多的话，对于同一台计算机，则需要更长的运算周期。为此，模拟时必须找到合适的网格划分方法。

图 7.9～图 7.11 分别为网格数 31×31×100 与 51×51×100 两种划分方法

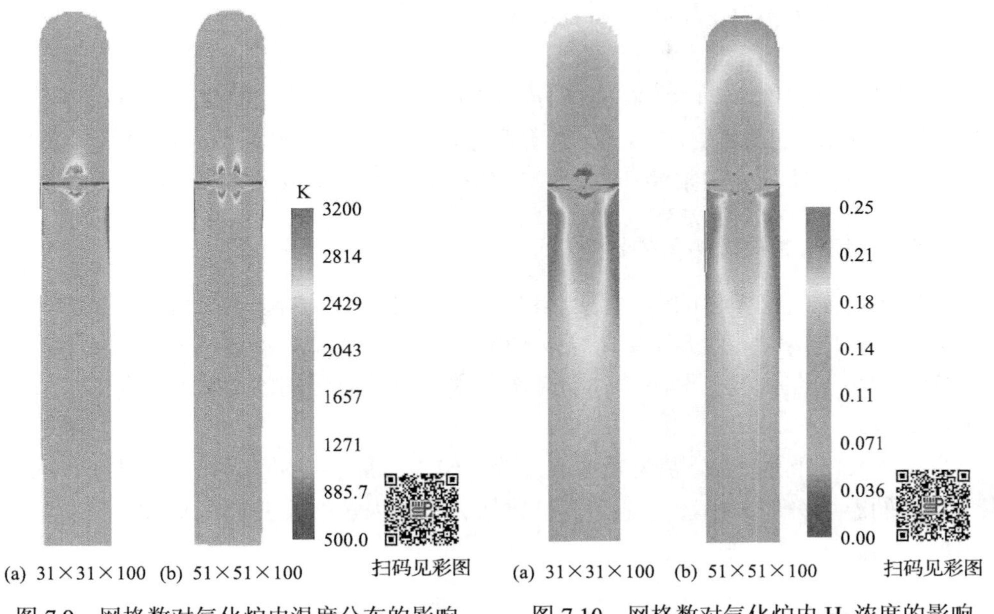

图 7.9　网格数对气化炉内温度分布的影响　　图 7.10　网格数对气化炉内 H_2 浓度的影响

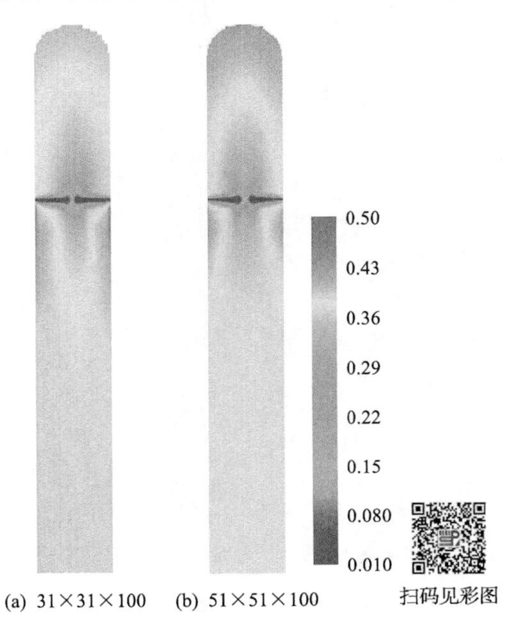

图 7.11　网格数对气化炉内 CO 浓度的影响

的模拟结果的对比，主要分析了气化炉内温度分布以及气化合成气(CO 和 H_2)的浓度分布。由 7.10.4 节分析可知，温度在喷嘴平面的上下两侧应该各有两个峰值，该处 CO_2 和 H_2O 浓度达到峰值，而 CO 与 H_2 应为最少。综合上述分析，显然细化后的网格在模拟时更准确，而且细化后的网格更能精确地描述气化炉内的反应区域。

同时还按照 71×71×100 的划分方法进行了模拟，发现模拟结果与 51×51×100 的网格划分方法基本一致，但计算所用时间较长，故本实验选用 51×51×100 的网格划分方法。接下来的计算比较也是按照 51×51×100 来划分网格的。

7.10.6　氧煤比对模拟结果的影响

氧煤比是气化操作的一个重要参数，一方面为了提高碳的转化率，需要较高的氧煤比，但氧气量加大，又会导致 CO_2 和 H_2O 量增大，温度上升，合成气的量相应会减少。在典型工况的基础上，本节主要研究氧煤比的变化对气化炉气化性能的影响。

图 7.12 和图 7.13 分别为喷嘴高度为 z =1.6m 和 z =1.8m 时，氧煤比不同时气化炉内的温度分布。由图可见，氧煤比增大，炉内燃烧反应程度加大，气化炉内温度升高。

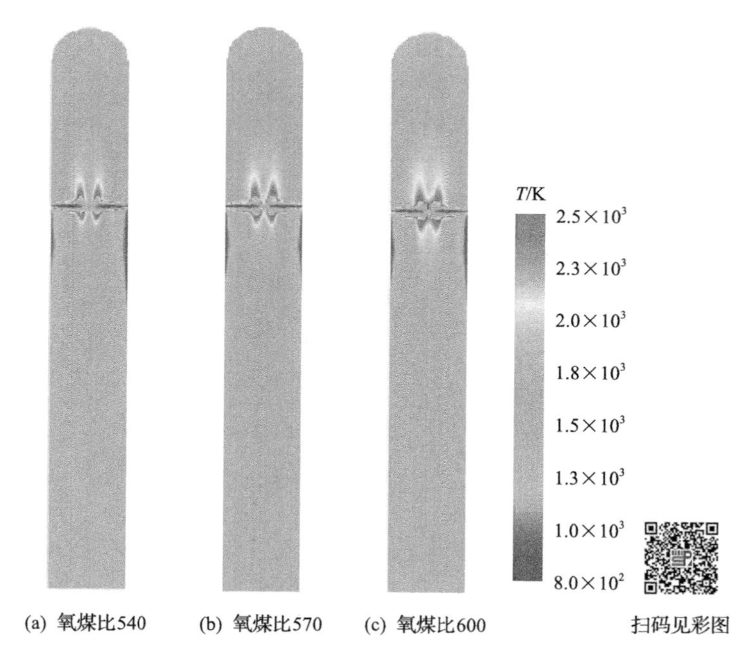

图 7.12　喷嘴高度为 z=1.6m 时氧煤比对气化炉内温度的影响(氧煤比单位为 Nm^3O_2/t 粉煤)

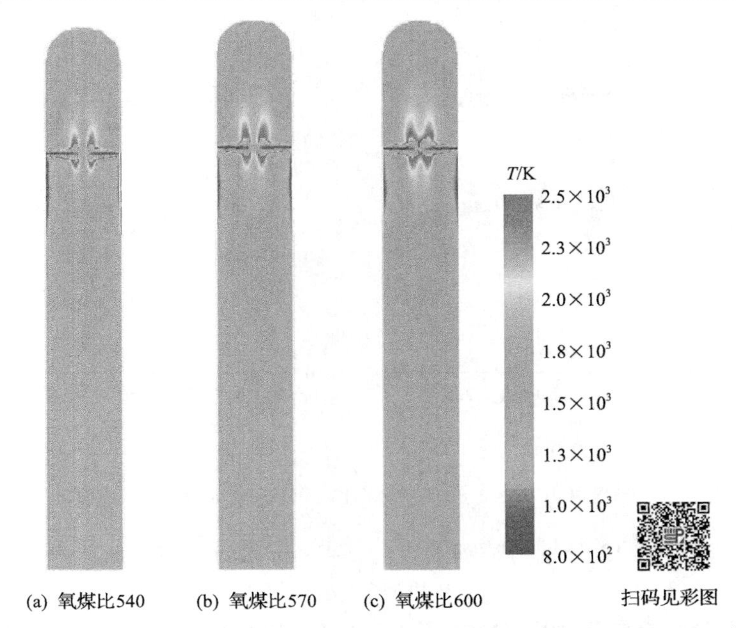

图 7.13　喷嘴高度为 z=1.8m 时氧煤比对气化炉内温度的影响（氧煤比单位为 Nm^3O_2/t 粉煤）

图 7.14 和图 7.15 分别为喷嘴高度为 z =1.6m 和 z =1.8m 时氧煤比对气化炉轴线温度和速度的影响。由图可见，氧煤比升高，焦炭与氧气反应的程度更大，故温度峰值更高，出口及拱顶的温度亦更高，特别是气化炉喷嘴平面上部空间，氧煤比增大时，温度上升幅度更大。因此，氧煤比增大对气化炉内耐火砖或水冷壁的寿命影响很大。同时注意到，氧煤比的增大必然会导致炉内气体体积流量增大，所以气化炉内的气体速度也就增大。

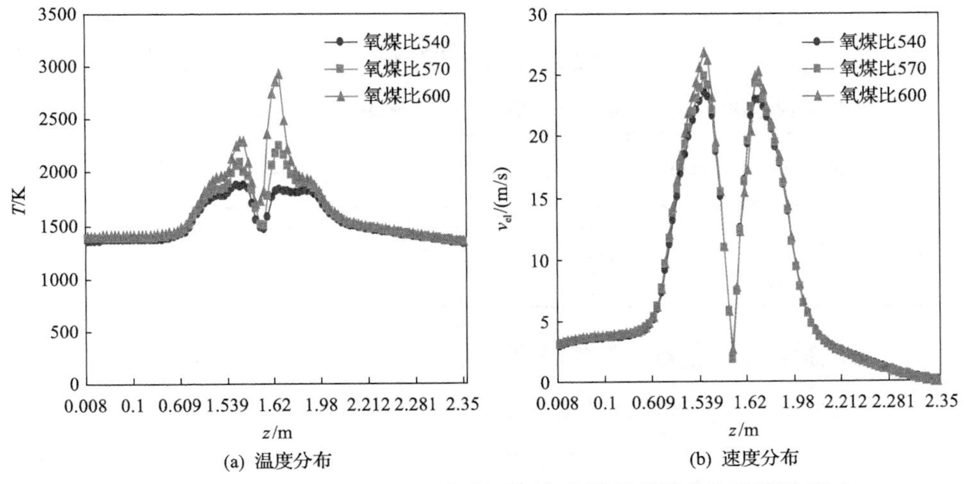

图 7.14　喷嘴高度在 z=1.6m 时氧煤比对气化炉轴线温度和速度的影响

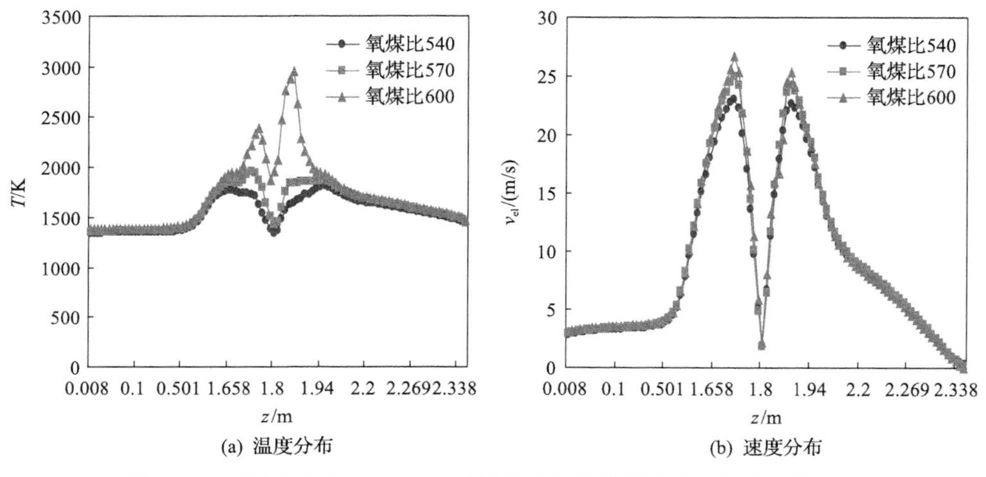

(a) 温度分布　(b) 速度分布

图 7.15　喷嘴高度在 z=1.8m 时氧煤比对气化炉轴线温度和速度的影响

表 7.11 和表 7.12 分别为喷嘴高度为 z =1.6m 和 z =1.8m 时，氧煤比不同时气化炉的出口气体组成、出口温度及拱顶温度。氧煤比增大，参与燃烧反应的 H_2 量增大，因此整个气化炉内 H_2 含量减少，而 H_2O 含量增大，CO_2 含量也增大。这与上述的温度分析也是一致的。另一方面，从表中可以看出，CO 的含量也在增大，因为氧煤比增大，CO_2 量增多，则焦炭与 CO_2 的气化反应导致的 CO 含量也增大，最终碳转化率提高。

表 7.11　喷嘴高度为 z=1.6m 时不同氧煤比对气化炉的出口气体组成及温度的影响

工况	氧煤比/(Nm^3O_2/t 粉煤)	拱顶温度/K	气化炉出口温度/K	合成气组成(体积分数)			
				CO	H_2	CO_2	H_2O
1	540	1321	1356	0.3902	0.2232	0.1354	0.1603
2	570	1333	1374	0.3933	0.2123	0.1409	0.1635
3	600	1336	1399	0.3945	0.1996	0.1484	0.1699

表 7.12　喷嘴高度为 z=1.8m 时不同氧煤比对气化炉的出口气体组成及温度的影响

工况	氧煤比/(Nm^3O_2/t 粉煤)	拱顶温度/K	气化炉出口温度/K	合成气组成(体积分数)			
				CO	H_2	CO_2	H_2O
1	540	1446	1345	0.3805	0.2205	0.1416	0.1657
2	570	1441	1358	0.3828	0.2096	0.1482	0.1685
3	600	1473	1376	0.3863	0.2002	0.1536	0.1719

7.10.7　喷嘴顶部空间高度对模拟结果的影响

在气化炉的结构参数不变的情况下，喷嘴高度的变化必然会导致喷嘴上部空间高度的变化，这个高度是气化炉结构设计的重要参数，它会决定气化炉上部空间内的速度分布和温度分布，进而影响耐火砖的使用寿命。

图 7.16 为氧煤比在 570Nm^{3}O$_2$/t 粉煤工况模拟时不同喷嘴高度下的气化炉内速度和温度分布比较。由图 7.16(a)可以看出，喷嘴高度增大，喷嘴上部空间变小，拱顶附近区域的向上撞击流和向下折返流速度变大。也就是说，其他结构参数不变的情况下，喷嘴高度对拱顶内的速度分布有明显影响，喷嘴高度变高，向上撞击流对气化炉拱顶将产生更大的冲刷力。同时，由图 7.16(b)可以看到，喷嘴位置升高，喷嘴上部空间减小，气化炉拱顶附近区域的温度上升，这对耐火砖提出了更高的要求。上述结论也可在图 7.17 的对比中得到证明。图 7.17 为不同喷嘴高度时气化炉内轴线速度和温度的比较。

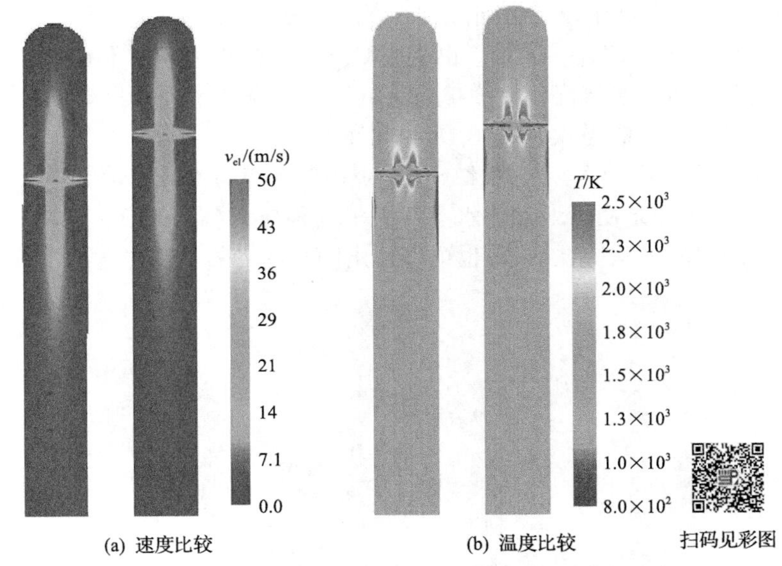

图 7.16 不同喷嘴高度下气化炉内速度和温度的分布

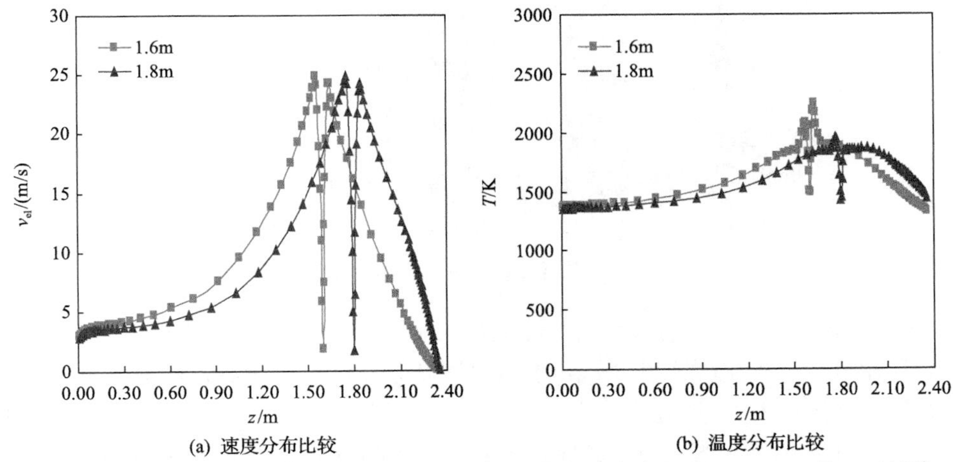

图 7.17 不同喷嘴高度时气化炉内轴线速度和温度的对比(氧煤比为 570Nm^{3}O$_2$/t 粉煤)

对表 7.11 与表 7.12 中相同氧煤比下气体产物的组成进行比较。可以看到，相同的氧煤比下，喷嘴高度增加时，总体上看，CO 和 H_2 浓度变小，CO_2 和 H_2O 的浓度增加，这也验证了 7.10.6 节的分析，即喷嘴上部空间变小时，燃烧反应生成的部分 CO_2 和 H_2O 在参与气化反应前便已经开始向下流动，最终只有很少部分参与气化。

7.10.8　水蒸气煤比对模拟结果的影响

在粉煤气化过程中，一方面，为了提高碳转化率，又要控制气化炉的温度，常采用 O_2 与 H_2O 组合作为气化剂；另一方面，为了提高合成气中 H_2 的含量以用于合成氨或制备富含 CH_4 的煤气，也常用 O_2 与 H_2O 组合作为气化剂。

本节主要分析水蒸气煤比对模拟结果的影响，操作条件为典型工况下，水蒸气与煤的质量比分别取为 0.089、0.18 和 0.26。

图 7.18 给出了不同水蒸气煤比下气化炉内的温度分布。水蒸气煤比增大，炉内温度上升，这主要是由于增加的水蒸气大多数参与了 $CO+H_2O=CO_2+H_2$ 反应，而该反应是放热的。从图 7.19(a) 也可以看出同样的趋势。

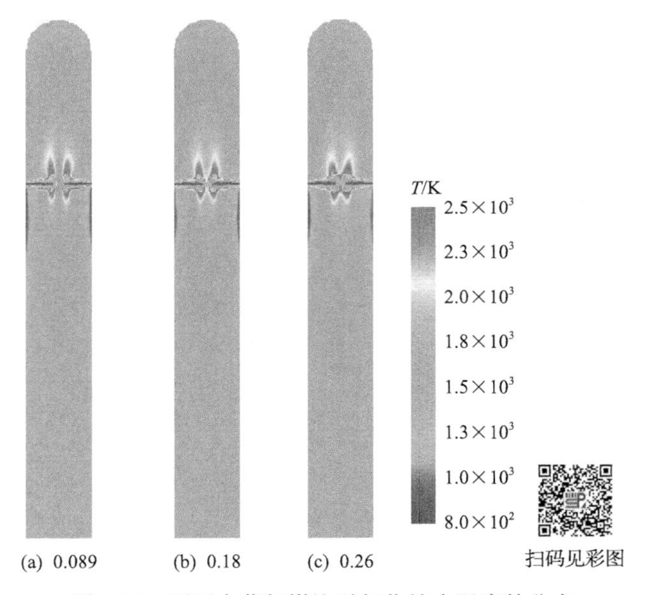

图 7.18　不同水蒸气煤比时气化炉内温度的分布

图 7.20～图 7.23 分别为不同水蒸气煤比下气化炉内的氢气浓度分布、一氧化碳浓度分布、二氧化碳浓度分布和水蒸气浓度分布。可以看到，随着水蒸气煤比的增大，气化炉内氢气浓度增大，一氧化碳浓度降低，二氧化碳和水蒸气浓度升高。这是由于水蒸气含量的增加导致了 CO 与 H_2O 反应的平衡向正方向移动。

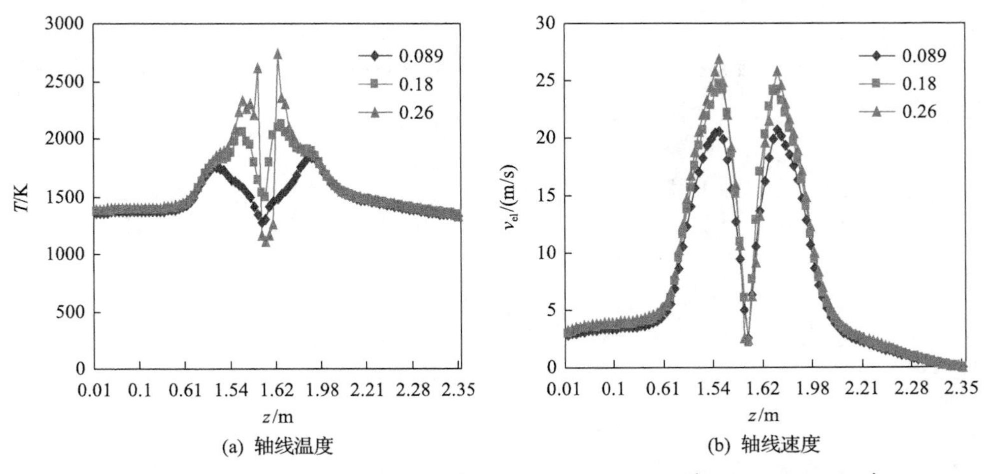

图 7.19　水蒸气煤比对气化炉内轴线温度和速度的影响(喷嘴高度 z=1.6m)

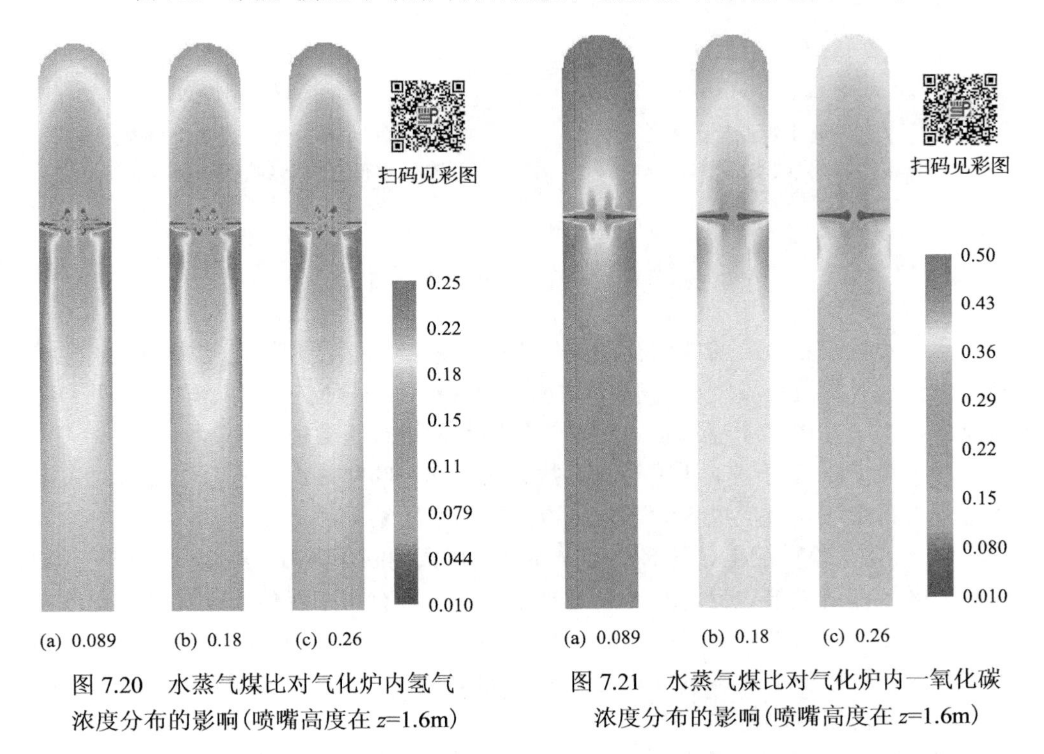

图 7.20　水蒸气煤比对气化炉内氢气浓度分布的影响(喷嘴高度在 z=1.6m)

图 7.21　水蒸气煤比对气化炉内一氧化碳浓度分布的影响(喷嘴高度在 z=1.6m)

图 7.19(b)给出了不同水蒸气煤比下气化炉内轴线速度的分布。类似于氧煤比提高工况，水蒸气量增大，炉内气体体积流量增大，气体速度增加。

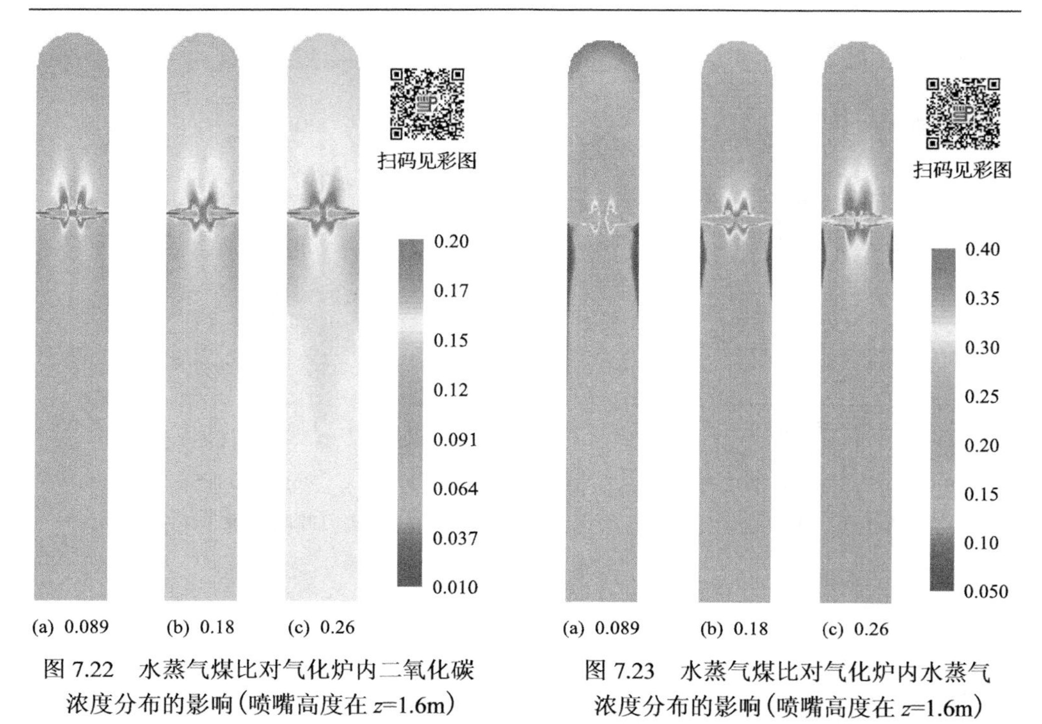

图 7.22　水蒸气煤比对气化炉内二氧化碳浓度分布的影响（喷嘴高度在 z=1.6m）

图 7.23　水蒸气煤比对气化炉内水蒸气浓度分布的影响（喷嘴高度在 z=1.6m）

7.11　本章小结

本章建立了粉煤气流床气化炉的综合物理模型，包括颗粒运动模型、湍流模型、煤颗粒脱挥发分模型、气-固非均相反应模型、均相反应模型、辐射模型和湍流反应模型等。以多喷嘴对置式粉煤气化炉为例进行了数值计算。

通过数值试验得到了计算的网格数、氧煤比、喷嘴高度、水蒸气煤比对多喷嘴对置式粉煤气化反应过程的影响，得出了如下的结论：

(1) 气化炉喷嘴的上、下部空间分别存在很大的回流区域。在典型工况下，炉内高温区域在射流的边界，且在喷嘴平面的上下各有两个峰值，火焰主体温度在 2500K 以上。除燃烧区外，炉内温度分布均匀。沿轴线，撞击区温度最高，达到约 2300K。气化炉顶部和出口的温度为 1400K 左右，而且在喷嘴下部空间回流区结束后，炉内温度趋于均一化。

(2) 通过四个混合分数的追踪，得到如下结论：煤脱挥发分而产生的气体在撞击区域浓度较高，CO 的含量在射流区和撞击区较低，焦炭与 H_2O 及 CO_2 的二次反应则主要集中在折返流区。

(3) 气化炉内大部分空间气体分布均匀。氧气在离开喷嘴后非常小的空间便消耗殆尽。氧气耗尽后，二氧化碳含量减少的同时，一氧化碳含量激增。对于水蒸气和二氧化碳，最高浓度出现在氧气射流消失的最前端的上下两侧，恰为气化炉内温度出现峰值所在的区域，并且 CO_2 和 H_2O 的等浓度线与等温线分布几乎是一致的。

(4) 网格划分采用 51×51×100 为最佳，按照 31×31×100 划分时模拟结果不精确，而按照 71×71×100 划分则在对模拟结果基本没有影响的情况下增加了运算时间。

(5) 氧煤比增大，炉内燃烧反应程度加大，整个气化炉内 H_2 含量减少，CO_2 和 H_2O 含量则增大；气化炉内温度升高，温度峰值变大，特别是气化炉喷嘴平面上部空间。而且氧煤比的增大会导致炉内气体体积流量增大，出口速度以及冲刷顶部炉壁的速度也就增大。因此，氧煤比对气化炉内耐火砖寿命影响很大。

(6) 在气化炉的结构参数不变的情况下喷嘴高度增大，喷嘴上部空间变小，拱顶附近区域的向上撞击流和向下折返流速度变大，向上撞击流会对气化炉拱顶产生更大的冲刷力。同时喷嘴上部空间减小将导致气化炉拱顶附近区域的温度上升，有效气产率降低。故气化炉喷嘴不宜太高。

(7) 典型工况下，水蒸气煤比增加，气化炉内温度升高，同时气化炉内氢气浓度变高，CO 浓度降低，二氧化碳和水蒸气浓度升高，炉内气体体积流量变大，气体速度增加，影响气化炉耐火砖寿命。

第 8 章 射流流化床煤气化炉模拟

8.1 模拟对象和操作条件

本章的模拟研究对象是 Bi 等公开报道的小试常压射流流化床煤气化炉[57]。射流流化床煤气化炉的显著特点就是射流与流化并存。具体来说，该气化技术将氧气(空气)以射流的形式送入炉内，周边煤焦颗粒在射流的卷吸作用下被夹带进入射流与氧气发生燃烧，产生的反应热为气化反应提供动力。从射流顶端脱离的气泡则一边沿床层高度上升，一边继续夹带周边的颗粒进入其尾涡，从而在射流床内形成了与喷动床类似的中心上升、两边下降的固体颗粒的运动循环。同时射流生成的高温区也有利于煤灰的软化和熔融，当不断熔聚长大的灰球自身重力足以克服上升气体速度时，便会顺着中心射流管落出，从而实现了煤灰与煤焦的分离。由此可以看出，射流引发的气泡运动行为是影响射流床煤气化过程的关键问题。而目前大多文献对于气泡行为的模拟只是停留在定性的阶段，没有深入定量地验证 CFD 模型模拟的准确性。因此，选择适合的基准工况(benchmark case)对验证本书开发的 TFM-KTGF 模型具有十分重要的意义。

Bi 等所报道的射流流化床煤气化炉具有以下优点，使得它特别适合作为基准工况来验证本书所开发的 TFM-KTGF 模型的准确性。第一，射流床的床径尺寸较小，对应的 CFD 模拟所需要的计算资源较小；第二，Bi 等在该小试流化床气化炉上进行了完整的实验数据采集，获得的射流内温度分布以及床层内部气体组分分布的可信度较高；第三，Bi 等利用气泡-乳化相两相模型对该射流床进行了系统的模拟研究，其采用的经验关联式都通过了早期冷态实验结果的验证，因而这些描述流场特性的经验关联式可以进一步作为检验基准对本书开发的 CFD 模拟计算结果进行验证。另外，Gao 等采用 TFM-CVM 模型也对该射流床煤气化炉进行了模拟，定性地描述了床内气泡的运动特性，并预测了射流内部的温度分布和床层内部的气体组分分布。因此，这个基准工况更提供了一个机会来比较 KTGF 和 CVM 模型在模拟射流床煤气化过程中的准确性。

图 8.1 显示的就是 Bi 等报道的射流床气化炉结构。整个气化炉是由一个圆筒形流化床及其底部连接的一个圆锥形分布板构成。圆筒射流床的床层直径是 78mm，高度为 1034mm，底部的圆锥形分布板高度为 55mm，圆锥角为 60°，分布板底端喷嘴直径为 14mm，分布板均匀分布了 10 个直径为 0.5mm 的小孔。在操作过程中，高温空气从底部喷嘴高速射入床层，而水蒸气则从分布板以最小流态化速度垂直进入来辅助流化床层。射流床气化炉是在常压下操作，床层温度通过外壁电加热保持

在 1173K。气化原料是 Taiheiyo 煤焦，其反应特性和流化特性参见表 8.1。在实验操作时，煤焦不断从床层上方的加料口加入，以弥补被气流夹带出气化炉的颗粒损失，并保持床层内的物料平衡。气化炉的具体操作条件可以参见表 8.2。

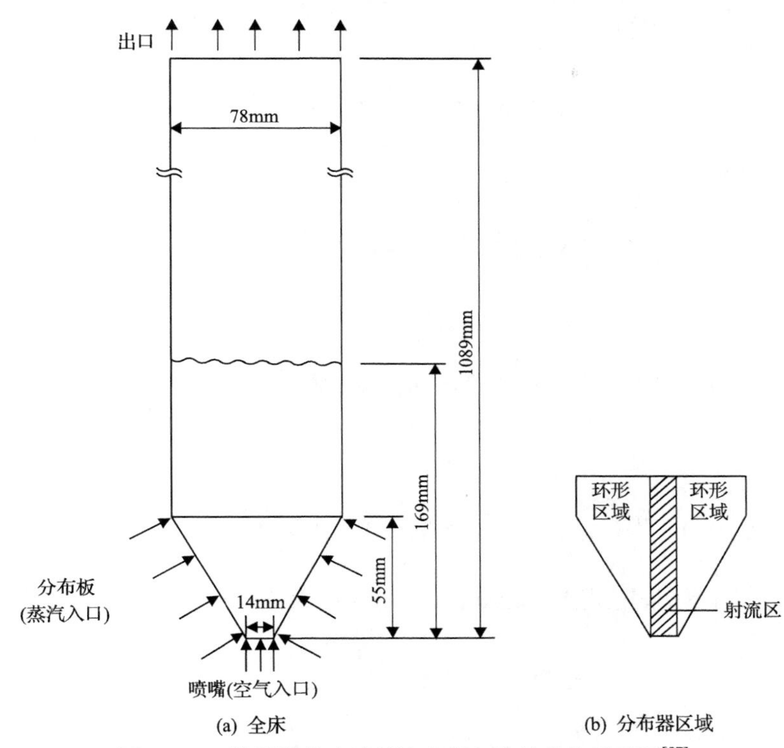

图 8.1　Bi 等报道的小试射流床煤气化炉结构示意图[57]

表 8.1　Taiheiyo 煤焦的性质

工业分析/wt%			元素分析/(daf, wt%)					流化特性		
VOL	FC	Ash	C	H	O	N	S	ρ_s/(kg/m^3)	d_p/mm	u_{mf}/(m/s)
3.4	87.4	9.2	87.8	0.45	10.3	0.8	0.6	1100	0.41	0.028

表 8.2　射流床气化炉操作条件

参数	数值
操作压力	0.1MPa
床层温度	1173K
喷嘴空气速度	1.51m/s
喷嘴空气温度	973K
分布板水蒸气质量流率	2.2×10^{-5}kg/s
分布板水蒸气温度	1173K
煤焦进料质量流率	6.56×10^{-5}kg/s

8.2 模型描述和模拟方法

气相质量守恒方程：

$$\frac{\partial}{\partial t}(\alpha_{\rm g}\rho_{\rm g})+\nabla\cdot(\alpha_{\rm g}\rho_{\rm g}\boldsymbol{v}_{\rm g})=S_{\rm gs} \tag{8-1}$$

固相质量守恒方程：

$$\frac{\partial}{\partial t}(\alpha_{\rm s}\rho_{\rm s})+\nabla\cdot(\alpha_{\rm s}\rho_{\rm s}\boldsymbol{v}_{\rm s})=S_{\rm sg}+S_{\rm feed} \tag{8-2}$$

气相动量方程

$$\frac{\partial}{\partial t}(\alpha_{\rm g}\rho_{\rm g}\boldsymbol{v}_{\rm g})+\nabla\cdot(\alpha_{\rm g}\rho_{\rm g}\boldsymbol{v}_{\rm g}\boldsymbol{v}_{\rm g})=-\alpha_{\rm g}\nabla p+\nabla\cdot\overline{\overline{\tau}}_{\rm g}+\alpha_{\rm g}\rho_{\rm g}\boldsymbol{g}+\boldsymbol{R}_{\rm gs}+S_{\rm gs}\boldsymbol{v}_{\rm gs} \tag{8-3}$$

固相动量方程：

$$\frac{\partial}{\partial t}(\alpha_{\rm s}\rho_{\rm s}\boldsymbol{v}_{\rm s})+\nabla\cdot(\alpha_{\rm s}\rho_{\rm s}\boldsymbol{v}_{\rm s}\boldsymbol{v}_{\rm s})=-\alpha_{\rm s}\nabla p-\nabla p_{\rm s}+\nabla\cdot\overline{\overline{\tau}}_{\rm s}+\alpha_{\rm s}\rho_{\rm s}\boldsymbol{g}+\boldsymbol{R}_{\rm sg}+S_{\rm sg}\boldsymbol{v}_{\rm sg} \tag{8-4}$$

本章模拟计算采用经典 Gidaspow 曳力模型来描述气固之间的相互作用：

$$\beta=150\frac{\varepsilon_{\rm s}^2\mu_{\rm g}}{\varepsilon_{\rm s}d_{\rm s}^2}+1.75\frac{\rho_{\rm g}\varepsilon_{\rm s}\left|\boldsymbol{v}_{\rm s}-v_{\rm g}\right|}{d_{\rm s}},\quad \varepsilon_{\rm g}<0.8 \tag{8-5}$$

$$\beta=\frac{3}{4}C_{\rm D}\frac{\varepsilon_{\rm s}\varepsilon_{\rm g}\rho_{\rm g}\left|v_{\rm s}-v_{\rm g}\right|}{d_{\rm s}}\varepsilon_{\rm g}^{-2.65},\qquad \varepsilon_{\rm g}\geqslant 0.8 \tag{8-6}$$

$$C_{\rm D}=\begin{cases}\dfrac{24}{\varepsilon_{\rm g}Re}\left[1+0.15(\varepsilon_{\rm g}Re)^{0.687}\right], & Re\leqslant 1000\\ 0.44, & Re>1000\end{cases} \tag{8-7}$$

气固相能量守恒过程：

$$\frac{\partial}{\partial t}(\alpha_{\rm q}\rho_{\rm q}h_{\rm q})+\nabla\cdot(\alpha_{\rm q}\rho_{\rm q}v_{\rm q}h_{\rm q})=-\alpha_{\rm q}\frac{\partial p}{\partial t}+\overline{\overline{\tau}}_{\rm q}:\nabla v_{\rm q}-\nabla\cdot q_{\rm q}+\sum_{p=1}^{2}Q_{p{\rm q}}+S_{\rm q}+S_{\rm r} \tag{8-8}$$

组分输运方程：

$$\frac{\partial}{\partial t}(\alpha_{\rm q}\rho_{\rm q}Y_{i,{\rm q}})+\nabla\cdot(\alpha_{\rm q}\rho_{\rm q}\boldsymbol{v}_{\rm q}Y_{i,{\rm q}})=-\nabla\cdot\alpha_{\rm q}J_{i,{\rm q}}+\alpha_{\rm q}R_{i,{\rm q}}+R_{{\rm het},i} \tag{8-9}$$

DispersedRNG 模型：

$$\frac{\partial(\alpha_g\rho_g k_g)}{\partial t}+\nabla\cdot(\alpha_g\rho_g \boldsymbol{v}_g k_g) =\nabla\cdot\left(\alpha_g\frac{\mu_{t,g}}{\sigma_k}\nabla k_g\right)+\alpha_g G_{k,g}-\alpha_g\rho_g\varepsilon_g+\alpha_g\rho_g\Pi_{k_g} \tag{8-10}$$

$$\frac{\partial(\alpha_g\rho_g \varepsilon_g)}{\partial t}+\nabla\cdot(\alpha_g\rho_g \boldsymbol{v}_g \varepsilon_g) =\nabla\cdot\left(\alpha_g\frac{\mu_{t,g}}{\sigma_\varepsilon}\nabla \varepsilon_g\right)+\alpha_g\frac{\varepsilon_g}{k_g}(C_{1\varepsilon}G_{k,g}-C_{2\varepsilon}\rho_g\varepsilon_g)+\alpha_g\rho_g\Pi_{\varepsilon_g} \tag{8-11}$$

气固相间的传热则采用 Ranz-Marshall 模型来描述：

$$Nu_p=2.0+0.6Re_p^{1/2}Pr^{1/3} \tag{8-12}$$

这里主要考虑煤焦与氧气的燃烧、焦炭与水蒸气的气化、焦炭与二氧化碳的气化以及水煤气变换反应：

$$C+0.75O_2\longrightarrow 0.5CO+0.5CO_2 \tag{8-13}$$

$$C+1.25H_2O\longrightarrow 0.75CO+0.25CO_2+1.25H_2 \tag{8-14}$$

$$C+CO_2\longrightarrow 2CO \tag{8-15}$$

$$CO+H_2O\longrightarrow CO_2+H_2 \tag{8-16}$$

Taiheiyo 煤焦与氧气的燃烧反应按照 Saito 等的实验测定是一个 0.5 级反应。在本研究中，煤焦与氧气的燃烧速率被认为是受到气相扩散和气固表面反应的共同控制。气相传质速率 k_d 和气固表面反应速率 k_s 可以分别写为

$$k_d=\frac{Shw_c D_i}{RT_m d_p} \tag{8-17}$$

$$k_s=1.16\times10^7\exp(-168000/RT_p)/\sqrt{RT_g} \tag{8-18}$$

这里的 Sh 数采用 La Nauzehe 和 Jung 的经验关联式，而总体燃烧率可以表示成

$$Sh=2\alpha_g+0.69\left(\frac{Re}{\alpha_g}\right)^{0.5}Sc^{1/3} \tag{8-19}$$

$$R_{\text{char-O}_2}=\frac{k_\text{s}}{2k_\text{d}}\left(-k_\text{s}+\sqrt{-k_\text{s}+4k_\text{d}p_{\text{o}_2}}\right) \tag{8-20}$$

Matsui 等测定了流化床内 Taiheiyo 煤焦与水蒸气和二氧化碳的气化反应速率，分别如式(8-21)、式(8-26)所示。X 表示的是煤焦的平均碳转化率，Bi 等经实验测得为 0.27。

$$R_{\text{char-H}_2\text{O}}=\frac{\text{d}X}{\text{d}t}\frac{\rho_\text{s}FC}{M_\text{C}}=\frac{k_1[\text{H}_2\text{O}]}{1+k_2[\text{H}_2\text{O}]+k_3[\text{H}_2]+k_4[\text{CO}]}\frac{\rho_\text{s}F_\text{C}}{M_\text{C}}(1-X) \tag{8-21}$$

$$k_1=2.39\times10^5\exp(-129000/RT) \tag{8-22}$$

$$k_2=31.6\exp(30100/RT) \tag{8-23}$$

$$k_3=5.3\exp(59800/RT) \tag{8-24}$$

$$k_4=8.25\times10^{-2}\exp(96100/RT) \tag{8-25}$$

$$R_{\text{char-CO}_2}=\frac{\text{d}X}{\text{d}t}\frac{\rho_\text{s}FC}{M_C}=\frac{k_1[\text{CO}_2]}{1+k_2[\text{CO}_2]+k_3[\text{CO}]}\frac{\rho_\text{s}F_\text{C}}{M_\text{C}}(1-X) \tag{8-26}$$

$$k_1=4.89\times10^{10}\exp(-268000/RT) \tag{8-27}$$

$$k_2=66 \tag{8-28}$$

$$k_3=120\exp(25500/RT) \tag{8-29}$$

水煤气变换反应速率可由式(8-30)表示：

$$R_\text{shift}=\frac{k_1}{(RT)^2}\left(P_\text{CO}P_{\text{H}_2\text{O}}-\frac{P_{\text{CO}_2}P_{\text{H}_2}}{k_\text{eq}}\right) \tag{8-30}$$

$$k_1=1780\exp\left(-\frac{-1510.7}{RT}\right) \tag{8-31}$$

$$k_2=\frac{P_{\text{CO}_2}P_{\text{H}_2}}{P_\text{CO}P_{\text{H}_2\text{O}}}=0.0265\exp\left(\frac{3956}{T}\right) \tag{8-32}$$

在 FLUENT 默认程序计算中，气固两相由于异相化学反应而导致的能量变化源相可以具体写为

$$\begin{aligned}S_{\text{q,gas}}^{\text{default}}&=R_{\text{char-O}_2}(12h_\text{c}-0.5H_\text{CO}^\text{f}-0.5H_{\text{CO}_2}^\text{f})\\&+R_{\text{char-H}_2\text{O}}(12h_\text{c}+1.25H_{\text{H}_2\text{O}}^\text{f}-0.75H_\text{CO}^\text{f}-0.25H_{\text{CO}_2}^\text{f})\\&+R_{\text{char-CO}_2}(12h_\text{c}+H_{\text{CO}_2}^\text{f}-2H_\text{CO}^\text{f})\end{aligned} \tag{8-33}$$

$$S_{\mathrm{q,solid}}^{\mathrm{default}} = -12(R_{\mathrm{char\text{-}O_2}} + R_{\mathrm{char\text{-}H_2O}} + R_{\mathrm{char\text{-}CO_2}})h_{\mathrm{c}} \tag{8-34}$$

现以煤焦与氧气的燃烧反应为例，可以看出，按照默认的 FLUENT 计算程序，燃烧反应热将以源相的形式全部释放到气相上，而固相的热量(固相温度的升高)是以气固相间传热而不是以燃烧反应热的方式获得。然而在实际过程中，固体在其表面发生燃烧后，表面温度升高，热量向颗粒内部传导，进而加热了整个颗粒。也就是说，燃烧热应该是给了固相上而非气相。因而，本章采用用户自定义函数(user defined function，UDF)的方式对气固燃烧热的分布做了调整，将燃烧热从默认的气相全部转移到固相上，认为气相温度是在受到气固相间传热的作用下升高的。修改后的气固能量源相如下所示：

$$S_{\mathrm{q,gas}} = 0 \tag{8-35}$$

$$S_{\mathrm{q,solid}} = S_{\mathrm{q,gas}}^{\mathrm{default}} \tag{8-36}$$

为了保证 CFD 的计算准确，模拟所用的网格采用全六面体划分，网格总数量约为 23 万。网格的原点设置在底部喷嘴圆心处。如图 8.2 所示，计算网格在径向上分布均匀；在轴向上，由于受到计算资源的限制，在床层内部的网格分布均匀，而在床层顶端以上直至气化炉出口处的网格则是进行了渐变处理。床层内部的网格平均尺寸约为 10 倍的颗粒粒径。当模拟计算使用更细网格时，模拟结果并不会发生显著的变化。

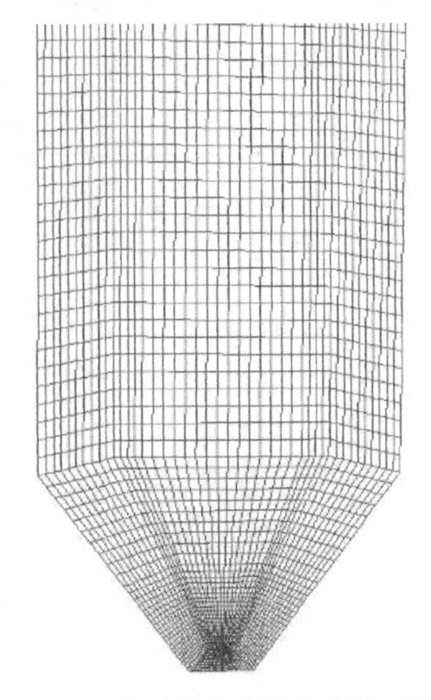

图 8.2　射流流化床煤气化炉网格

在入口条件的处理上，底部喷嘴和圆锥形分布板都被设置为速度入口条件。由于细化圆锥形分布板上的 10 个内径为 0.5mm 小孔将产生极其巨大的网格数量，所以假定水蒸气从整个分布板均匀进气。进口的气相速度可由表 8.2 计算获得，气含率为 1；因为没有煤焦颗粒从喷嘴和分布板进入，所以固相的入口速度为零，固含率也为零。在同一进口处，气固两相的温度相等，都取为气体的进炉温度。气化炉的出口被设置为压力出口条件。至于煤焦的不断进料，本章以在固相质量守恒方程(8-2)增加质量源相 S_{feed} 的形式来反映进料过程。

在初始条件的处理上，本章假定气相与固相静止地以颗粒的最大堆积极限混合在床层内，床层上表面距底部喷嘴的距离为 169mm。Taiheiyo 煤焦在松散堆积下的固含率为 0.63，故被选取为颗粒的最大堆积极限。气相的初始气体是氮气，固相则是由焦炭和灰分组成(组成比例由煤焦的工业分析确定，挥发分太少，可以近似忽略)。气固两相的初始温度都被设为 1173K。

本章模拟的计算平台采用的是 Intel Xeon E4-2680 4-CPU 工作站，模拟的时间步长为 0.001s，运算速度约 2s/d。本章模拟计算一共进行了 21s。床层在 1s 后才达到稳定，且已排除了初始条件的影响，在后续的 20s 模拟时间内，对炉内的流场、温度场和组分场进行了瞬时的采集和时均处理。

8.3 气固流体动力学模拟与验证

在 Bi 等的气泡-乳化相模拟研究中，他们采用了如表 8.3 所示的一系列可靠的经验关联式来描述射流与气泡的特性。这是因为射流和气泡的运动直接决定着床层膨胀的程度和床层压力波动的范围，同时气固之间的传质和传热速率也直接受到射流和气泡行为的影响，而本章正是希望通过模拟数据的后处理获得这些重要特性参数的模拟值，并与经验关联式值进行比较验证。

表 8.3 射流流化床的流动特性

流动特性	经验关联式	经验关联式提出者
射流高度	$h_j = 15.0\left(\dfrac{\rho_g}{\rho_s-\rho_g}\dfrac{u_{or}^2}{gd_{or}}\right)^{0.187} d_{or}$	Yang 和 Keairns
气泡尺寸	$D_b = D_{bm}-(D_{bm}-D_{b0})\exp\left[-\dfrac{0.3(h-hj)}{D_t}\right]$	Mori 和 Wen
初始气泡尺寸	$D_{b0} = 2\left(\dfrac{3}{128}d_{or}^2 u_{or}\right)^{1/3}$	Yates 等
最大气泡尺寸	$D_{bm} = 0.65[A_t(u_0-u_{mf})]^{0.4}$	Mori 和 Wen
气泡上升速度	$u_b = u_o - u_{mf} + 0.711(gD_b)^{0.5}$	Davidson 和 Harrison
射流对颗粒的卷吸量	$\dfrac{W_s}{W_{s,hj}} = \dfrac{h}{h_j}\left(2-\dfrac{h}{h_j}\right)$	Patrose 和 Caram
射流顶端的颗粒卷吸量	$W_{s,hj} = AW_{g0}$	Horio 等

本书所开发的 TFM-KTGF 模型形象而准确地捕捉到了射流和气泡的周期性运动。图 8.3 显示了在 0.88～0.99s 的时间段内射流和气泡的一个典型周期。图中，射流和气泡的轮廓是由气含率为 0.78 的等值面来定义的。在 0.88s 时刻，一个新的射流从底部喷嘴处形成，在 0.92s 时刻射流开始膨胀，在 0.94s 时刻射流逐渐伸长，最终在 0.96s 时刻射流达到了其最大高度，0.99s 时刻则显示出射流崩塌后，

新的射流从喷嘴形成的情况。从射流顶端脱离后，气泡在沿床层高度上升的过程中，其形状也在发生着变化，从最初的椭圆形逐渐发展成球冠形。在 0.88s 时刻，还观察到了前后两个气泡的合并过程。在追近前面气泡的过程中，由于受到前一个气泡尾涡对颗粒的卷吸，后面尾随的气泡将变得细长，而后在前面气泡尾涡的作用下与其进行合并。当气泡达到床层顶端时，气泡将冲出床层而后破裂。气泡在床层内的运动周而复始，其运动周期约为 0.24s。射流高度在 0.96s 时刻达到了最大，为 74mm。Yang-Keairns 关联式预测的射流高度为 75.8mm。由此可见，TFM-KTGF 模拟的射流高度值与经验关联式值一致。

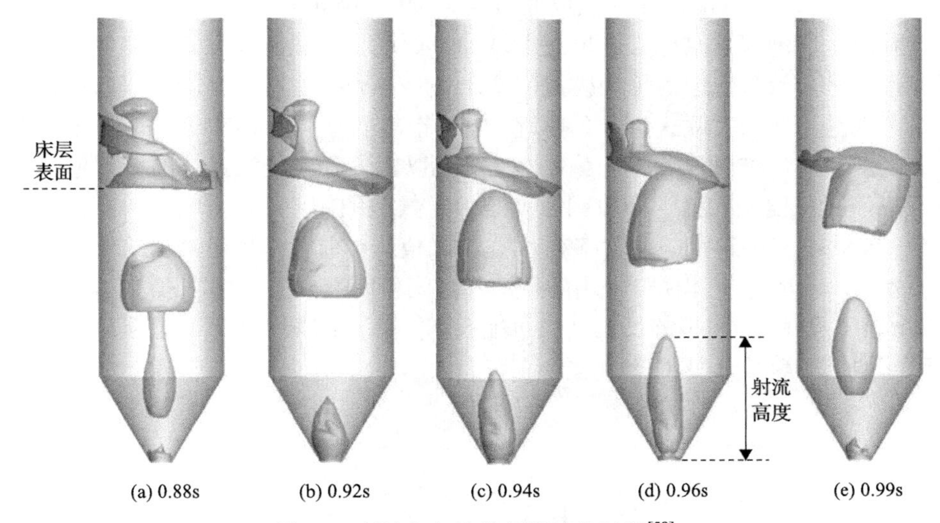

图 8.3　射流与气泡的周期演化过程[58]

气泡尺寸的大小是另一个检验模拟结果准确性的重要指标。由于本书采用的双流体模型在单位网格内气相与固相是相互渗透的。因此，气泡尺寸不能直接从模拟数据中获得。为了获得模拟的气泡尺寸值，本书利用 MATLAB 软件开发了一套基于图形后处理分析获得气泡尺寸的方法。这套方法有三个步骤，现具体说明如下。

(1) 对计算中保存的 data 文件进行图片采集：在不同计算时刻，采集气含率在不同床层高度横截面处的分布云图，同时以气含率为 0.78(参照 Gao 等所采用的界定阈值) 的等值线来界定气泡的外形轮廓，随后将采集到的图片转换为黑白二值图 (binary image)。

(2) 利用 MATLAB 自带的图像后处理工具箱对图片进行像素统计，获得每个气泡在不同床高处的横截面积 (A_b)，而后计算得到气泡的等效面积尺寸 ($D_{h,i}=\sqrt{4A_b/\pi}$)。同时统计某一床面上的气泡数量 (N_b)，并计算出气泡的平均等效面积尺寸（$D_h = \sum_{i=1}^{N_b} D_{h,i} / N_b$）。

(3)将气泡的等效面积尺寸转化为等效体积尺寸。Werther 给出了气泡等效体积尺寸的计算公式 $D_{eq} = \sqrt[3]{D_h^2 D_v}$（$D_h$ 表示气泡的竖直直径），但是由于气泡具有底部扁平而微向上凸的形状(球冠形)，D_h 往往难以直接获得，但与 D_h 满足关系式 $D_v = \rho D_h$（ρ 表示形状因子）。Rowe 和 Partridge 通过 X 射线测定了符合本章所用煤焦特性的形状因子约为 0.83。

图 8.4 显示了气泡尺寸的模拟值与经典 Mori-Wen 关联式预测值的比较。由图可以看出，气泡尺寸沿床层高度逐渐增加，而模拟曲线和关联式预测曲线的增长斜率也近乎一致。气泡的平均模拟值要比 Mori-Wen 预测值小 15%，而模拟得到的最大气泡尺寸与关联式值十分接近。需要指出的是，Mori-Wen 关联式本身存在着一定的偏差，其预测的平均偏差在±31%以内。导致气泡尺寸的模拟值与关联式预测值存在偏差的另一个原因可能是界定气泡的阈值。本章参照 Gao 等在其 TFM-CVM 模拟中选用的气含率 0.78 作为阈值，目前学术界对阈值的选取没有明确的规定，一般双流体模型常用的气泡界定阈值是在 0.6～0.78。如果本章采用更低的阈值，如 0.7，模拟的平均结果可能会和关联式结果更为接近，但是气泡尺寸沿床高增长的趋势却是不变的。

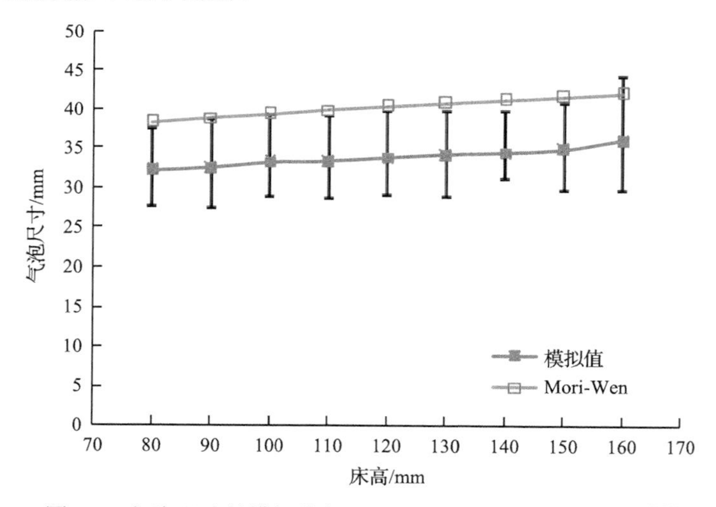

图 8.4　气泡尺寸的模拟值与 Mori-Wen 关联式计算值比较[58]

图 8.5 显示了不同床层高度处气相和固相的径向速度分布。从图中可以看出，气相速度和固相速度都是在床层中心处最大，并沿径向逐渐减小，这说明床层内部的射流和气泡行为主要存在于床层中心处。先前模拟显示射流高度为 74mm，所以床高 30mm 和 60mm 处对应的是射流区，而床高 90mm 则是气泡区。在射流

区，气体速度由于射流衰减的作用而随床高逐渐减小。进入气泡区后，床高 90mm 处的最大气速正好对应的是气泡的上升速度。图 8.5(a)中显示该处的气泡速度为 0.434m/s，而采用经典 Davidson-Harrison 关联式预测出的气泡速度为 0.466m/s，两者吻合得很好。图 8.5(b)展现了床内的固相运动循环形式。在床层中心处，由于受到射流和气泡的携带，颗粒向上运动，而在靠近壁面处，颗粒在自身重力的作用下向下运动。这一颗粒循环规律也在 He 等喷动床的实验观察中得到了证实。

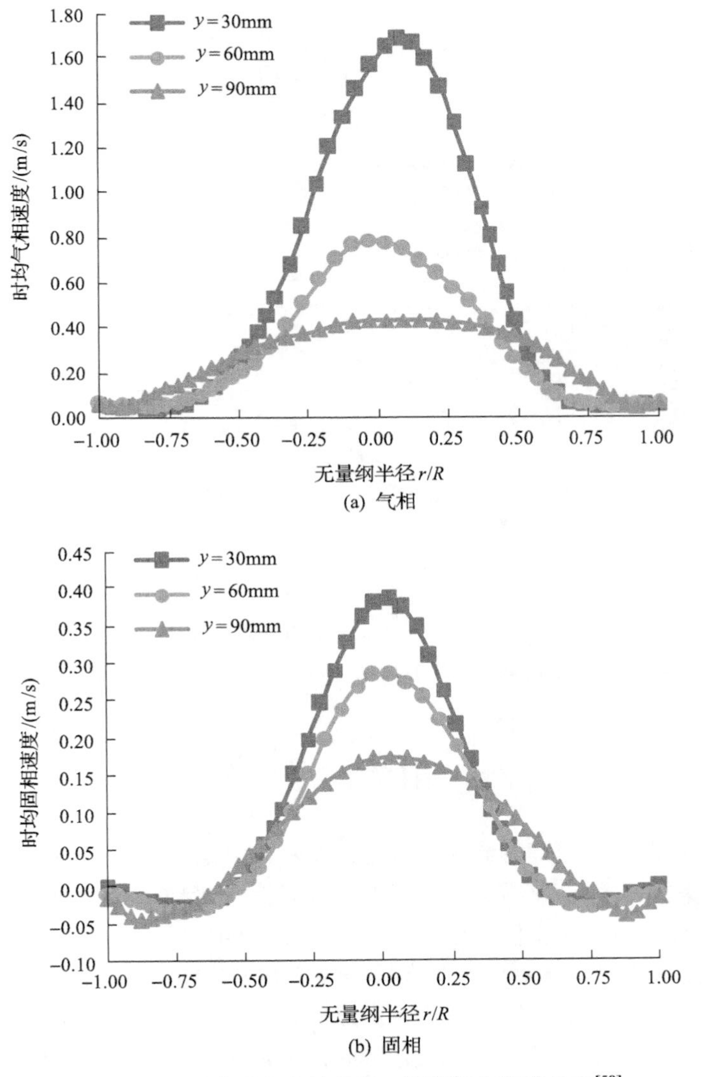

图 8.5　不同床层高度处的气、固相径向速度分布[58]

射流对周边固体颗粒的卷吸也是一个非常重要的特性，卷吸作用将会引发固体颗粒从环隙区到射流区的质量交换，这一卷吸量可以用经典 Patrose-Caram 关联式进行描述。Horio 等发现射流顶端的固体卷吸量与喷嘴处的气体质量流率成正比，比例常数 A 取决于分布板类型和操作条件。Bi 等通过冷态实验结果比较考察了三个比例常数 12.5、25 和 50 的影响，发现采用 25 作为比例常数可以较好地与实验结果拟合。固体卷吸量的模拟值可以通过式(8-39)获得。图 8.6 对模拟结果与三个不同 A 值情况下的关联式结果进行了对比，结果证实了在本工况下 A 值选为 25 较为合适。

$$W_s = \rho_s v_{s,\mathrm{radial}} A_{j,h} \tag{8-37}$$

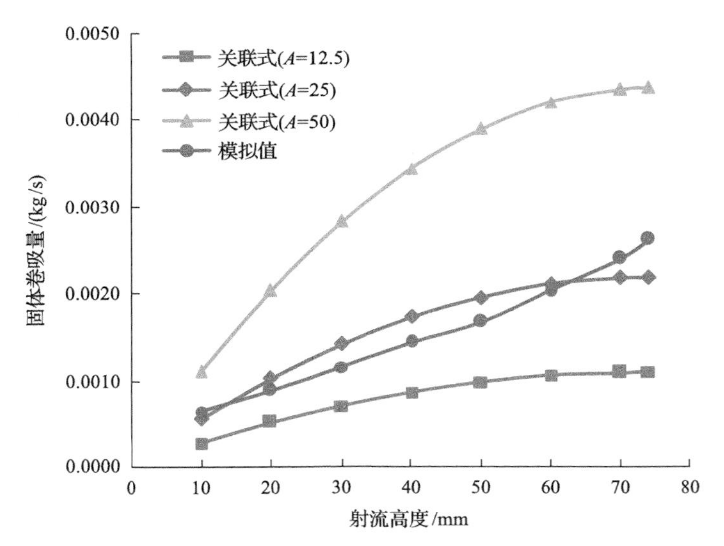

图 8.6　固体卷吸量的模拟值与 Patrose-Caram 关联式计算值的比较[58]

8.4　射流内温度分布

射流内的温度分布是射流床煤气化炉平稳连续运行的重要参数。在射流区域内，煤焦颗粒与氧气迅速燃烧，从而在气化炉底部形成一个高温区域。在高温的作用下，煤灰开始出现软化、熔聚成球，当上升的气流速度不足以拖住不断增长的灰球时，煤灰便从通过射流入口落回到灰斗内，从而实现了煤灰与煤焦的分离，大大提高了碳的转化率，但是射流区温度应该被控制在合理范围内，当出现“超温”(最高温度远超过煤灰的软化温度)时，射流床底部的格栅区将产生严重的结渣。Bi 和 Kojima 利用热电偶测量了射流床气化炉内的气固温度，发现除底部射流区内存在着高温外，床层内部气固温度基本均匀。他们沿高度依次采集了射流内的各点瞬时温度，并从中选取最高温度反映炉内的超温风险。实验结果显示射流内的最高温度在 1540K 左右，与 Taiheiyo 煤焦的软化温度基本持平。Gao 等利用 CVM 模型模拟了射流内的温度分布，但是他们模拟得到的最高温度要远低于实验结果。本研究同样对射流内的气/固相温度进行了实时采集，并将气/固温度曲线与实验结果进行了对比，如图 8.7 所示。本书选取温度随时间变化序列中的最高温度作为图中的最高固相温度与实验结果进行比较。从图中可以看出，模拟的固相温度曲线与实验曲线吻合良好。在射流区底部靠近喷嘴处，存在着一个明显的高温区，射流内的颗粒温度在底部迅速增加，从 1173K 一直增加到最高的近 1600K。随后在受到气固相间传热，从环隙区进入的颗粒冷却，煤焦与水蒸气及煤焦与二氧化碳的气化反应吸热的共同作用下，颗粒温度逐渐下降，直至接近床层温度。图中的平均颗粒温度预测的峰值则明显小于实验结果。这是由于平均过程抹平了本随时间和空间高度波动的温度曲线。本研究还预测了射流内的平均气相温度分布，显示气相温度从入口条件的 973K 缓慢增加到床层温度 1173K，这主要是得益于气固相间的对流传热和射流区与环隙区之间的气体交换。

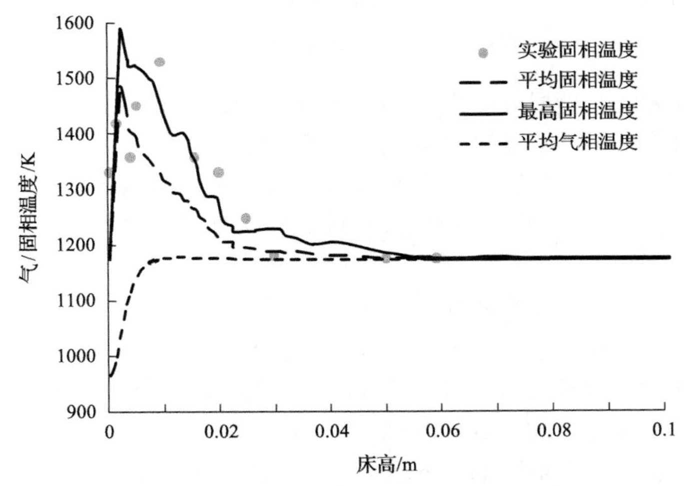

图 8.7　射流内气/固相温度的模拟结果与实验结果的比较[58]

8.5　床层内气化反应与气体组分分布

图 8.8 显示了气化炉中间截面上的气化反应速率(单位：kmol/(m^3/s))分布。从图中可以看出，异相反应(煤焦与水蒸气、煤焦与二氧化碳)主要发生在环隙区

内，且煤焦与水蒸气的反应速率要比煤焦与二氧化碳的反应速率大一个数量级。但在靠近喷嘴入口处，焦炭与二氧化碳的气化反应速率却明显大于水蒸气气化反应，这是因为射流内的燃烧产生了二氧化碳气体，同时燃烧带来的高温又极大地促进了吸热的二氧化碳气化反应进行。与异相反应类似，水煤气变换反应也主要集中在环隙区中。

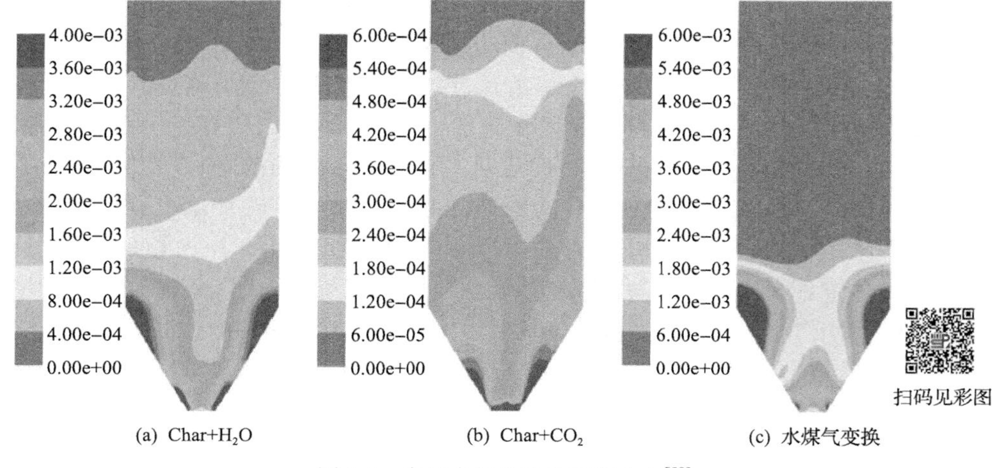

图 8.8　床层内气化反应速率分布[58]

图 8.9 将 KTGF 模型模拟的气体组分(H_2、CO、CO_2)在射流区(a)和环隙区(b)内的结果与 Bi 的实验结果和 Gao 的 CVM 模拟结果进行了比较。本书遵从 Gao 对射流区和环隙区的界定，如图 8.1(b)所示，对两区内不同高度横截面上的气体组分取面平均后进行时间平均，并以此结果作为模拟结果与实验结果进行比较。

在射流区中，氧气浓度随高度增加显著下降。只有当氧气完全耗尽时，射流中才会出现氢气。由于射流中的颗粒浓度逐渐增加，氢气大量产生于射流顶部的周围。射流区中的部分氢气来自环隙区，以射流区与环隙区之间的气体交换的形式进入射流。射流底部的一氧化碳和二氧化碳浓度从喷嘴入口处的零值开始随高度显著增加，而随着射流区的高度增加，二氧化碳逐渐较少，一氧化碳增加。当 CO_2 浓度达到最大时，对应的氧气含量为零。射流底部 CO 和 CO_2 发生如此显著的浓度变化显然是由煤焦燃烧引起的，之后的平缓变化主要是由于水蒸气气化和二氧化碳气化反应产生了 CO 并消耗了 CO_2。

环隙区中 H_2、CO 和 CO_2 变化趋势与射流区相似。在环隙区底部，H_2 随高度显著增加，当超过一定高度范围时，H_2 浓度变化变得平缓。这一点正对应锥形分布板的高度。在此高度以下水蒸气从分布板大量引入，造成气化反应迅速进行，

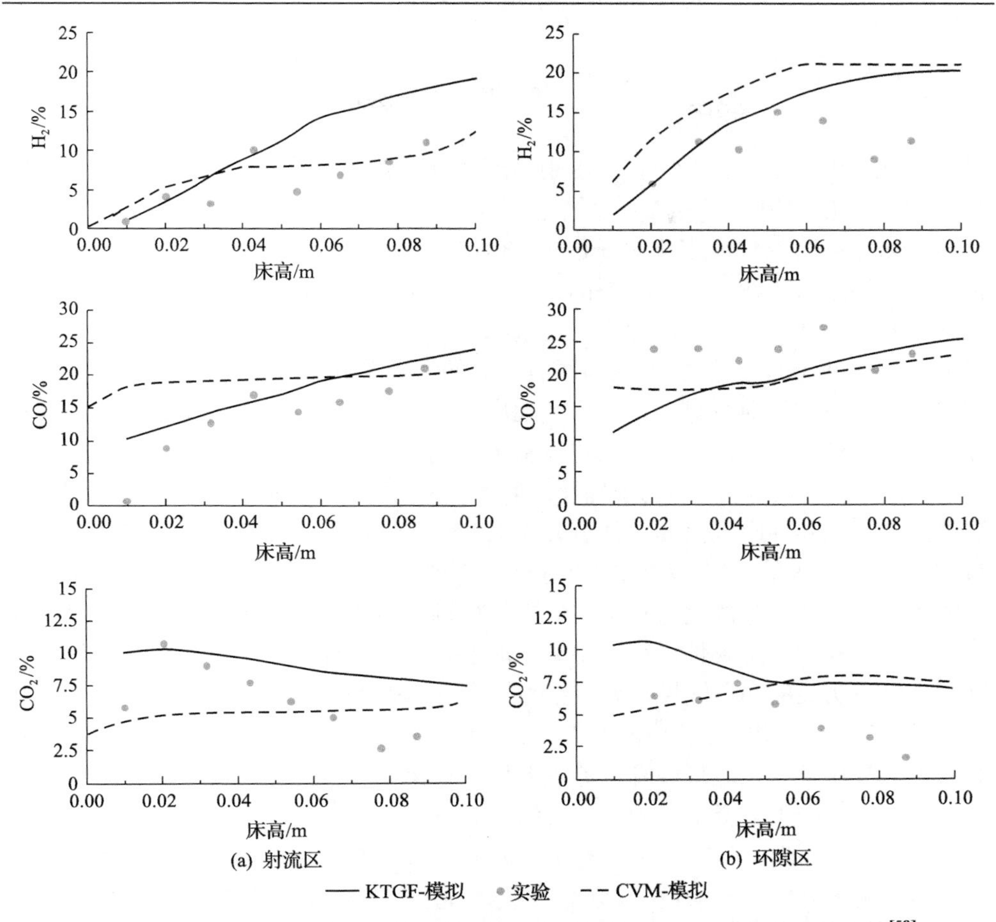

图 8.9　床层内气体组分浓度的模拟结果与实验结果和 CVM 模拟结果的比较[58]

使 H_2 浓度增大；而在分布板以上，只有部分水蒸气用于气化反应，还有部分水蒸气则是通过气体交换被射流夹带进入射流，因此导致了 H_2 浓度的变化。在环隙区底部，CO 和 CO_2 的浓度显著增加，几乎与射流区相等。Bi 等的实验研究表明，气体交换导致了这个现象的发生。因为与射流区气流相比，底部环隙区的体积很小，可以认为射流中产生的 CO 和 CO_2 通过气体交换和气体逃逸的形式十分容易地填充了环隙区。环隙区上部的 CO_2 浓度改变并不显著，这主要是由于水蒸气气化、二氧化碳气化和水煤气变换反应的进行，也有部分原因是环隙区与射流区之间的气体交换。

通过比较 KTGF 与 CVM 的模拟结果，可以发现，KTGF 模型预测的气体组分浓度与实验结果更加接近，由此说明 KTGF 模型对颗粒黏性的细致描述改善了气固流体动力学的模拟结果，从而提高了其预测射流床煤气化反应的准确性。

8.6　本章小结

选取 Bi 等报道的小试常压射流流化床煤气化炉作为基准工况，采用 TFM-KTGF 模型模拟了射流床煤气化炉内的气固流体动力学，射流内的气固温度分布，床层内的气化反应速率分布和气体组分浓度分布。与大多数文献侧重于定性地模拟描述气固流态化过程不同，本章着重于定量地描述射流流态化中的特征流动参数。具体来说，本章给出了定量的射流高度、气泡尺寸、气泡上升速度、射流对固体颗粒的卷吸量，并且与经典可靠的经验关联式进行了逐一的比较验证。这些经验关联式经典可靠，已被广泛地应用在流化床反应器的理论分析和设计指导中。验证结果显示，模拟结果与经验关联式的预测结果吻合良好，证实了本书所开发的 TFM-KTGF 模型的准确性。在准确的气固流动基础上，本章还预测了床层内部射流区和环隙区内的气体组分(H_2、CO、CO_2)浓度分布，并与 Bi 等的实验结果和 Gao 等的 CVM 模拟结果进行了比较，结果显示与 CVM 模型相比，本书所预测的气体组分浓度与实验结果更加接近，由此证明了 KTGF 模型在描述气固流态化过程中的优越性。模拟结果同时发现，在射流内部，煤焦与氧气的剧烈燃烧产生了明显的高温区域，最高温度达到 1600K。而其他气化反应(水蒸气气化、二氧化碳气化、水煤气变换)则主要发生在环隙区内。这一模拟结果揭示出在工业射流床煤气化炉内控制最高温度的重要性。如果出现“超温”现象，将导致煤灰的大量结渣，严重情况下将导致床层的失流态化。

基于守恒原理，CFD 模型不受到床层尺寸和操作条件的限制，克服了经验关联式适用范围有限这一问题。因此，当本章通过常压小试射流床煤气化炉的基准工况验证了 TFM-KTGF 模型的准确性后，有信心将该模型进一步应用到大型加压射流床煤气化炉的模拟计算中去，为流化床反应器的工业放大提供技术指导和支撑。

参考文献

[1] Ferziger J H, Perić M. Computational Methods for Fluid Dynamics. Berlin: Springer, 2002.

[2] Versteeg H K, Malalasekera W. An Introduction to Computational Fluid Dynamics: The Finite Volume Method. Pearson Education, 2007.

[3] 王福军. 计算流体动力学分析 CFD 软件原理与应用. 北京: 清华大学出版社, 2004.

[4] Pope S B. Turbulent Flows. Cambridge: Cambridge University Press, 2001.

[5] Ansys I. Ansys Fluent Theory Guide. Canonsburg, Pa, 2011.

[6] Schwarzkopf J D, Sommerfeld M, Crowe C T, et al. Multiphase Flows with Droplets and Particles. Boca Raton, FL: CRC Press, 2011.

[7] Maxey M R, Riley J J. Equation of motion for a small rigid sphere in a nonuniform flow. The Physics of Fluids, 1983, 26(4): 883-889.

[8] Clift R, Grace J R, Weber M E. Bubbles, Drops, and Particles. New York: Courier Corporation, 1978.

[9] Deckwer W D, Louisi Y, Zaidi A, et al. Hydrodynamic properties of the Fischer-Tropsch slurry process. Industrial & Engineering Chemistry Process Design and Development, 1980, 19(4): 699-708.

[10] Montoya G, Lucas O, Baglietto E, et al. A review on mechanisms and models for the churn-turbulent flow regime. Chemical Engineering Science, 2016, 141: 86-103.

[11] Chen R C, Reese J, Fan L S. Flow structure in a three-dimensional bubble column and three-phase fluidized bed. AIChE Journal, 1994, 40(40): 1093-1104.

[12] Wang T F, Wang J F, Jin Y. Slurry reactors for gas-to-liquid processes: A review. Industrial & Engineering Chemistry Research, 2007, 46(18): 5824-5847.

[13] Chen J, Gupta P, Degaleesan S, et al. Gas holdup distributions in large-diameter bubble columns measured by computed tomography. Flow Measurement and Instrumentation, 1998, 9(2): 91-101.

[14] Kagumba M, Al-Dahhan M H. Impact of internals size and configuration on bubble dynamics in bubble columns for alternative clean fuels production. Industrial & Engineering Chemistry Research, 2015, 54(4): 1359-1372.

[15] Youssef A A, Aldahhan M H. Impact of internals on the gas holdup and bubble properties of a bubble column. Annuaire Francais De Droit International, 2009, 55(17): 853-869.

[16] Lim K S, Zhu J X, Grace J R. Hydrodynamics of gas-solid fluidization. International Journal of Multiphase Flow, 1995, 21(Suppl): 141-193.

[17] Geldart D. Types of gas fluidization. Powder Technology, 1973, 7(5): 285-292.

[18] Tryggvason G, Scardovelli R, Zaleski S. Direct Numerical Simulations of Gas-Liquid Multiphase Flows. Cambridge, UK: Cambridge University Press, 2011.

[19] Hirt C W, Nichols B D. Volume of fluid（VOF）method for the dynamics of free boundaries. Journal of Computational Physics, 1981, 39(1): 201-225.

[20] Sussman M, Smereka P, Osher S. A level set approach for computing solutions to incompressible two-phase flow. Journal of Computational Physics, 1994, 114(1): 146-159.

[21] Chen C, Fan L S. Discrete simulation of gas - liquid bubble columns and gas - liquid - solid fluidized beds. AIChE Journal, 2004, 50(2): 288-301.

[22] Sussman M, Puckett E G. A coupled level set and volume-of-fluid method for computing 3D and axisymmetric incompressible two-phase flows. Journal of Computational Physics, 2000, 162(2): 301-337.

[23] Tsuji Y, Kawaguchi T, Tanaka T. Discrete particle simulation of two-dimensional fluidized bed. Powder Technology, 1993, 77(1): 79-87.

[24] Hoomans B P B, Kuipers J A M, Briels W J, et al. Discrete particle simulation of bubble and slug formation in a two-dimensional gas-fluidised bed: A hard-sphere approach. Chemical Engineering Science, 1996, 51(1): 99-118.

[25] Schiller L V, Naumann Z Z. Uber die grundlegenden berechnungen bei der schwerkraftaufbereitung. Z. Vernes Deutscher, 1933, 77: 318-320.

[26] Ishii M, Zuber N. Drag coefficient and relative velocity in bubbly, droplet or particulate flows. AIChE Journal, 1979, 25(5): 843-855.

[27] Tomiyama A, Tamai H, Zun I, et al. Transverse migration of single bubbles in simple shear flows. Chemical Engineering Science, 2002, 57(11): 1849-1858.

[28] Xu L, Yuan B, Ni H, et al. Numerical simulation of bubble column flows in churn-turbulent regime: Comparison of bubble size models. Ind. Eng. Chem. Res., 2013, 52:6794-6802.

[29] Antal S P, Jr R T L, Flaherty J E. Analysis of phase distribution in fully developed laminar bubbly two-phase flow. International Journal of Multiphase Flow, 1991, 17(5): 635-652.

[30] Tomiyama A. Struggle with computational bubble dynamics. Multiphase Science & Technology, 1998, 10(4): 369-405.

[31] Frank T, Shi J M, Burns A D. Validation of Eulerian multiphase flow models for nuclear safety application. Third International Symposium on Two-Phase Flow Modeling and Experimentation, Pisa, Italy, 2004.

[32] Hosokawa S, Tomiyama A. Lateral migration of single bubbles due to the presence of wall. in ASME 2002 Joint U.S.-European Fluids Engineering Division Conference, 2002.

[33] 韩朋飞，郭烈锦，程兵. 泡状流三维模拟及壁面润滑力模型比较. 工程热物理学报，2014，(10): 1979-1983.

[34] Laborde-Boutet C, Larachi F, Nromard N, et al. CFD simulation of bubble column flows: Investigations on turbulence models in RANS approach. Chemical Engineering Science, 2009, 64(21): 4399-4413.

[35] Liao Y, Lucas D. A literature review on mechanisms and models for the coalescence process of fluid particles. Chemical Engineering Science, 2010, 65(10): 2851-2864.

[36] Liao Y, Lucas D. A literature review of theoretical models for drop and bubble breakup in turbulent dispersions. Chemical Engineering Science, 2009, 64(15): 3389-3406.

[37] van Wachem B G M, Schouten J C, van den Bleek C M, et al. Comparative analysis of CFD models of dense gas–solid systems. AIChE Journal, 2001, 47(5): 1035-1051.

[38] Wen C Y, Yu Y H. Mechanics of fluidization. Chem. Eng. Prog. Symp. Ser., 2013, 62(62): 100.

[39] Gidaspow D. Multiphase Flow and Fluidization: Continuum and Kinetic Theory Descriptions. San Diego: Academic Press, 1994.

[40] Huilin L, Gidaspow D. Hydrodynamics of binary fluidization in a riser: CFD simulation using two granular temperatures. Chemical Engineering Science, 2003, 58(16): 3777-3792.

[41] Di Felice R. The voidage function for fluid-particle interaction systems. International Journal of Multiphase Flow, 1994, 20(1): 153-159.

[42] Syamlal M, O'Brien T J. Simulation of granular layer inversion in liquid fluidized beds. International Journal of Multiphase Flow, 1988, 14(4): 473-481.

[43] Gibilaro L G, Di Felice R, Waldram S P, et al. Generalized friction factor and drag coefficient correlations for fluid-particle interactions. Chemical Engineering Science, 1985, 40(10): 1817-1823.

[44] Constantinescu G S, Squires K D. LES and DES investigations of turbulent flow over a sphere at $Re = 10000$. Flow, Turbulence and Combustion, 2003, (1/4): 267-298.

[45] Wu Q, Kim S, Ishii M, et al. One-group interfacial area transport in vertical bubbly flow. International Journal of Heat & Mass Transfer, 1998, 41(8): 1103-1112.

[46] Hibiki T, Ishii M. One-group interfacial area transport of bubbly flows in vertical round tubes. International Journal of Heat & Mass Transfer, 2000, 43(15): 2711-2726.

[47] Hibiki T, Ishii M. Two-group interfacial area transport equations at bubbly-to-slug flow transition. Nuclear Engineering & Design, 2000, 202(1): 39-76.

[48] Lehr F, Millies M, Mewes D. Bubble-size distributions and flow fields in bubble columns. AIChE Journal, 2002, 48(11): 2426-2443.

[49] Wang T, Wang J, Jin Y. A CFD-PBM coupled model for gas-liquid flows. AIChE Journal, 2006, 52(1): 125-140.

[50] Prince M J, Blanch H W. Bubble coalescence and break-up in air sparged bubble columns. AIChE Journal, 1990, 36(10): 1485-1499.

[51] Luo H, Svendsen H F. Theoretical model for drop and bubble breakup in turbulent dispersions. Chemical Engineering Science, 1996, 66(5): 766-776.

[52] Lehr F, Mewes D. A transport equation for the interfacial area density applied to bubble columns. Chemical Engineering Science, 2001, 56(3): 1159-1166.

[53] Guo X, Zhou Q, Li J, et al. Implementation of an improved bubble breakup model for TFM-PBM simulations of gas–liquid flows in bubble columns. Chemical Engineering Science, 2016, 152: 255-266.

[54] Guo X, Chen C. Simulating the impacts of internals on gas-liquid hydrodynamics of bubble column. Chemical Engineering Science, 2017, 174: 311-325.

[55] Chen C, Horio M, Kojima T. Numerical simulation of entrained flow coal gasifiers. Part I: modeling of coal gasification in an entrained flow gasifier. Chemical Engineering Science, 2000, 55(18): 3861-3874.

[56] 李秋华，曹月丛，夏梓洪，等. 多喷嘴对置式粉煤气化炉的数值模拟. 化学工程，2012, 40(7): 74-78.

[57] Bi J, Kojima T. Prediction of temperature and composition in a jetting fluidized bed coal gasifier. Chemical Engineering Science, 1996, 51(11): 2745-2750.

[58] Xia Z, Fan Y, Wang T, et al. A TFM-KTGF jetting fluidized bed coal gasification model and its validations with data of a bench-scale gasifier. Chemical Engineering Science, 2015, 131: 12-21.